Harry Niemann

Gottlieb Daimler

Fabriken, Banken und Motoren

DELIUS KLASING

Vorderer Vorsatz: „Schorndorf“, Ansicht von Norden mit Heuwagen, um 1850; Lithografie.
Hinterer Vorsatz: Schorndorfer Marktplatz, um 1790; Gouache.

Bildnachweis
Rheinisch-Westfälisches Wirtschaftsarchiv: Seite 65
Rainer Schlegelmilch: Seiten 172–177
Stadtarchiv Rottweil: Seiten 24, 25
Stadtmuseum Schorndorf: Vorderer und hinterer Vorsatz
Peter Vann: Seiten 122, 123
Alle anderen Abbildungen: DaimlerChrysler Konzernarchiv

1. Auflage 2000

ISBN 3-7688-1210-3

Umschlagfotos: DaimlerChrysler Konzernarchiv
Gesamtherstellung: IPa, 71665 Vaihingen/Enz
Printed in Germany

Inhalt

Vorwort

Jürgen E. Schrempp

Als 1998 die Daimler-Benz AG mit der Chrysler Corporation fusionierte, stand das neue Unternehmen vor der Frage: wie wollen wir uns nennen? Die drei Gründerväter Karl Benz, Walter P. Chrysler und Gottlieb Daimler hatten maßgeblich – und jeder auf seine Weise – zur Entwicklung und zur Geschichte des Automobils beigetragen. Beide Seiten entschieden sich für den neuen Firmennamen: DaimlerChrysler. Mit dem Zusammenschluß von zwei der bedeutendsten Fahrzeugherstellern der Welt wird deutlich, daß Deutsche und Amerikaner gemeinsam ein globales Unternehmen aufbauen.

Benz, der Name des Mannes, der sich zeitlebens der Entwicklung des Automobils verschrieben hatte, bleibt Markenname für des Premiumprodukt des Hauses DaimlerChrysler; Mercedes-Benz.

Das Ende des ersten Geschäftsjahres von DaimlerChrysler fällt zusammen mit dem Beginn des 100. Todesjahres von Gottlieb Daimler. Daimler hatte schon frühzeitig den Blick über den Atlantik gerichtet. 1893 besuchte er die Weltausstellung im fernen Chicago und präsentierte einem begeisterten Publikum den Maybachschen Stahlradwagen. Zum ersten Mal sahen die Amerikaner damals ein betriebsfähiges Automobil. Das war der Zündfunke für den Beginn der Motorisierung Amerikas. Zu den Pionieren des Fahrzeugbaus gehörte auch der junge Walter P. Chrysler, der heute auf den neuen Aktien der Daimler-Chrysler AG neben Gottlieb Daimler abgebildet ist. Damit schließt sich ein Kreis über dem Atlantik, der vor mehr als einem Jahrhundert seinen Anfang nahm.

Daimler starb am 6. März 1900 im Alter von 65 Jahren in Cannstatt. Was für ein Mensch war er? Welche Rolle hat er für die Motorisierung gespielt? Vorliegende Biographie erscheint zur Erinnerung an diesen großartigen Industriepionier.

Ich wünsche Ihnen viel Freude beim Lesen.
Ihr

Jürgen E. Schrempp,
Vorsitzender des Vorstands der DaimlerChrysler AG

DAIMLER
Nº1856

-MOTOREN-
LSCHAFT
nstatt
PATENT

DAIMLER
BAUT
Mercedes-
Personenwagen
Kraftomnibusse
Lastkraftwagen
Schlepper
Motorpflüge
Motoren aller Art
STUTTGART-UNTERTÜRKHEIM
BERLIN-MARIENFELDE
MERCEDES
DAIMLER

„Daimler“ – ein Name, der immer an erster Stelle steht

Einleitung

Schon bei seinen ersten Motoren legte Daimler großen Wert darauf, daß diese im In- und Ausland unter seinem Namen vertrieben wurden.

Mit der Gründung der Daimler-Motoren-Gesellschaft 1890 war der Name Daimler erstmalig mit dem einer Aktiengesellschaft verknüpft. Die Produkte, Motoren und Fahrzeuge dieser Gesellschaft trugen ebenfalls den Namen Daimler. Erst als Emil Jellinek, ein in Nizza lebender österreichischer Großkaufmann im Jahre 1900 durchsetzte, daß ein Wagen der Daimler-Motoren-Gesellschaft den Namen seiner 1889 geborenen Tochter Mercedes trug, und dieser Wagen äußerst erfolgreich bei den französischen Frühjahrsrennen eingesetzt wurde, beschloß man in Cannstatt, alle Fahrzeuge mit dem glückbringenden spanischen Mädchennamen zu schmücken. In der deutschen Übersetzung bedeutet Mercedes „Gnade“; 1902 wurde der Name Mercedes als Wortmarke geschützt. Der Name Daimler fand sich somit nur noch in der Firmenbezeichnung, nicht mehr aber im Produktnamen.

Als die Daimler-Motoren-Gesellschaft 1926 mit Benz & Cie. fusionierte, ging der Name Daimler wiederum an erster Stelle stehend in den Firmennamen ein. Zwischen 1926 und 1989 war die nun entstandene Daimler-Benz AG ein Unternehmen, dessen Fahrzeuge, – dem Fusionsvertrag gemäß, der vorsah, daß bei allen Produkten wie auch im Firmennamen der Name „Benz“ enthalten sein mußte , auch den Namen Benz trugen und somit als „Mercedes-Benz“ angeboten wurden.

In den ersten 60 Jahren war die Daimler-Benz AG vorrangig Fahrzeug- und Motorenhersteller, erst in der Mitte der 80er Jahre begann man über eine Diversifizierung nachzudenken. Erster Schritt war der Kauf der AEG sowie weiterer Unternehmen im Luft- und Raumfahrt Sektor.

1989 begann die Neustrukturierung des gesamten Konzerns. Das Fahrzeuggeschäft wurde in die neu gegründete „Mercedes-Benz AG“ eingebracht. Allein ihre Produkte, also die Fahrzeuge, tragen künftig den Stern auf allen Straßen der Welt. Die Aktivitäten in der Luft- und Raumfahrt wurden unter dem Dach der „Deutschen Aerospace AG“ (kurz DASA; die Umbenennung in „Daimler-Benz Aerospace“ erfolgte zum 1. Januar 1995) gebündelt. Die Geschäfte der AEG Aktiengesellschaft werden in ihrer bisherigen Unternehmensform weitergeführt. Die Daimler-Benz AG fungierte als geschäftsführende Holding, in der Konzernführungsfunktionen und Konzernforschung zusammengefaßt waren.

Auch die 1989 entstandene Holding firmierte unter Daimler-Benz AG, und in dieser geschäftsführenden Holding stand der Name Daimler wiederum an erster Stelle.

Für eine effektivere Steuerung der Unternehmensaktivitäten kommt es 1997 erneut zu einer neuen Führungs- und Organisationsstruktur der Daimler-Benz AG, bei der der Vorstandsvorsitzende die direkte Kontrolle über alle Geschäfts-

Links: „Daimler baut Mercedes-Personenwagen ...“ – Anzeige der Daimler-Motoren-Gesellschaft im Kundenmagazin „Daimler-Zeitung“, Ausgabe Mai/Juni 1919

Original-Warenzeichenentwurf mit handschriftlichen Anmerkungen von Gottlieb Daimler, ca. 1897

felder und Unternehmensaktivitäten im Sinne einer schnelleren Umsetzung von Entscheidungen wahrnimmt. So gibt es nun neben den Geschäftsfeldern Personenwagen und Nutzfahrzeuge die debis, die DASA AG und die Bahn- und Mikroelektronik (Adtranz, TEMIC, EHG und die mtu Friedrichshafen). Alle sind, ebenso wie die Ressorts Personal, Finanzen, Forschung und Technik, Vorstandsressorts der Daimler-Benz AG.

Als die Daimler-Benz AG im Jahr 1998 mit der damaligen Chrysler Corporation zur DaimlerChrysler AG fusioniert, wird die Tradition beibehalten, „Daimler" an erster Stelle im Firmennamen zu nennen.

So wurde, wie kaum ein anderer Name, „Daimler" zu einem Synonym für erfolgreiche deutsche und internationale Wirtschaftsgeschichte. Grund genug, um am 100. Todestag Gottlieb Daimlers seine Arbeit und sein Wirken, das den Ausgangspunkt für ein Weltunternehmen bildet, einer genaueren Betrachtung zu unterziehen.

Werbeanzeige für den Ritzelantrieb bei Daimler-Lastwagen

Das Große Haus des Königlichen Hoftheaters in Stuttgart mit Mercedes 14/30 PS, ca. 1911

Werbeanzeige anläßlich der Fusion der Daimler-Motoren-Gesellschaft und Benz & Cie. im Jahre 1926

Jupp Wiertz, Plakat „50 Jahre Automobilbau“ mit Benz Victoria und Rennwagen W 25, 1935/36

4 HP. Einachsige Daimler-Locomobile.

Station. Daimler-Motor.

Daimler-Motor

Auszeichnungen: CANN

Cassel 1889
Silberne Medaille.

Bremen 1890
Silberne Medaille.

Leipzig 1892
Ehrenpreis
der deutschen Kaiserin und
Goldene Medaille.

Halle 1892
Diplom.

Moskau 1892
Broncene Medaille.

Eger 1892
Goldene Medaille.

Scheveningen 1892
Goldene Medaille.

Troppau 1893
Silberne Medaille.

Essen 1893
Diplom.

Mainz 1893
Goldene Medaille.

Hannover 1893
Silberne Medaille.

Aussig 1893
Goldene Medaille.

Bolsward 1893
Diplom.

Metz 1893
Goldene Medaille.

2sitziger Daimler-Wagen mit Kindersitz.

Daimler-Lastwagen.

2pferd. Daimler-

Fahrbare Säg- und Spalt-Maschine
mit Daimler-Motor.

Daimler-Omnibus.

Daimler-Kajütbo

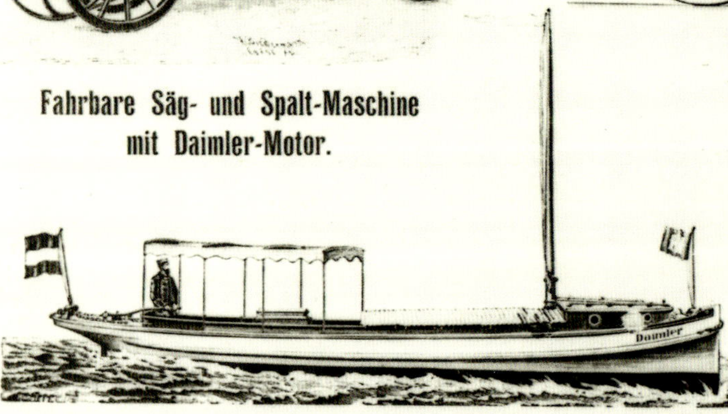

Segelboot mit Daimler-Motor.

Daimler-Draisine.

Daiml

Daimler-Boot mit 4pferd. Motor auf dem Neckar.

Daimler-Trambahnwagen.

Daimler-Kajütboot

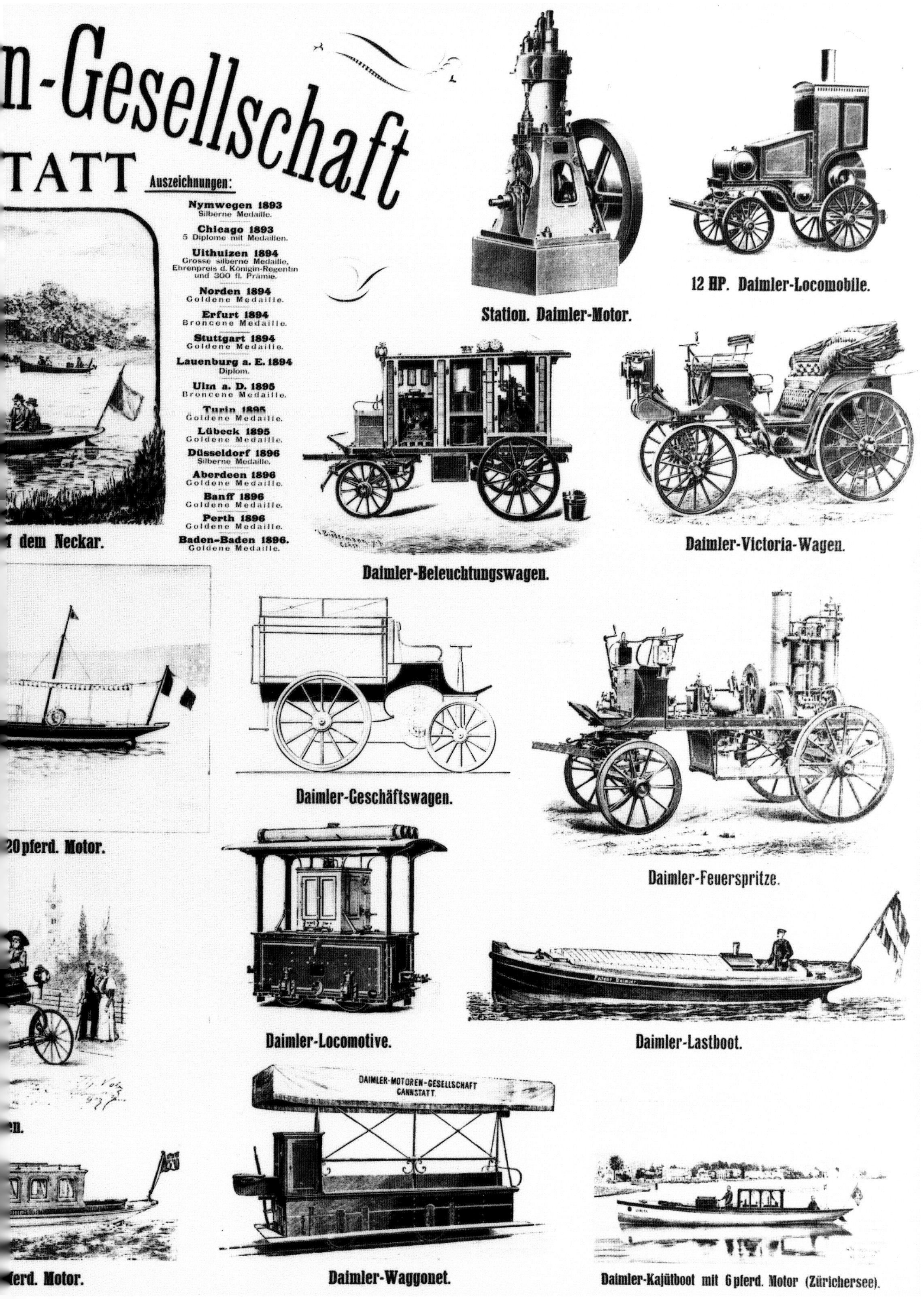
n-Gesellschaft
TATT
Auszeichnungen:
Nymwegen 1893
Silberne Medaille.
Chicago 1893
5 Diplome mit Medaillen.
Uithuizen 1894
Grosse silberne Medaille, Ehrenpreis d. Königin-Regentin und 300 fl. Prämie.
Norden 1894
Goldene Medaille.
Erfurt 1894
Broncene Medaille.
Stuttgart 1894
Goldene Medaille.
Lauenburg a. E. 1894
Diplom.
Ulm a. D. 1895
Broncene Medaille.
Turin 1895
Goldene Medaille.
Lübeck 1895
Goldene Medaille.
Düsseldorf 1896
Silberne Medaille.
Aberdeen 1896
Goldene Medaille.
Banff 1896
Goldene Medaille.
Perth 1896
Goldene Medaille.
Baden-Baden 1896.
Goldene Medaille.
Station. Daimler-Motor.
12 HP. Daimler-Locomobile.
f dem Neckar.
Daimler-Beleuchtungswagen.
Daimler-Victoria-Wagen.
20pferd. Motor.
Daimler-Geschäftswagen.
Daimler-Feuerspritze.
Daimler-Locomotive.
Patent Daimler
Daimler-Lastboot.
DAIMLER-MOTOREN-GESELLSCHAFT
CANNSTATT.
en.
ferd. Motor.
Daimler-Waggonet.
Daimler-Kajütboot mit 6pferd. Motor (Zürichersee).

Gottlieb Daimler, etwa 1898

„Sie haben mir die Macht genommen“

Gründung von Aktiengesellschaften und Fusionen in der Württembergischen Industrie

Vor dem Haus in der Taubenheimstraße Nr. 13 in Cannstatt spielte sich im Oktober des Jahres 1899 eine eigentümliche Szene ab. Kutschen, Lastwagen, Omnibusse, Personen- und Rennwagen, insgesamt 12 Fahrzeuge, defilierten an dem Anwesen vorbei. Adolf Daimler hatte diesen Zug als Hommage an seinen Vater organisiert, der, bereits schwer krank, diese Parade seines Schaffens voller Rührung und Ergriffenheit betrachtete.

Als Gottlieb Daimler im letzten Jahr des ausgehenden 19. Jahrhunderts auf sein Lebenswerk zurückblickte, tat er dies gewiß mit gemischten Gefühlen. So beglückend für ihn auch sein mochte, daß seine Vision von der allgemeinen Motorisierung zu Lande, zu Wasser und in der Luft Realität geworden war, so schmerzlich muß es ihn andererseits berührt haben, daß es ihm nicht gelungen war, das Unternehmen für seine Nachkommen zu erhalten. Nach der von ihm selbst initiierten Gründung der Daimler-Motoren-Gesellschaft im Jahre 1890 war Daimler in eine immer stärker werdende Abhängigkeit von seinen Geldgebern geraten, aus der er sich bis zu seinem Lebensende nicht mehr zu befreien vermochte. Zusammen mit Wilhelm Maybach hatte er, wie auch Karl Benz in Mannheim, die Weichen für eine weltweite Motorisierung und den Automobilverkehr gestellt. Dabei war er eher Erfinder-Unternehmer als Erfinder-Ingenieur. Um die technische Umsetzung und Weiterentwicklung des Automobils und der Motoren hatte sich vor allem Wilhelm Maybach verdient gemacht.[1]

Die Auseinandersetzungen zwischen Wilhelm Lorenz, Max Duttenhofer[2] und Daimler um die Führung der DMG finden sich in fast allen Quellen zur Unternehmensgeschichte. Meist dargestellt als Kampf Daimlers gegen zwei uneinsichtige Kapitalgeber, die die Tragweite seiner Erfindung, die des Automobils, nur unzureichend verstanden hatten und lediglich auf den Vertrieb von Motoren setzten. Doch was in der Literatur nicht selten als das Ringen Daimlers um sein Lebenswerk beschrieben wird, war in der württembergischen Industrie beileibe kein Einzelfall. Es war im Gegenteil der groß angelegte Versuch, über die Schaffung von Aktiengesellschaften und Fusionen einen Konzentrationsprozeß innerhalb der württembergischen Industrie einzuleiten, an dessen Ende die Banken eine weitgehende Kontrolle über die Schlüsselindustrien erlangt hatten. Gordon A. Craig schreibt über den Beginn dieser Phase in Deutschland:

> *„Erst in den 50er Jahren gab es Anzeichen für kapitalistische Unternehmen größeren Stils, und erst nach dem Zusammenschluß der deutschen Staaten im Jahr 1871 ging die wirtschaftliche Entwicklung zügig voran. Die Rolle des Kapitals – das heißt, des Geldes – in diesem Prozeß war von entscheidender Bedeutung. Beim Entstehen der ersten größeren Industrieunternehmen in den 50er und 60er Jahren spielten Banken eine strategisch bedeutsame Rolle, und nach 1871 gingen industrielle Entwicklung, kommerzielle Expansion und Bankentätigkeit Hand in Hand. Die ersten*

Max Duttenhofer

Wilhelm Lorenz

großen Aktienbanken wurden in den 70er Jahren gegründet - die Deutsche Bank und die Disconto-Gesellschaft 1870, die Dresdner Bank 1872 -, Einrichtungen die zahlreiche Aktionäre ansprachen wegen des neu anerkannten Prinzips der begrenzten Haftung ..."[3]

Im Falle Daimlers bedeutete dies, daß das Interesse an seinem Unternehmen sich ausschließlich auf die Motorenproduktion bezog und dabei als Endziel an eine Fusion seines Unternehmens mit den Deutzer Gasmotorenwerken gedacht war, um ein mächtiges Monopol auf dem Sektor der Motoren-Produktion zu schaffen. Es wird im folgenden zu zeigen sein, daß es Daimlers ureigenstes Verdienst war, gegen die Interessen der Banken und der Mitgesellschafter, die Daimler-Motoren-Gesellschaft zu dem zu machen, was sie neben Benz & Cie. wurde: die Keimzelle der internationalen Automobilindustrie. Daimlers aus heutiger Sicht naives Vorgehen bei der Gründung der Aktiengesellschaft kann man ihm, angesichts der Tatsache, daß es sich hierbei um unternehmerisches Neuland handelte, kaum zum Vorwurf machen. So findet sich die erste einheitliche Regelung in Bezug auf Aktiengesellschaften im deutschen Handelsgesetzbuch von 1862, woran sich jedoch nicht alle Landesregierungen hielten.[4] In Preußen gab es zwischen 1801 und 1825 lediglich 16 Aktiengesellschaften, zwischen 1870 und 1874 waren es schon 857.[5]

Mit dem Entstehen der Eisenbahngesellschaften und der damit verbundenen notwendigen Finanzierung solcher Großprojekte waren die in der damaligen Diktion als anonyme Gesellschaften bezeichneten Aktiengesellschaften entstanden, und mithin auch der Glaube, daß ein weiterer und zügiger wirtschaftlicher Aufschwung in Deutschland nur durch Aktiengesellschaften, Fusionen sowie Kartelle und Trusts zu garantieren sei. Vorreiter dieser Entwicklung waren die Banken. In Württemberg war dies die 1869 gegründete Württembergische Vereinsbank, die in relativ kurzer Zeit zur führenden Geschäftsbank im Königreich Württemberg wurde und 1870 mit zu den Gründern der Deutschen Bank gehörte.[6] Der Kopf der Württembergischen Vereinsbank war der 1833 in Laupheim geborene und 1903 in Stuttgart verstorbene Kilian Steiner. Dieser betrieb nach seinem Studium in Heidelberg seit 1859 eine Rechtsanwaltskanzlei in Heilbronn. 1863 siedelte er nach Stuttgart über, um dort eine Kampagne gegen die Schutzzollpolitik der süddeutschen Staaten und eine liberale Handelspolitik mit der Intention zu betreiben, auf Dauer eine wirtschaftliche und politische Einigung in Deutschland herbeizuführen. Politisch war er in der „Großdeutschen Bewegung in Württemberg“ engagiert, die in der „Deutschen Partei in Württemberg“ mündete, deren Ziel eine kleindeutsche Lösung mit Preußen, aber losgelöst von Österreich war.[7] Aus dieser Position heraus gelang es Steiner, innerhalb kürzester Zeit zu einer der einflußreichsten Persönlichkeiten in der württembergischen Finanz- und Geschäftswelt zu werden. Dennoch blieb seine Person bis in die heutigen Tage weitgehend im Dunkeln, in das auch neuere Arbeiten wie etwa die von Deutelmoser nur wenig Licht bringen.[8]

Gründungen von Aktiengesellschaften, deren Ziel es war, mit großem Kapitaleinsatz eine nennenswerte Position auf den überregionalen Märkten zu beziehen, waren in Württemberg eher selten, da beispielsweise der Eisenbahnbau und -betrieb in Württemberg in Staatsregie erfolgte. Echte Gründungen, an denen auch Steiner beteiligt war, waren die der Württembergischen Baumwollspinnerei und -Weberei in Esslingen (1856) oder die des Salzbergwerks Heilbronn (1883).

Gebäude der Württembergischen Vereinsbank in der Friedrichstraße 46/48 in Stuttgart um 1900

Kilian Steiner

Unten:
Gebäude der Württembergischen Baumwollspinnerei

Der Aufbau der württembergischen Industrie vollzog sich in den meisten Fällen nach einem anderen Muster. Zumeist waren es Handwerksbetriebe, denen es durch Innovationen gelang, eine Marktposition zu erobern, die ein Wachstum zu einer Großfirma ermöglichte. Dazu kamen die Förderungen des Württembergischen Staates unter König Wilhelm I., welcher die Notwendigkeit erkannt hatte, industrielles Wachstum in seinem Königreich zu fördern. Zu diesem Zweck erfolgte die Gründung der „Centralstelle für Gewerbe und Handel“, eine Institution, die durch den Einsatz von Ferdinand Steinbeis für einen Aufschwung der industriellen Aktivitäten sorgte. So richteten sich Steiners Aktivitäten nicht auf Neugründungen in der Industrie, sondern zielten darauf ab, schon vorhandene, zumeist privat geführte Unternehmen in Aktiengesellschaften umzufirmieren. Deutelmoser schreibt dazu:

„Der Schwerpunkt der Tätigkeit von Steiner in der Industrie lag also nicht in der eigentlichen Gründertätigkeit, sondern [...] in der Finanzierung, Sanierung, Fusion, Umgründung in Aktiengesellschaften und auch in der Bildung von Kartellen.“[9]

Gesamtkollegium der Königlichen Zentralstelle für Gewerbe und Handel im Jahre 1900

Einige der Steinerschen Transaktionen seien hier angeführt, um zu zeigen, daß Daimler kein Einzelfall war. So fusionierte Steiner, nachdem er die konkurrierenden Stuttgarter Farben Vertriebsgesellschaften von Gustav Siegle und Rudolf Knosp vereint hatte, diese mit der Badischen Anilin- & Sodafabrik (BASF) zur „Badischen Anilin- & Sodafabrik in Ludwigshafen am Rhein und Stuttgart“. Der Verkauf der BASF Produkte erfolgte bis 1889 zentral von Stuttgart aus. Für die bis dahin selbständigen Unternehmer gab es zumeist attraktive Positionen in den neu geschaffenen Gesellschaften. So wurde Siegle kaufmännischer Leiter des Gesamtunternehmens und Knosp Aufsichtsratsvorsitzender. 1880 fusionierten die Firmen „Straub & Sohn“ in Geislingen an der Steige (der erste Arbeitgeber von Daimler) mit „A. Ritter & Co.“ aus Esslingen zur „Württembergischen Metallwarenfabrik Geislingen an der Steige“, besser bekannt unter dem heute noch gebräuchlichen Firmennamen WMF. Eine weitere Fusion auf ganz anderem Terrain war die Zusammenführung der Verlage Gebr. Kröner, Hermann Schönleins Nachfolger und W. Spemann zur „Union Deutsche Verlagsgesellschaft“ im Jahr 1890. Dieser gehörten unter anderem die Cotta'sche Buchhandlung, Spemanns Verlag und Publikationen, wie die „Gartenlaube“ an. Bei diesen Übernahmen und Verflechtungen war Steiner keineswegs immer der „white knight“, sondern für viele der Eigentümer eher die „poison pill“. Das gilt neben Daimler vor allem für die Gebrüder Mauser und deren Waffenfabrik „Gebrüder Mauser & Co.“. Diese konnten zwar mit der Kapitalzuführung die Königliche Gewehrfabrik in Oberndorf erwerben, wurden aber im gleichen Atemzug in eine Kommanditgesellschaft auf Aktien umgewandelt und schließlich mit der Firma Ludwig Loewe & Co. in Berlin verschmolzen. Wie die Betroffenen dies empfunden haben, zeigen Auszüge eines Briefes, den Wilhelm Mauser am 30. November 1878 an seinen Bruder Paul schrieb:

> *„Es ist sehr traurig, lieber Paul, nach so viel Arbeit und Mühe und mit dem Bewußtsein, für eine große Armee Vorzügliches geleistet zu haben, von der Höhe eines protzigen Geldsacks herunter so behandelt zu werden. Selbst wenn wir ganz von vorne anfangen müßten, würde es vorzuziehen sein, alles daran zu setzen, diese Blutegel los zu werden [...] die alte Phrase, wir seien Gewehrmacher, aber keine Kaufleute, kommt ständig zum Ausdruck.“* [10]

Ferdinand Steinbeis, Leiter der „Centralstelle für Gewerbe und Handel“

Auch Wilhelm Lorenz und Max Duttenhofer waren, jeweils in ähnlicher Weise, von den wirtschaftlichen Aktivitäten Steiners betroffen, bevor sie gemeinsam mit Steiner 1890 die Kontrolle über das Daimlersche Lebenswerk übernahmen. So wurde die Pulverfabrik „Flaiz & Duttenhofer“, deren Eigentümer Max Duttenhofer war, am 1. Mai 1872 in eine Aktiengesellschaft umgewandelt, in der Duttenhofer Vorstand und Direktor wurde. Die so entstandene „Pulverfabrik Rottweil-Hamburg“ fusionierte dann mit der „Vereinigten Rheinisch-Westfälischen Pulverfabrik“ zur „Vereinigten Köln-Rottweiler Pulverfabrik“, dem damals größten deutschen Pulvererzeuger. Diese Pulvergruppe war, ebenso wie der bereits erwähnte „Loewe-Konzern“ in Berlin, an der „Deutschen Waffen- und Munitionsfabrik“ (DWM), Berlin-Karlsruhe beteiligt, neben Krupp der größte deutsche Rüstungskonzern. Dieses Unternehmen war aus der „Metallpatronenfabrik Lorenz“ in Karlsruhe hervorgegangen, und damit kommen wir zu Wilhelm Lorenz, dem vormaligen Besitzer dieser Fabrik. Dieser hatte das Unternehmen, in dem er bis dahin als Prokurist tätig gewesen war, 1878 für 220000 Reichsmark erworben. In enger Kooperation mit den Gebrüdern Mauser wurden zahlreiche Erfindungen auf dem Gebiet des Waffenbaus und der Munitionsfertigung realisiert. 1889 dann verkaufte Lorenz für 5 Millionen Reichsmark sein Unternehmen an Ludwig Loewe & Co. in Berlin. Für Lorenz blieb ein Posten im Aufsichtsrat und die Zusicherung, auch weiterhin die Geschicke der Firma mitbestimmen zu können. Daß sich dieses Versprechen nicht erfüllte, zeigen Briefe von Lorenz, die frappant an jene Gottlieb Daimlers erinnern. Lorenz über seine Rolle im neuen Unternehmen:

„Ich bewegte mich in dem Glauben, daß meine Anordnungen und Ratschläge, wie früher so auch unter der neuen Direktion, die entsprechende Beachtung finden würden. Nach und nach mußte ich mich aber überzeugen, daß mein Rat und meine Bemühungen nebensächlich behandelt oder wenig beachtet würden. Auch konnte ich aus der Haltung der Direktion schließen, daß meine Kompetenz als Aufsichtsrat nur bedingungsweise und dem Ermessen der Direktion anheimgegeben seien. Ich mußte wiederholt an maßgebender Stelle hören, daß die von mir in letzter Zeit konstruierten und gebauten Maschinen unpraktisch wären, weshalb Herr Direktor Weise sich bemühte, neue Erfindungen zu machen und Herrn Oberingenieur Schroedter mit der Konstruktion neuer Erfindungen beschäftigte. Meine Mißstimmung hierüber hatte ich der Direktion wiederholt zu erkennen gegeben. Ich beschränke mich deshalb darauf, meine Erfahrungen und Ratschläge zur Verfügung zu stel-

Die Badische Anilin- und Sodafabrik (BASF) im Jahre 1881

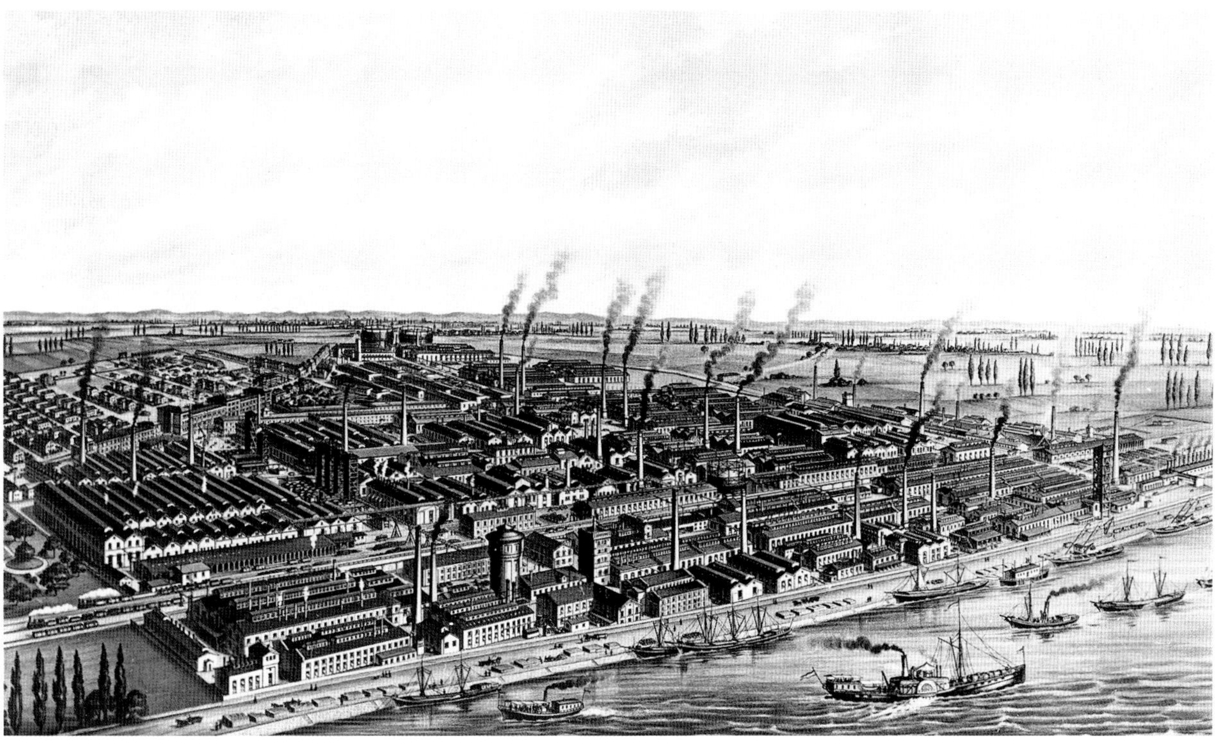

Die BASF im Jahre 1893

Die Pulverfabrik Max Duttenhofers in Rottweil

Pulverfabrik Rottweil

len, so oft und so weit ich darüber befragt wurde. Verschiedene wertvolle neue Maschinen und Apparate, die in den letzten Monaten meines Besitzes der Fabrik ausgeführt wurden, sind nicht einmal ausprobiert, als unbrauchbar zur Seite geschoben und bereits vollständig mit Staub bedeckt. Da das vorgeschriebene Verhalten der Direktion mich vermuten läßt, daß dieselbe in ihren Intentionen handelt, die Verwirrung in der Fabrik aber täglich zunimmt und die Anordnungen des einen von den Befehlen des anderen durchkreuzt oder aufgehoben werden, so daß niemand mehr weiß wer zu befehlen und wer zu gehorchen hat, so sah ich mich verpflichtet, Ihnen endlich das vorstehende zu berichten. Weil mir das fernere Gedeihen der Fabrik am Herzen liegt und ich meine Bemühungen auch gerne gewürdigt sehen möchte, so halte ich es für dringend nötig, daß in der technischen Verwaltung der Fabrik eine strengere Ordnung und Begrenzung der Kompetenzen der einzelnen Beamten eingeführt wird; anderenfalls würde ich es vorziehen, Sie um Enthebung von meinem Amte zu bitten."[11]

Der Bitte, ihn von seinen Aufgaben zu entbinden, wurde entsprochen. Gleichzeitig suchte Steiner für Lorenz eine neue Aufgabe und die fand sich

Illustrirtes Familienblatt. — Begründet von Ernst Keil 1853.

Wöchentlich 2 bis 2½ Bogen. — In Wochennummern vierteljährlich 1 Mark 60 Pfennig oder jährlich in 14 Heften à 50 Pf. oder 28 Halbheften à 25 Pf.

Lore von Tollen.

Roman von W. Heimburg.

(Fortsetzung.)

„Lore," begann die Majorin nach einer langen Pause, „bleib heute noch hier; ich werde ihm sagen, Du seist elend — Du bist es auch, der Schrecken um Papa hat Dich so mitgenommen. Du glühst ja, Du hast gewiß Fieber."

Aber Lore drängte die Hände der Mutter zurück, und ihre Blicke flogen nach der Thür, als müsse sie dort hinaus laufen, um sich irgendwo zu verstecken. Aber sie besaß keinen Platz mehr, der ihr allein und zu eigen gehörte, ihr kleines Stübchen hatte Käthe eingenommen, als sie noch kaum das väterliche Haus verlassen; sie empfand das wie einen Diebstahl, wie eine Pietätlosigkeit sondergleichen, denn alle die Träume von Glück und Seligkeit hatte sie dort geträumt, die einfachen vier Wände hatten ihren Jubel, ihre Thränen sehen dürfen. Sie würde auch jetzt vielleicht wieder Ruhe gefunden haben, wenn sie dort hätte hinaufflüchten, den Riegel hinter sich zuschieben können, um ihre Verzweiflung auszuweinen, ungesehen, unbelauscht! Sie stand trotzdem auf. In den Garten? Aber der lag unter tiefer Schneedecke. Sie kam zurück und setzte sich wieder. — Die Majorin raffte die Papiere zusammen, um sie in den Schrank zu legen. Sie war beleidigt durch Lores liebloses Wesen; aus ihren rothgeweinten Augen sprangen wieder große helle Tropfen. Und dazu die Sorgen, diese drückenden Sorgen! — Wenn Rudolf doch käme, wenn er ihr sagen könnte, ob Becker ihm für die nächste Zeit einen Zuschuß zahlen wollte! Was sollte der arme Kerl anfangen, wenn Becker nicht — —. Sie konnte es nicht mit den paar Groschen Witwengeld.

Unten klang die Schelle, Rudolfs Schritte kamen die Treppe herauf, und gleich darauf trat er ein. Er sah erregt aus, warf den nassen Ueberzieher auf einen Stuhl und die Mütze auf den Tisch. „So!" sagte er, „soweit wären wir! Dein Herr Gemahl, Lore, bot sich an, mir in Amerika eine Stelle auf dem Bureau seines früheren Compagnons zu verschaffen; und da er heute abend noch Geschäfte halber nach drüben reist, so schlug er mir vor, gleich mit zu kommen — wegen der Reisegesellschaft vermuthlich."

Lore wandte das Haupt, und ihre

Schneewegschaffung in Berlin. Originalzeichnung von E. Henseler.

9 18

Titelblatt der „Gartenlaube", 1889

in der Person Gottlieb Daimlers und seinen neuen Erfindungen. Lorenz war der Mann, der Daimler aufgrund seines beruflichen Werdegangs und Hintergrunds das nötige Vertrauen einflößte, um den Schritt zur Aktiengesellschaft zu gehen. Daimler war klar, daß er lediglich $1/3$ der Anteile hielt und somit jederzeit überstimmt werden konnte, doch beruhigte man ihn mit der Zusage, daß er auch weiterhin den Geschäftsbetrieb überwachen und innerhalb des Vorstandes als Vertreter des Aufsichtsrats gelten solle. So wurde denn am 14. März 1890 zwischen Daimler, Lorenz und Duttenhofer ein Vertrag geschlossen,

> *„... durch den die genannten Kontrahenten sich zu einer Gesellschaft vereinigen, welche den Zweck hat, die von G. Daimler gemachten Petroleum- und Gasmotoren Erfindungen nach allen Richtungen hin bestmöglich zu verwerten."*

Dieser Vorvertrag gliederte sich in zehn Paragraphen. Der Paragraph 3 regelte die Aufgabenverteilung der Drei, wobei Daimler die technische, Lorenz die kaufmännische Leitung, Duttenhofer indes die Gesamtleitung des Unternehmens innehatte. Kapitalseitig brachten Lorenz und Duttenhofer je 200000 Mark in die Gesellschaft ein, Daimler hingegen zum Nominalwert von eben dieser Summe seine Fabrikationsanlagen, Patente, Maschinen und Inventurwerte. Sowohl von der Aufgabenverteilung als auch kapitalseitig hatte man Daimler über den Tisch gezogen, und dies schien ihm im Sommer 1890 immer klarer zu werden. Infolgedessen versuchte er die Auflösung der Gesellschaft zu betreiben. Nun begann, was wir heute mit „unfriendly takeover" zu bezeichnen pflegen, ein Prozeß, der sich über fünf Jahre hinziehen sollte. An dessen Ende hatte Daimler seine unternehmerischen Visionen, oft gegen den Willen der Kapitalgeber und Banken, durchgesetzt.

Die sich stellende Frage: Wer war dieser Gottlieb Daimler und was machte seine Erfindungen und Unternehmungen so interessant für Kapitalgeber dieser Zeit?

---

1 Vgl. Niemann, Harry: „Wilhelm Maybach. König der Konstrukteure", Stuttgart 1996.

2 Zu Person und Leben von Max Duttenhofer vgl. Kraus, Jörg: „Für Geld, Kaiser und Vaterland. Max Duttenhofer und die Rottweiler Pulverfabrik zwischen 1860 und 1918", Stuttgart, erscheint Mitte 2000.

3 Craig, Gordon A.: „Über die Deutschen", München 1983, S. 123f.

4 Vgl. Spamers Konversations-Lexikon, Erster Band, Leipzig 1893, S. 331.

5 Vgl. ebd.

6 Vgl. Pohl, Manfred: „Baden-Württembergische Bankgeschichte", Stuttgart, Berlin, Köln 1992.

7 Vgl. Boelcke, Willi A.: „Sozialgeschichte Baden Württembergs 1800–1989", Stuttgart, Berlin, Köln 1989, S. 185f.

8 Vgl. Deutelmoser, Otto K.: „Ein Bankier der Gründerzeit, Kilian Steiner", Sonderdruck aus Marbacher Schriften, 43.

9 Ebd., S. 86.

10 Zitiert nach Siebertz, Paul: „Gottlieb Daimler. Ein Revolutionär der Technik", München, Berlin 1941, S. 208

11 Brief von Wilhelm Lorenz an Isidor Loewe vom 14. August 1889, zitiert nach Siebertz, Paul: „Gottlieb Daimler. Ein Revolutionär der Technik", München, Berlin 1941, S. 214.

Wilhelm Maybach – kongenialer Weggefährte Gottlieb Daimlers

Mythos und Wirklichkeit

Das Daimler-Bild in der Literatur

Über wenige Unternehmerpersönlichkeiten ist mehr geschrieben worden als über Gottlieb Daimler. In der Literatur taucht er fast immer als der „geniale Erfinder“ oder „Revolutionär der Technik“ auf. Die Leistungen des Erfinders vermischen sich dabei mit denen des Unternehmers und gipfeln in Siebertz' Daimler-Biographie[1], die Daimler zum „Alleserfinder“ stilisiert, dessen spätere unternehmerische Aktivitäten einem dunklen Komplott zum Opfer fielen. Das von Siebertz entworfene Daimler-Bild wird nur vor dem Hintergrund der historischen Ereignisse nach dem Tode Daimlers verständlich. Maybach hatte 1907 die Daimler-Motoren-Gesellschaft verlassen und mit seinem Sohn Karl ein Unternehmen ins Leben gerufen, das nach dem Ersten Weltkrieg damit begann, Automobile zu bauen, die Wettbewerber zu den Fahrzeugen der oberen Klasse von Daimler-Benz waren. Siebertz, Haushistoriker der Daimler-Benz AG, hatte diesem Umstand Rechnung getragen und aus seiner damaligen Sicht pro domo geschrieben, was nichts anderes hieß, als daß er die technischen Leistungen der frühen Jahre, vor allem hinsichtlich der Automobilkonstruktionen, ausschließlich Daimlers Erfindungsgeist zuschrieb und Maybach die Rolle des treuen Erfüllungsgehilfen zuwies. Andere Autoren wie Schnauffer[2], Rathke und Sass haben demgegenüber eine scheinbare Demontage des Daimler-Bildes betrieben, indem sie aufzeigten, welch nachhaltigen Einfluß Daimlers kongenialer Weggefährte Wilhelm Maybach bei den meisten Erfindungen hatte. Hanf bemerkt dazu:

> *„Während Siebertz Person und Leistung Maybachs gegenüber Daimler unterbewertet, hat Sass dies fast ins Gegenteil verkehrt. Sassens Urteil trifft allerdings eher den Kern.“*[3]

Andere Autoren wie Kirchberg, Wächtler[4] und Nallinger[5] stützen sich im wesentlichen auf die Werke von Siebertz und Sass oder betrachten Daimler vorwiegend unter dem Aspekt der Entwicklung der Automobilindustrie wie Schildberger[6], was zweifellos der richtige Ansatz ist. Neuere Arbeiten zu Maybach zeigen, daß dieser der technische Kopf des Unternehmens war, der nicht nur Daimlers Ideen umsetzte und ausführte, sondern den Kraftwagen eigenständig weiterentwickelte.[7] So muß jeder Versuch, Daimlers Verdienste allein in der Werkstatt oder im Konstruktionsbüro zu finden, zwangsläufig scheitern. Im Umkehrschluß müßte die Frage lauten: Hätte Maybach ohne Daimler sein technisches Genie so ungehindert entfalten können oder machte gerade diese symbiotische Beziehung beider Männer die Entwicklung erst möglich? Dabei gilt es zu untersuchen, wie Daimlers Weg vom Manager-Ingenieur zum Erfinder-Unternehmer verlief und ob es Gottlieb Daimler, ganz im Schumpeterschen Sinne[8], gelang, eine technische, gleichsam auch gesellschaftliche Vision Wirklichkeit werden zu lassen: die der allgemeinen Motorisierung zu Lande, zu Wasser und in der Luft. Siebertz behauptet, Daimler habe schon als junger Mann erkannt, welche Möglichkeiten ein kleiner, leistungsstarker Motor bot[9]. Belege lassen sich dafür nicht finden. Erst mit

Heute noch existieren Gegenstände aus dem Büro Gottlieb Daimlers in der Asservatenkammer des Mercedes-Benz Museums.

seinem Ausscheiden bei der Deutzer Gasmotorenfabrik 1882 entwarf Daimler die Vision einer allgemeinen Motorisierung, verbunden mit der praktischen Realisierung. Die Umsetzung dieses Ziels auf breiter, internationaler Ebene beherrschte von da an zunehmend Daimlers Aktivitäten. Seine große Perspektive: Eine allumfassende Mobilität, so wie sie heute Wirklichkeit geworden ist. Land- und Wasserfahrzeuge waren zur damaligen Zeit in Form von Kutschen und Schiffen vorhanden. In diese Fahrzeuge, aber auch in Straßenbahnen, Draisinen und Feuerspritzen baute Daimler seine Motoren ein. Fluggeräte hingegen gab es mit Ausnahme militärischer Beobachtungsballons keine. Daimler war überzeugt, daß sich der Verkehr durch den kleinen schnellaufenden Motor auch in die Luft verlagern ließe. Der Beginn der motorisierten Luftfahrt mit Daimler-Motoren zeigt deutlich, wie konsequent er seine Visionen umzusetzen verstand. Ein exemplarischer Beleg dafür, daß er sich auf Gebiete vorwagte, die für die damalige Zeit noch Science Fiction waren. So bot er seine Motoren dem preußischen Militär an, um damit die im Einsatz befindlichen Ballone zu motorisieren. Doch sein Vorschlag blieb ohne Resonanz. Erst durch den Lenkballon des Leipziger Buchhändlers Dr. Wölfert gelang Daimler die Motorisierung bemannter Flugobjekte.[10] Dies alles ist beredter Beleg dafür, daß Daimler mehr war als „nur" der Erfinder des Automobils. Auch Siebertz hat in seiner Biographie darauf hingewiesen, sich aber letztendlich in einer Apologie verrannt, die dem Daimler-Bild, wie oben gezeigt, über die Zeit mehr geschadet als genützt hat. Dennoch ist dieses Werk für jeden Daimler-Forscher unverzichtbar, wenn auch die romanhafte, bisweilen teleologische Ausrichtung eine historische Wahrheit suggeriert, die der genaueren Überprüfung nicht standhält. Martin Walser schreibt über das Genre der Romanciers, und das trifft auch für Siebertz zu:

„Ich habe mich auch schon vor der Bekanntschaft mit Prousts Roman (gemeint ist hier „Auf der Suche nach der verlorenen Zeit", d. Verf.) manchmal gewundert über die Sicherheit, mit der manche Autoren über die Welt verfügen: da marschieren ganze Generationen und Städte auf, der Erzähler stellt vor, beschreibt Inneres und Äußeres, urteilt, charakterisiert in unzweifelbaren Mitteilungssätzen,

eines folgt aus dem anderen, es geschieht fast nichts, was ohne Folgen bliebe, nichts also, wovon der Erzähler nicht ganz genau die Bedeutung anzugeben wüßte."[11]

Die Versuchung ist groß, gerade wenn die Unternehmung über mehr als ein Jahrhundert so erfolgreich ist wie die von Daimler mit initiierte Gesellschaft, Leben und Werk als Abfolge glücklicher persönlicher Entscheidungen darzustellen. Biographisches muß, verzichtet man auf diese idealistische Betrachtungsweise, gegen die Unschärfe ständig verrinnender Zeit aus weitgehend fragmentarischem Material, das überdies nicht immer widerspruchsfrei ist, rekonstruiert werden. Dabei wird und muß jede Generation die Überlieferung ihren eigenen Interessen und Anschauungen gemäß ausloten.

---

1 Vgl. Siebertz, Paul: „Gottlieb Daimler. Ein Revolutionär der Technik", 4. Aufl., Stuttgart 1950.

2 Vgl. Schnauffer, Kurt: „Die Entwicklung des raschlaufenden Viertaktmotors durch Daimler und Maybach 1882-1887" (Hrsg.: Arbeitsgemeinschaft für die Geschichte des Deutschen Verbrennungsmotorenbaues). Teil I: Text. Unveröffentlichtes Manuskript 1953, Archiv der mtu, Bestand „Wilhelm Maybach".

3 Hanf, Reinhard: „Im Spannungsfeld zwischen Technik und Markt", Wiesbaden 1980, S. 55.

4 Vgl. Kirchberg, Peter u. Wächtler, Eberhard: „Carl Benz, Gottlieb Daimler, Wilhelm Maybach", in: „Biographie hervorragender Naturwissenschaftler, Techniker und Mediziner", Bd. 52, Leipzig 1981.

5 Nallinger, Fritz: „Gottlieb Daimler. Karl Benz", in: „Die großen Deutschen", Bd. 5. Berlin 1957, S. 380-389.

6 Schildberger, Friedrich: „Gottlieb Daimler und Karl Benz. Pioniere der Automobilindustrie", Göttingen, Zürich, Frankfurt 1976.

7 Vgl. Niemann, Harry: „Wilhelm Maybach. König der Konstrukteure", Stuttgart 1996.

8 „Im Erkennen und Durchsetzen neuer Möglichkeiten auf wirtschaftlichem Gebiet liegt das Wesen der Unternehmerfunktion." Schumpeter, Joseph: „Unternehmer", in HDSW, Bd. 8, Jena 1928, S. 483.

9 Vgl. Siebertz, Paul: „Gottlieb Daimler. Ein Revolutionär der Technik", München 1940, S. 32ff.

10 Erst der Leipziger Buchhändler Dr. Friedrich Hermann Wölfert arbeitete, zusammen mit dem sächsischen Förster Georg Baumgarten, an einem mit Muskelkraft betriebenen Lenkballon. Baumgarten hatte mehrere Patente zur Lenkung eines Ballons, das wichtigste war der sogenannte „Wendeflügel". Doch bei der Angriffsfläche, die ein großer Ballon dem Wind bot, war die Kraft eines Menschen unzureichend. Eine Steuerung wurde erst dann möglich, als eine entsprechende Kraftquelle als Antrieb zur Verfügung stand. Daimler, ein aufmerksamer Beobachter aller technischen Entwicklungen hatte 1887 in der Leipziger Illustrierten von Wölferts Versuchen gelesen. Daimler lud Wölfert nach Cannstatt ein und baute zusammen mit seinem Sohn Paul die „Standuhr" in die Gondel des Lenkballons ein. Mit Muskelkraft drehten die Propeller mit etwa 250/min, der Motor ermöglichte 750/min. Am 10. August des Jahres 1888 stieg der Lenkballon am Seelberg auf. Pilot war der schmächtige Mechaniker Wirsum, der sich nach kurzer Einweisung bereit erklärt hatte, das Wagnis auf sich zu nehmen. Sicher lenkte Wirsum den Ballon nach Kornwestheim. Doch erst mit dem Einbau des Daimler Zweizylinder-V-Motors, der bei 535/min 7 PS leistete, war der Ballon tatsächlich auch bei ungünstigen Windverhältnissen steuerbar. Mit seinem Luftschiff „Deutschland", das eine Gesamtlänge von 28 m, einen Durchmesser von 8,5 m und eine Tragkraft von 900 kg bei 600 kg Eigengewicht hatte, verunglückte der Luftschiffpionier Wölfert 1897 infolge einer Explosion des wasserstoffgefüllten Tragekörpers in Berlin tödlich.
Wenn auch Wölferts Name in Vergessenheit geriet, seine Idee existierte fort. Im gleichen Jahr des tragischen Absturzes präsentierte der Luftfahrtpionier David Schwarz ein Starrluftschiff, das ebenfalls mit einem Vierzylinder-Daimler-Motor ausgestattet war. Drei Jahre später stieg dann das Luftschiff auf, dessen Konstrukteur dieser Gattung seinen Namen geben sollte: der Zeppelin. Das erste Luftschiff des Grafen Zeppelin, der LZ 1 startete am 2. Juli 1900 am Bodensee, angetrieben von zwei Daimler 10- und 12-PS-Vierzylindermotoren des Typs „Modell N".

11 Walser, Martin: „Liebeserklärungen", Frankfurt 1983, S. 13.

1. Ehe
Emma Daimler
geb. Kurz
*29.4.1843
†28.7.1889

Paul Daimler
*13.9.1869
†15.12.1945

Adolf Daimler
*8.9.1871
†24.3.1913

Emma Pfäfflin
geb. Daimler
*11.4.1873
†29.8.1954

Helene Daimler
geb. Jakob
*27.7.1880
†22.3.1962

Marie Daimler
geb. Schuler
*30.1.1879
†8.10.1957

Dr. Paul
Pfäfflin
*7.2.1860
†8.5.1937

Paul Gottlieb
Daimler
*8.1.1909
†13.1.1989

Gerhard
Daimler
*24.10.1915
†19.9.1991

Helene
Glase
geb. Daimler
*16.5.1917

Emma Maria
Pfäfflin
*30.7.1902
†30.3.1930

Dr.
Clara Pfäfflin
*12.5.1901
†24.11.1987

Ira Daimler
geb. Koy
*14.7.1922

Wilhelm Glase
*29.1.1882
†10.2.1964

Wilhelm
Glase
*2.12.1946

Peter
Glase
*26.4.1948

Angela
Glase-Bischoff
geb. Glase
*23.6.1950

Beate
Nagorsni
geb. Glase
*16.12.953

Ewald
Bischoff
*13.9.1930

Wolfgang
Nagorsni
*14.2.1950

David
Nagorsni
*21.4.1971

○ verheiratet

□ unverheiratet

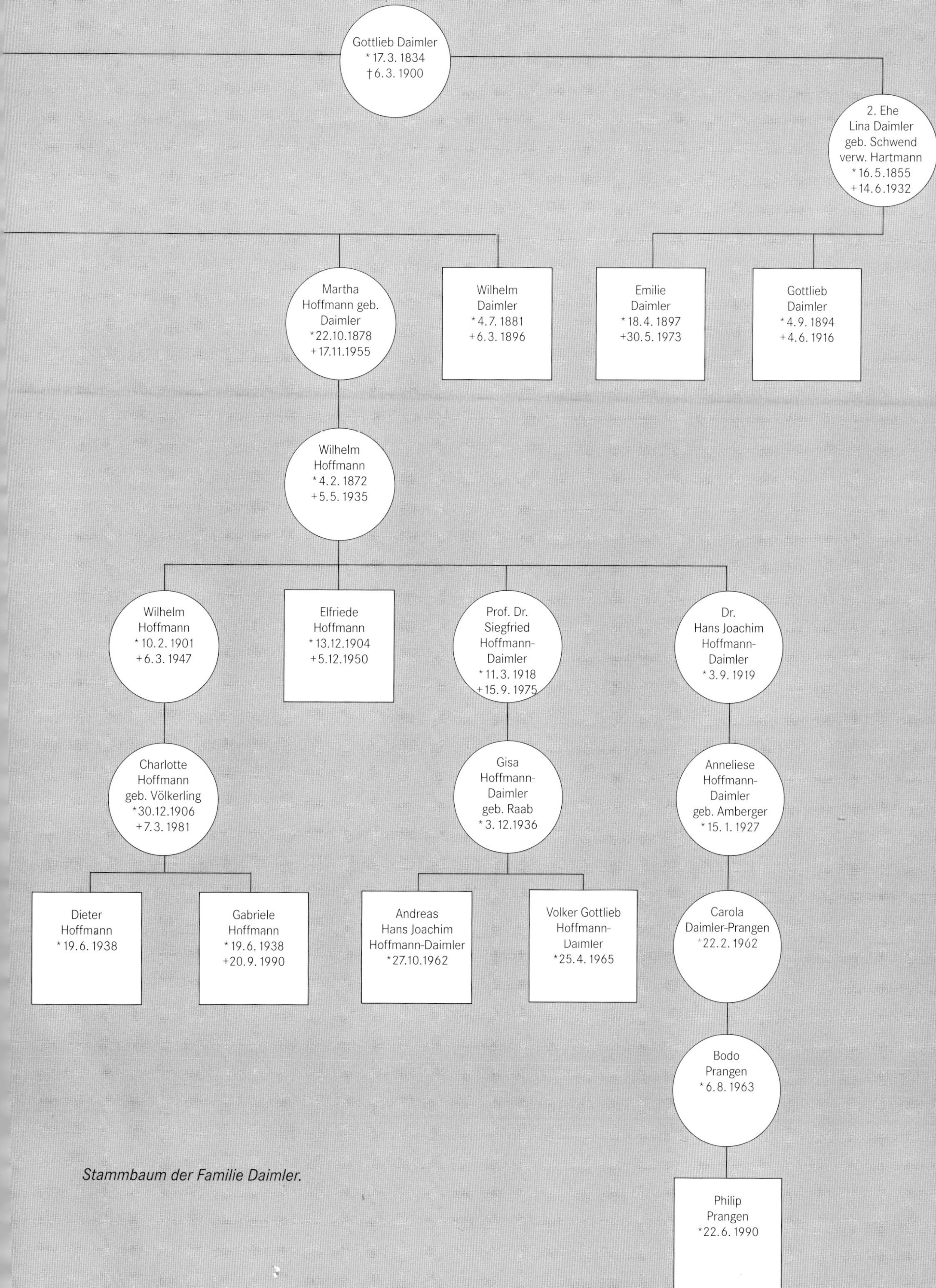

Stammbaum der Familie Daimler.

Gottlieb Daimlers Geburtshaus in Schorndorf nach der Renovierung, 1981

Wer war Gottlieb Daimler?

Lehre, Ausbildungsjahre und erste berufliche Erfahrungen

1848–1872

„Über seine Persönlichkeit außerhalb der Arbeit wissen wir nur wenig“, schrieb Conrad Matschoss 1934. Deshalb soll hier der Versuch gemacht werden, anhand der archivischen Quellen[1] ein biographisches Bild der Person und der Persönlichkeitsentwicklung Daimlers zu entwerfen.

Gottlieb Daimler wurde am 17. März 1834 in Schorndorf geboren. Sein Vater Johannes Däumler[2] war Bäcker in Schorndorf. Seine Mutter, Wilhelmine Friederike Däumler, war eine geborene Fensterer. Das Ehepaar Däumler hatte fünf Kinder. Neben der Lateinschule besuchte Daimler in Schorndorf die Zeichenschule, wo an Sonntagen unterrichtet wurde, was Rückschlüsse auf seine frühen technischen Neigungen zuläßt.

Zwischen 1848 und 1852 absolvierte er bei dem Büchsenmachermeister Johann Christoph Wilke in Schorndorf eine Lehre.[3] Sein Gesellenstück: eine doppelläufige Pistole. 1852 begann Daimler seine Ausbildung an der Polytechnischen Schule in Stuttgart, von wo aus ihn Ferdinand Steinbeis, damals technischer Referent an der Zentralstelle für Handel und Gewerbe in Stuttgart, für vier Jahre nach Straßburg schickte.

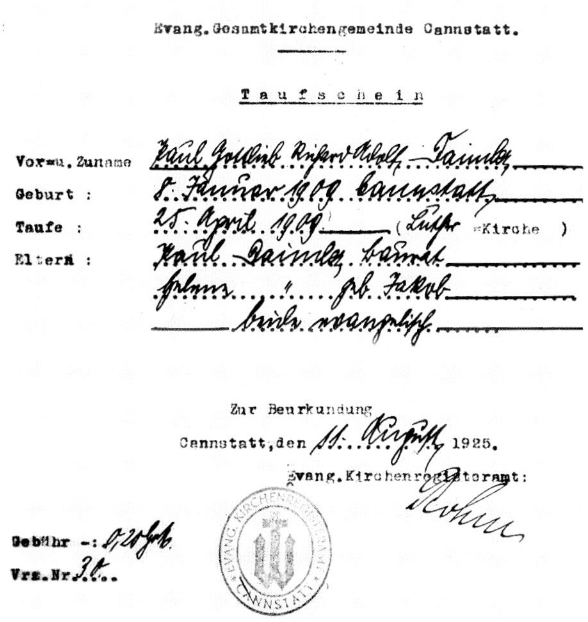

Evang. Gesamtkirchengemeinde Cannstatt.

Taufschein

Vor- u. Zuname: Paul Gottlieb ... Daimler
Geburt: 8. Januar 1909 Cannstatt
Taufe: 25. April 1909 (Luther-Kirche)
Eltern: Paul Daimler, ... / Helene ... geb. Jakob / beide evangelisch

Zur Beurkundung
Cannstatt, den 11. August 1925.
Evang. Kirchenregisteramt:

Gebühr -: 0,20 ...
Vrz. Nr. 3...

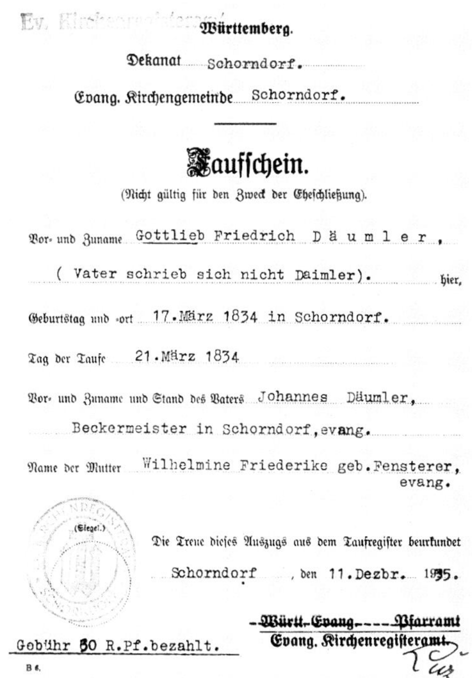

Ev. Kirchen...
Württemberg.
Dekanat Schorndorf.
Evang. Kirchengemeinde Schorndorf.

Taufschein.
(Nicht gültig für den Zweck der Eheschließung).

Vor- und Zuname: Gottlieb Friedrich Däumler, (Vater schrieb sich nicht Daimler). hier,
Geburtstag und -ort: 17. März 1834 in Schorndorf.
Tag der Taufe: 21. März 1834
Vor- und Zuname und Stand des Vaters: Johannes Däumler, Beckermeister in Schorndorf, evang.
Name der Mutter: Wilhelmine Friederike geb. Fensterer, evang.

(Siegel.)
Die Treue dieses Auszugs aus dem Taufregister beurkundet
Schorndorf, den 11. Dezbr. 1935.
~~Württ. Evang. Pfarramt~~
Evang. Kirchenregisteramt.

Gebühr 50 R.Pf. bezahlt.
B 6.

Auszüge aus dem Taufregister, beurkundete Abschriften von 1925 und 1935

Aus Daimlers Jugendzeit sind nur wenige persönliche Zeugnisse oder Erinnerungsgegenstände erhalten. Dazu gehört ein Heft mit Tier-Zeichnungen des damals 13-jährigen Schülers aus dem Jahr 1847. Auch später zeichnete Daimler gern, es sind mehrere Skizzenbücher von ihm vorhanden.

Dort arbeitete Daimler in Graffenstaden bei Straßburg im französischen Elsaß.[4] Neunzehnjährig lernte er dort nicht nur die Betriebs- und Fabrikationsweise der Kleinschmiederei im Werkzeugbau, sondern auch ausgezeichnet Französisch, wie spätere handschriftliche Korrespondenzen mit Louise Sarazin eindrucksvoll belegen. Von 1857 bis 1859 besuchte er erneut die Polytechnische Schule in Stuttgart, und zwar als außerordentlicher Schüler.[5] Dies bedeutete, daß er von der Bezahlung des Unterrichtsgeldes befreit war. Seinen Abschluß machte er mit der Durchschnittsnote „gut". Während seiner Studienzeit wurde Daimler Mitglied in der Studentenverbindung „Corps Stauffia zu Stuttgart". Vom Oktober 1859 bis Juni 1860 ging Daimler wieder nach Graffenstaden, um dort im Dampfmaschinenbau zu arbeiten. Noch im gleichen Jahr wechselte Daimler für einige Monate nach Paris zu der Bandsägenfabrik Perin, die Maschinen zum Sägen von Schreiner- und Kunsttischlerarbeiten herstellte. Ob, wie Siebertz schreibt, sich Daimler zu dieser Zeit ausführlich und mit negativem Ergebnis, in der Bewertung des Motors, mit dem

Gasmotor des Luxemburger Jean Joseph Etienne Lenoir[6] (1822–1900) beschäftigt hat, läßt sich durch die Quellen nicht belegen.[7] Lenoir, der ab 1838 in Paris lebte und arbeitete, erhielt 1860 ein Patent auf einen Verbrennungsmotor. Die im selben Jahr gegründete Firma Gautier baute und vertrieb diese Motoren. 1861 wurde ein solcher Antrieb in ein Boot eingebaut und ein Jahr darauf in ein Straßenfahrzeug. Zu einer Fertigung kam es jedoch nicht, da der hohe Gas- und Schmierstoffverbrauch dieser Motoren einen Betrieb in einem Fahrzeug unmöglich machten. Vom Frühjahr 1861 bis in das Jahr 1863 bildete sich Daimler beruflich in England weiter, damals führend in der Industrialisierung und dem Maschinenbau. Die Stationen waren: „North Moor Foundry“ in Oldham, die Lokomotivenfabrik „Beyer, Peacock & Co.“ in Gorton bei Manchester, die Maschinenfabrik „Smith, Peacock & Tannet“ in Leeds, die Werkzeug- und Lokomotivenfabrik „Roberts & Co.“ in Manchester und schließlich die Werkzeugmaschinenfabrik von Sir Joseph Whitworth in Coventry bei Manchester. Aus dieser Zeit sind Briefe von Daimler überliefert, die Einblick in seine Lebensverhältnisse geben. So schrieb er am 2. August 1861 seinem Onkel Wilhelm aus Oldham:

„... daß wenn ich mit meinen Empfehlungen auch in eine große Fabrik komme, mich auch dort keine goldenen Tage erwarten werden, denn der Lohn soll, wie ich schon gehört habe, in Manchester, besonders für solche empfoh-

Daimlers Gesellenstück als Büchsenmacher: eine fein ziselierte, doppelläufige Pistole

lenen Leute, nicht sehr hoch sein. Als Zeichner, glaube ich, daß ich nicht genommen werde, und als Arbeiter muß ich jedenfalls fürs Erste den Gehülfen irgend eines alten Arbeiters machen; sollte es mir aber besser gehen, so werde ich es auch ertragen können und werden wir uns miteinander über unser beiderseitiges Wohlergehen freuen. Daß bei diesem letzteren außer der Gesundheit auch die Pfunde ein Hauptfaktor sind, weißt Du wohl selbst auch; mir haben diese bis jetzt noch kein Loch in den Beutel gedrückt, denn mein Wochenlohn besteht für 58 ½ Stunden 28 Schilling, immer Wochenlohn; davon gebe ich für Kost und Logis, Gas, Seife und Wäsche 17 Schilling, mit einem Pfund kann ich sagen komme ich gut aus. Ich bin nicht wie bei deutschen Leuten, sondern bei einem englischen Gießer in Pension, ganz allein, wo ich sehr gut und nobel behandelt bin ...“[8]

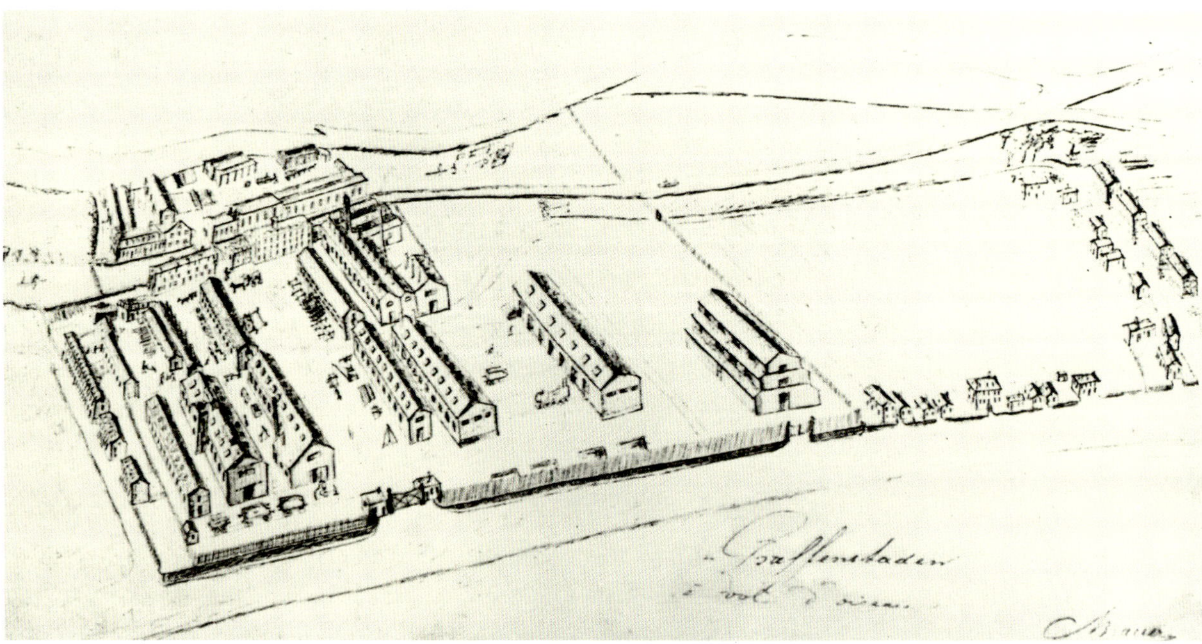

Das Werk Graffenstaden bei Straßburg, in das Daimler als einfacher Maschinenarbeiter erstmals 1853 eintrat

Daimlers Zeugnis aus Graffenstaden

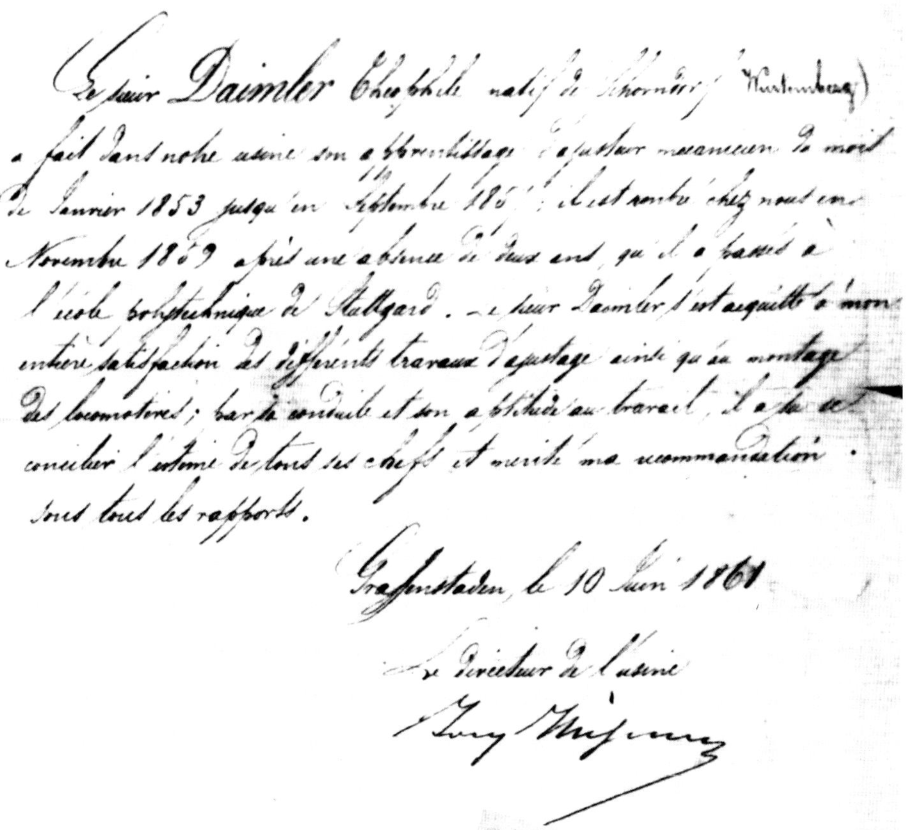

Le sieur Daimler Gottlieb natif de Schorndorf (Wurtemberg) a fait dans notre usine son apprentissage d'ajusteur mécanicien du mois de Janvier 1853 jusqu'en Septembre 1857. Il est rentré chez nous en Novembre 1859 après une absence de deux ans, qu'il a passés à l'école polytechnique de Stuttgard. Le sieur Daimler s'est acquitté à mon entière satisfaction des différents travaux d'ajustage ainsi qu'au montage des locomotives; par sa conduite et son application au travail, il a su se concilier l'estime de tous ses chefs et mérite ma recommandation sous tous les rapports.

Graffenstaden, le 10 Juin 1861

Le Directeur de l'usine

Belobigungskarte Gottlieb Daimlers der Königlich Polytechnischen Schule Stuttgart

Königl. Polytechnische Schule

BELOBUNGS-KARTE

für

Gottlieb Daimler

welchem dieselbe bei der Herbst-Prüfung 1859

wegen seiner Kenntnisse in Maschinenbau

und Maschinenconstruction

zuerkannt worden ist.

Stuttgart den 23. Septbr. 1859.

der Vorstand der Polyt. Schule.

Weiter erfahren wir aus dem Brief, daß Daimler das englische Essen mehr schätzte als das, das er im Elsaß genossen hatte und die Arbeitswoche Samstags um halb eins endete. Positiv vermerkt er zudem, daß es keine Steuern, Fabrikstrafen und keinen Krankenkassenzwang gibt. Der Brief enthüllt weiterhin, daß Daimler sich große Ziele gesteckt hatte, ohne jedoch genau zu wissen, wohin die Reise gehen sollte. Überdies plagten ihn Selbstzweifel, denn die Theorie machte ihm sichtlich zu schaffen:

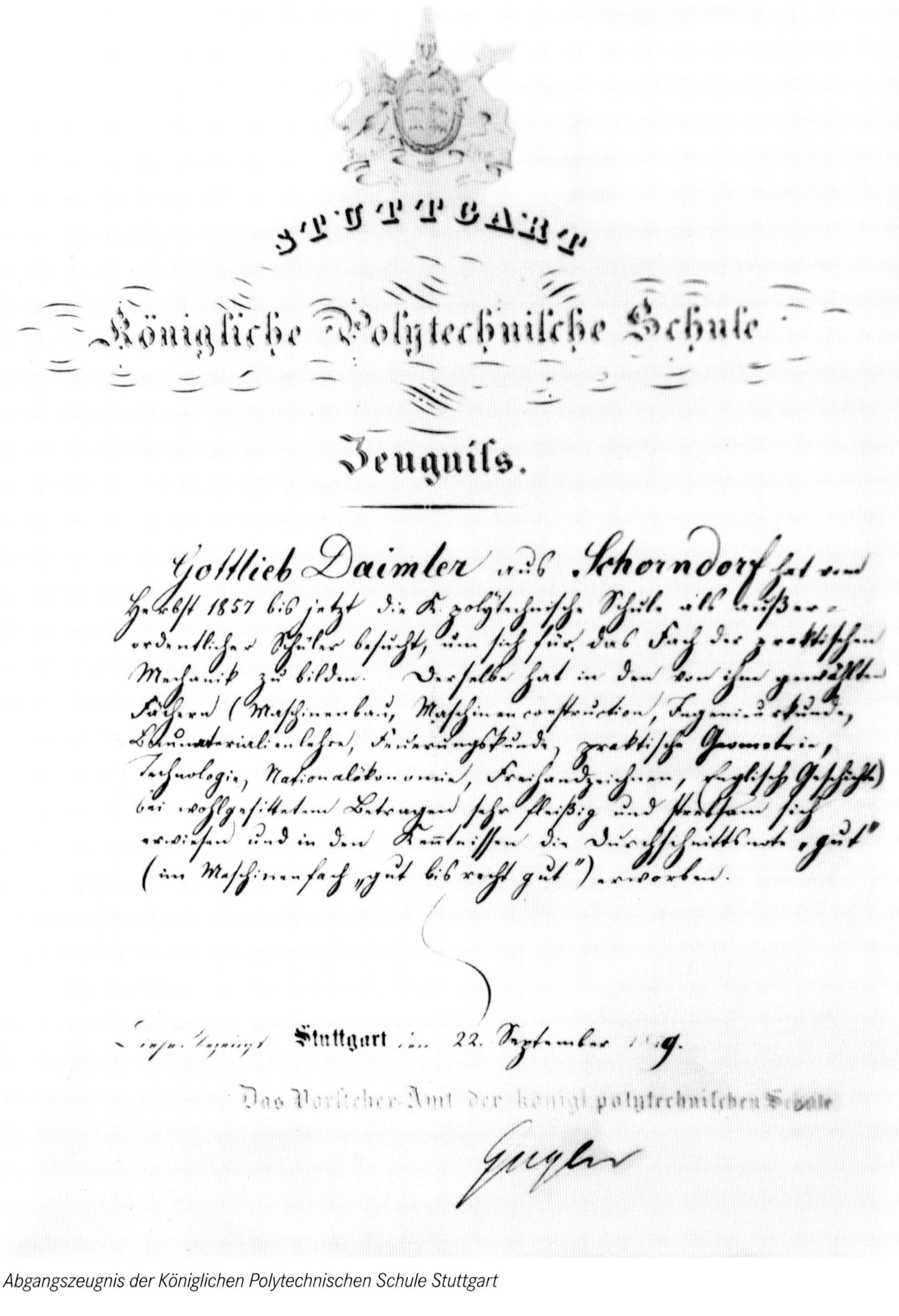

STUTTGART

Königliche Polytechnische Schule

Zeugniss.

Gottlieb Daimler aus Schorndorf hat vom Herbst 1857 bis jetzt die K. polytechnische Schule als außerordentlicher Schüler besucht, um sich für das Fach der praktischen Mechanik zu bilden. Derselbe hat in den von ihm gewählten Fächern (Maschinenbau, Maschinenconstruction, Ingenieurkunde, Baumaterialienlehre, Feuerungskunde, praktische Geometrie, Technologie, Nationalökonomie, Freihandzeichnen, englische Sprache) bei wohlgesittetem Betragen sehr fleißig und strebsam sich erwiesen und in den Kenntnissen die Durchschnittsnote „gut“ (im Maschinenfach „gut bis recht gut“) erworben.

Stuttgart den 22. September 1859.

Das Vorsteher-Amt der königl. polytechnischen Schule

Gugler

Abgangszeugnis der Königlichen Polytechnischen Schule Stuttgart

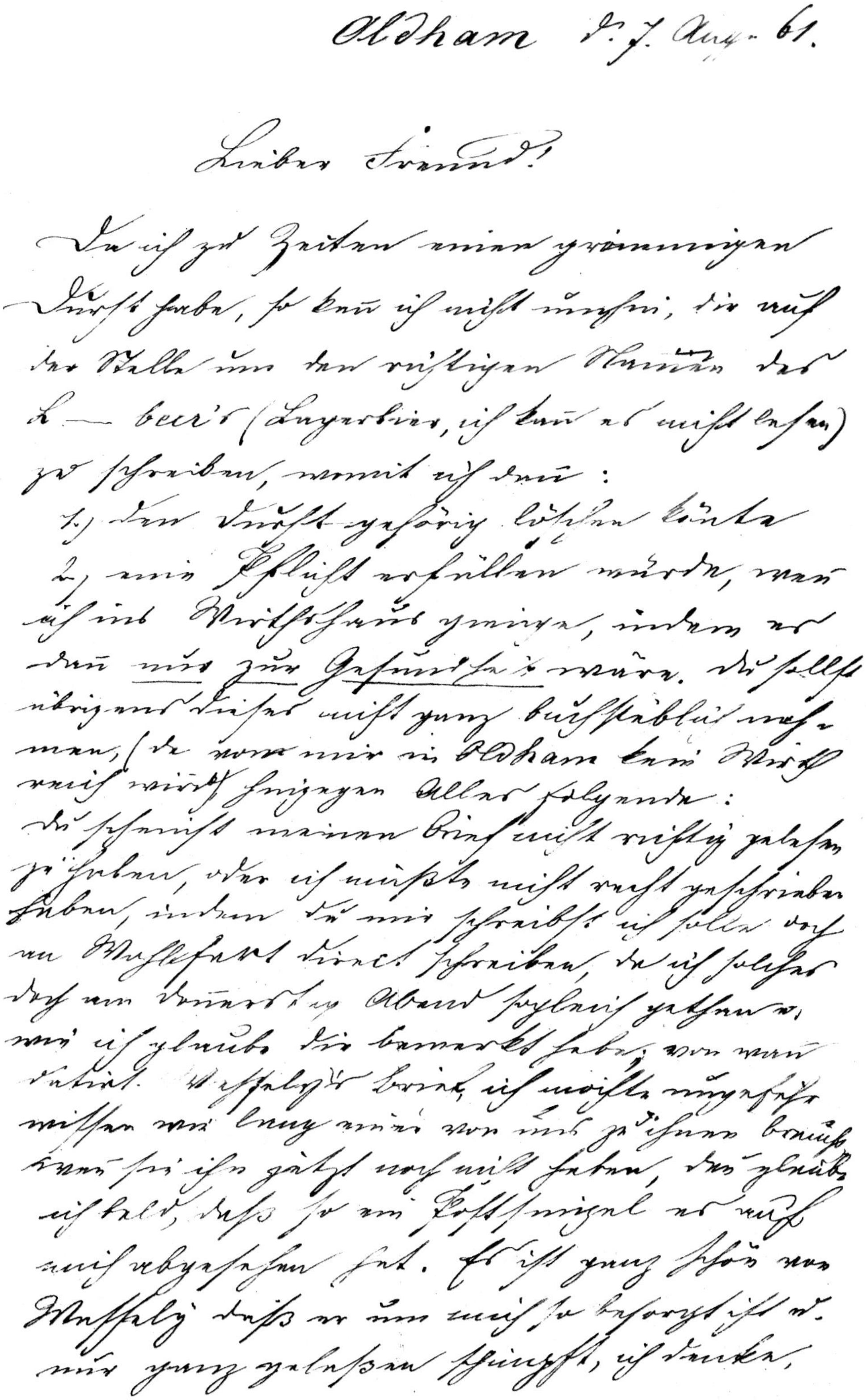
Oldham d. 7. Aug. 61.

Lieber Freund!

Da ich zu Zeiten einen grimmigen Durst habe, so kann ich nicht umhin, dir nach der Wahl aus den richtigen Namen des L— beer's (Lagerbier, ich kann es nicht lesen) zu schreiben, damit ich denn:
1.) den Durst gehörig löschen könnte
2.) mein Schluß erfüllen würde, wenn ich ins Wirthshaus ginge, indem es dann nur zur Gesundheit wäre. Du selbst übrigens dieses nicht ganz buchstäblich nehmen, (da war mir in Oldham kein Wirth [illegible] [illegible] Alter folgende:
Du scheinst meinen Brief nicht richtig gelesen zu haben, oder ich müßte nicht recht geschrieben haben, indem du mir schreibst ich solle doch an Muchfeld direct schreiben, da ich solches doch am Donnerstag Abend sogleich gethan u. wie ich glaube dir bemerkt habe, von wo datirt. Westfalgs Brief, ich möchte ungefähr wissen wie lang einer von uns zu ihnen braucht, wenn sie ihn jetzt noch nicht haben, dann glaube ich bald, daß sie ein Postsiegel es auch mich abgesehen hat. Es ist ganz schön von Westfalg daß er um mich so besorgt ist u. mir ganz gelassen schimpft, ich danke,

Brief Gottlieb Daimlers an einen Freund, geschrieben während seines Englandaufenthaltes

Königreich Württemberg.

Wander-Buch

(64 Seiten enthaltend)

für den

von Profession:

gebürtig aus

Schorndorf

Stuttgart,

zu haben bei den Gebrüdern Mäntler.

Preis: { Sportel .... 15 kr. / Druck, Papier nebst Einband... 12 „ } —:· 27 kr.

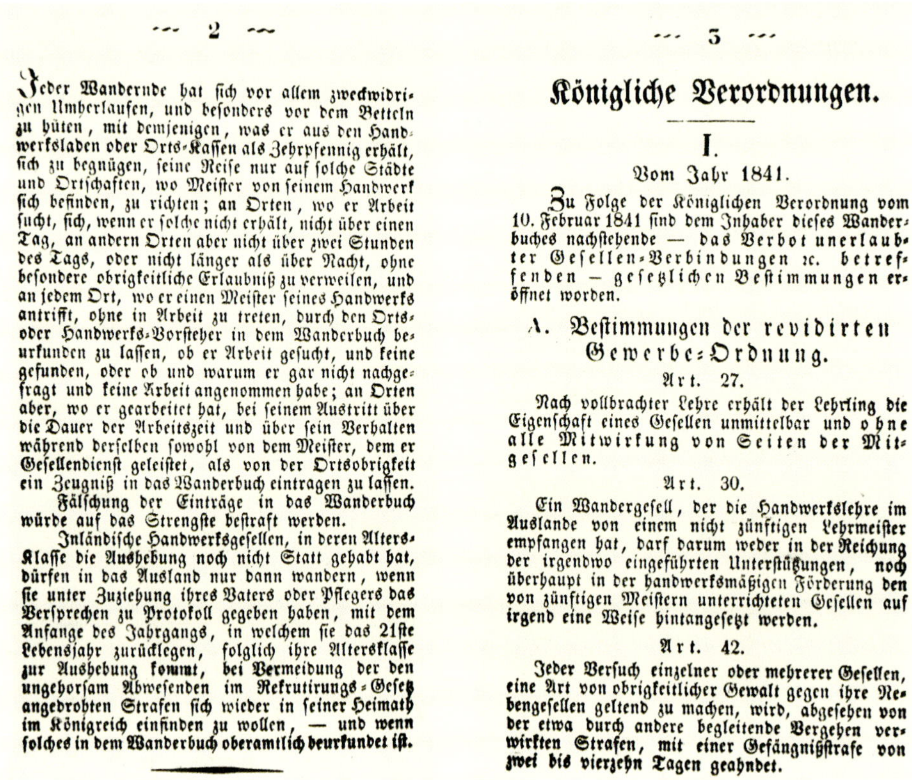

— 2 —

Jeder Wandernde hat sich vor allem zweckwidrigen Umherlaufen, und besonders vor dem Betteln zu hüten, mit demjenigen, was er aus den Handwerksladen oder Orts-Kassen als Zehrpfennig erhält, sich zu begnügen, seine Reise nur auf solche Städte und Ortschaften, wo Meister von seinem Handwerk sich befinden, zu richten; an Orten, wo er Arbeit sucht, sich, wenn er solche nicht erhält, nicht über einen Tag, an andern Orten aber nicht über zwei Stunden des Tags, oder nicht länger als über Nacht, ohne besondere obrigkeitliche Erlaubniß zu verweilen, und an jedem Ort, wo er einen Meister seines Handwerks antrifft, ohne in Arbeit zu treten, durch den Orts- oder Handwerks-Vorsteher in dem Wanderbuch beurkunden zu lassen, ob er Arbeit gesucht, und keine gefunden, oder ob und warum er gar nicht nachgefragt und keine Arbeit angenommen habe; an Orten aber, wo er gearbeitet hat, bei seinem Austritt über die Dauer der Arbeitszeit und über sein Verhalten während derselben sowohl von dem Meister, dem er Gesellendienst geleistet, als von der Ortsobrigkeit ein Zeugniß in das Wanderbuch eintragen zu lassen.

Fälschung der Einträge in das Wanderbuch würde auf das Strengste bestraft werden.

Inländische Handwerksgesellen, in deren Altersklasse die Aushebung noch nicht Statt gehabt hat, dürfen in das Ausland nur dann wandern, wenn sie unter Zuziehung ihres Vaters oder Pflegers das Versprechen zu Protokoll gegeben haben, mit dem Anfange des Jahrgangs, in welchem sie das 21ste Lebensjahr zurücklegen, folglich ihre Altersklasse zur Aushebung kommt, bei Vermeidung der den ungehorsam Abwesenden im Rekrutirungs-Gesetz angedrohten Strafen sich wieder in seiner Heimath im Königreich einfinden zu wollen, — und wenn solches in dem Wanderbuch oberamtlich beurkundet ist.

— 3 —

Königliche Verordnungen.

I.

Vom Jahr 1841.

Zu Folge der Königlichen Verordnung vom 10. Februar 1841 sind dem Inhaber dieses Wanderbuches nachstehende — das Verbot unerlaubter Gesellen-Verbindungen rc. betreffenden — gesetzlichen Bestimmungen eröffnet worden.

A. Bestimmungen der revidirten Gewerbe-Ordnung.

Art. 27.

Nach vollbrachter Lehre erhält der Lehrling die Eigenschaft eines Gesellen unmittelbar und ohne alle Mitwirkung von Seiten der Mitgesellen.

Art. 30.

Ein Wandergesell, der die Handwerkslehre im Auslande von einem nicht zünftigen Lehrmeister empfangen hat, darf darum weder in der Reichung der irgendwo eingeführten Unterstützungen, noch überhaupt in der handwerksmäßigen Förderung den von zünftigen Meistern unterrichteten Gesellen auf irgend eine Weise hintangesetzt werden.

Art. 42.

Jeder Versuch einzelner oder mehrerer Gesellen, eine Art von obrigkeitlicher Gewalt gegen ihre Nebengesellen geltend zu machen, wird, abgesehen von der etwa durch andere begleitende Vergehen verwirkten Strafen, mit einer Gefängnißstrafe von zwei bis vierzehn Tagen geahndet.

Gottlieb Daimlers Wanderbuch mit den darin enthaltenen Verhaltensmaßregeln für Wandergesellen

Die Maschinenfabrik Straub & Sohn in Geislingen (Gebäudekomplex auf der rechten Bildhälfte)

„Dir und Hr. Wessely bin ich verpflichtet für die guten Bücher, die ihr mir geraten habt, anzuschaffen und die mir lehrreiche Unterhaltung gewähren, nur eines [...] wird mir wohl mein ganzes Leben hindurch im Weg sein: ich kann nämlich nicht lesen oder studieren, solange ich will, sondern sobald ich des Abends zu lange sitze oder mich nur ein wenig anstrengen will, so bekomme ich Schwindel. Das Blut steigt mir in den Kopf und trübt mir den Verstand, daß ich nicht mehr klar denken kann und ich muß es wider meinen Willen aufgeben. Schon einige Male wollte ich es durchaus forcieren, da bekam ich geradezu eine Ohnmacht und Herzklopfen und hatte eine schlaflose, schwermütige Nacht. Wenn ich von Dir höre, daß Du viermal in der Woche neben Deinem Geschäft am Tage bis Nachts um 1 Uhr hinsitzen und arbeiten kannst, ohne Dich zu überarbeiten, so will mir fast der Mut sinken und ich komme zu der Meinung, daß ich nie im Leben es zu etwas bringe und eine ordentliche Stellung werde begleiten können; ich komme mir

Gottlieb Daimler im Alter von 30 Jahren

Werkstätten und Produktionsbetrieb des Bruderhauses in Reutlingen

vor, wie ein Vogel, dem die Flügel gegeben sind, der sie aber nicht gebrauchen kann, weil sie ihm gebunden sind."[9]

Doch es fand sich für den ehrgeizigen jungen Mann eine Stelle. Daimler wurde Anfang 1863 Ingenieur in der Metallwarenfabrik „Straub und Sohn" in Geislingen/Steige (später WMF) mit einem monatlichen Verdienst von 45 fl. Mit Steinbeis hatte er sich mittlerweile überworfen, da dieser ihn bei Kessler in der Maschinenfabrik Esslingen unterbringen wollte. Daimler hingegen wollte nicht mehr im Lokomotivbau arbeiten. Steinbeis machte ihm dann den Vorschlag, sich in Stuttgart mit einer Holz- und Metallbearbeitungswerkstatt selbständig zu machen, doch das traute Daimler sich zu diesem Zeitpunkt noch nicht zu.[10] Geislingen war zwar ein bescheidener Anfang, aber schon am Ende des Jahres zeichnete sich eine große berufliche Herausforderung ab, der sich Daimler diesmal stellte. Schon im Dezember 1863[11] (nicht 1865, wie Siebertz irrtümlich schreibt) wurde Daimler „Konstrukteur und Werkstätteninspektor" des Bruderhauses in Reutlingen.[12] Dort lernte er Wilhelm Maybach kennen. Der Lebensweg der beiden sollte sich von dort an nicht mehr trennen. Die Darstellung des Verhältnisses findet sich als prägendes Element für die Entwicklung Maybachs in allen Maybach-Biographien:

„1865 kam es zu jener Begegnung zwischen Wilhelm Maybach und Gottlieb Daimler, die für beide Männer prägend war. Daimler, als Reor-

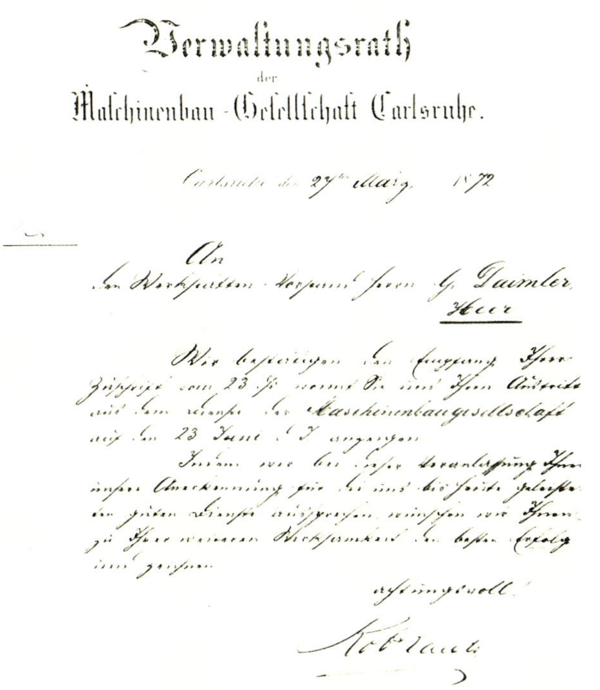
Verwaltungsrath
der
Maschinenbau-Gesellschaft Carlsruhe.

Carlsruhe den 27ten März 1872

An
den Werkstätten-Vorstand Herrn G. Daimler
Heer

Bestätigung der Kündigung Daimlers bei der Maschinenbaugesellschaft Karlsruhe

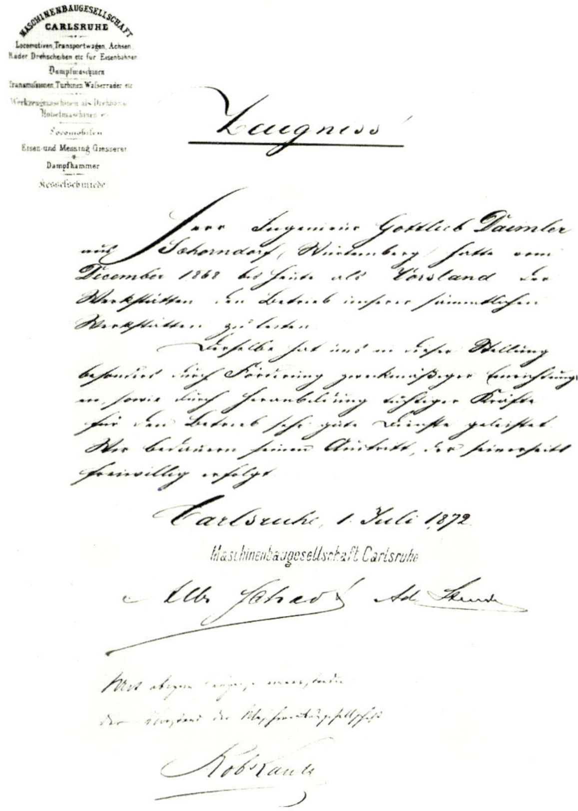
Maschinenbaugesellschaft
Carlsruhe

Zeugniss

Herr Ingenieur Gottlieb Daimler aus Schorndorf, Württemberg, hatte vom December 1868 bis heute als Vorstand der Werkstätten ...

Carlsruhe, 1. Juli 1872

Maschinenbaugesellschaft Carlsruhe

Zeugnis der Maschinenbaugesellschaft Karlsruhe

ganisator von Emil Kessler in die Maschinenfabrik gerufen, wurde für Maybach zur neuen Vaterfigur, mit der ihn zu dessen Lebzeiten ein symbiotisches Verhältnis verband. Als sich die beiden Männer kennenlernten, war Maybach gerade 19, Gottlieb Daimler 31 Jahre alt. Biograph Kurt Rathke bemerkt zu dem Altersunterschied der beiden:

'Der damals einunddreißigjährige Daimler hatte auf ihn (Maybach, Anm. d. Verf.) einen starken Eindruck gemacht. Der sichere und selbstbewußt auftretende Herr, der seine Kenntnisse im Ausland erweitert hatte und der sich auch sonst den Wind hatte tüchtig um die Nase wehen lassen, imponierte dem jungen Burschen. Diese erste Bekanntschaft bildete das tragende Fundament und blieb richtungweisend für das menschliche Verhältnis der beiden zueinander, besonders für Wilhelm Maybach. Starke Eindrücke der Jugendzeit bleiben haften. Sie setzen sich im Unterbewußtsein fest und können niemals ganz daraus vertrieben werden. So blieb Daimler in den ganzen 35 Jahren ihrer Zusammenarbeit für Wilhelm Maybach stets eine Persönlichkeit von Gewicht. Daran änderte sich auch später nur wenig, als Maybach durch den täglichen Umgang genügend Gelegenheit hatte, Daimlers Schwächen zu erkennen.'

Als Daimler zwei Jahre später nach Karlsruhe als Werkstattvorstand der dortigen Maschinenbau-Gesellschaft ging, konnte er die Einstellung Maybachs im Konstruktionsbüro veranlassen, dessen Leitung einem gewissen Herrn Schumm oblag. Daimlers Nachfolger bei den Wernerschen Anstalten war ein Herr Wüst, vormals Professor in Poppelsdorf bei Bonn. Er

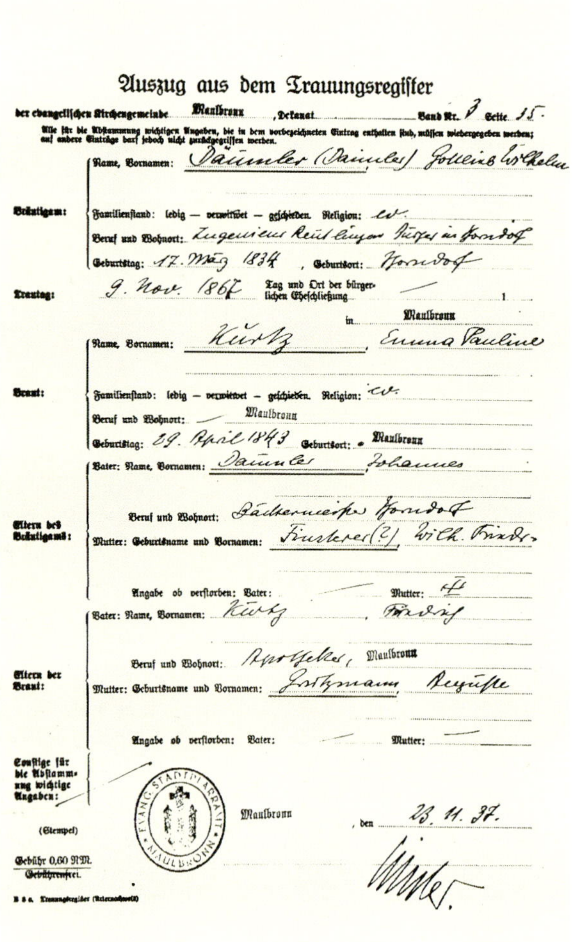

Auszug aus dem Trauungsregister

der evangelischen Kirchengemeinde Maulbronn, Dekanat .... Band Nr. 3 Seite 15.

Alle für die Abstammung wichtigen Angaben, die in dem vorbezeichneten Eintrag enthalten sind, müssen wiedergegeben werden; auf andere Einträge darf jedoch nicht zurückgegriffen werden.

Bräutigam:
Name, Vornamen: Däumler (Daimler) Gottlieb Wilhelm
Familienstand: ledig — verwitwet — geschieden. Religion: ev.
Beruf und Wohnort: Ingenieur Reutlinger Bürger in Schorndorf
Geburtstag: 17. März 1834, Geburtsort: Schorndorf

Trautag: 9. Nov. 1867 Tag und Ort der bürgerlichen Eheschließung — in Maulbronn

Braut:
Name, Vornamen: Kurtz, Emma Pauline
Familienstand: ledig — verwitwet — geschieden. Religion: ev.
Beruf und Wohnort: — Maulbronn
Geburtstag: 29. April 1843 Geburtsort: Maulbronn

Eltern des Bräutigams:
Vater: Name, Vornamen: Däumler Johannes
Beruf und Wohnort: Bäckermeister Schorndorf
Mutter: Geburtsname und Vornamen: Finsterer(?) Wilh. Friedr.
Angabe ob verstorben: Vater: — Mutter: †

Eltern der Braut:
Vater: Name, Vornamen: Kurtz, Friedrich
Beruf und Wohnort: Apotheker, Maulbronn
Mutter: Geburtsname und Vornamen: Gutzmann Auguste
Angabe ob verstorben: Vater: — Mutter: —

Sonstige für die Abstammung wichtige Angaben: —

(Stempel) EVANG. STADTPFARRAMT MAULBRONN

Maulbronn, den 23. 11. 37.

Gebühr 0,60 RM. Gebührenfrei.

Trauschein von Daimlers erster Eheschließung, 1867

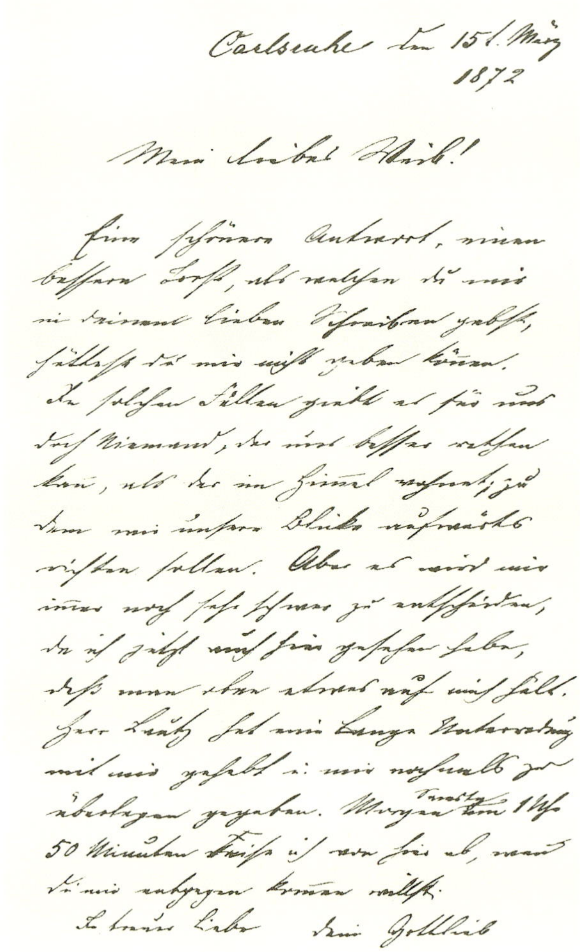

Carlsruhe den 15t. März 1872

Mein liebes Weib!

Eine schönere Antwort, einen besseren Trost, als welchen du mir in deinem lieben Schreiben gabst, hättest du mir nicht geben können. In solchen Fällen giebt es für uns doch Niemand, der uns besser rathen kann, als der im Himmel wohnt, zu dem wir unsere Blicke aufrichten sollen. Aber es wird mir immer noch sehr schwer zu entscheiden, da ich jetzt auch hier gesehen habe, daß man eben etwas auf mich hält. Herr Kurtz hat eine lange Unterredung mit mir gehabt u. mir manches zu überlegen gegeben. Morgen früh um 1 Uhr 50 Minuten reise ich von hier ab, wenn du mir entgegen kommen willst.

In treuer Liebe dein Gottlieb

Brief Gottlieb Daimlers an seine Frau Emma aus dem Jahre 1872

setzte Maybach als Aufsicht über das Büropersonal ein. Nach einem Jahr kam, ohne Maybachs Zutun, die Offerte aus Karlsruhe. Damit war für Maybach der 13 Jahre dauernde Lebensabschnitt im Bruderhaus passé, er blieb jedoch Gustav Werner und dieser Einrichtung ein Leben lang verbunden, oder, wie er es selbst auszudrücken pflegte, 'in dankbarer Fühlung'."[13]

Nun, da Daimler erstmals eine leitende Position innehatte, dachte er auch daran, eine Familie zu gründen. Am 9. November 1867 heiratete er seine erste Frau Emma, geb. Kurtz aus Maulbronn (29.4.1843–28.7.1879). Dieser Ehe entstammten drei Söhne, Paul Friedrich (13.9.1869–15.12.1945), Adolf Wilhelm (8.9.1871–24.3.1913) und Gottlieb Wilhelm (4.7.1881–6.3.1896) und zwei Töchter, Emma (11.4.1873–29.8.1954) und Martha (22.10.1878–17.11.1955).

Paul und Adolf arbeiteten später als tüchtige Ingenieure im Unternehmen ihres Vaters mit. Wilhelm, der an den Folgen einer Rückgratverkrümmung infolge eines Unfalls litt, verstarb im Alter von 15 Jahren im Jahr 1896 – wie auch sein Vater am 6. März.

Rechts: Das Ehepaar Daimler um 1875.

Daimler muß die Werkstätten des Bruderhauses in Reutlingen als wahren Augiasstall empfunden haben, denn er schreibt an einen Freund:

> *„Wir machen Turbinen, Mühleneinrichtungen, Transmissionen und landwirtschaftliche Maschinen; könntest Du mir die Mühleneinrichtungen und Pläne, die ich Dir geschickt habe, nicht bald zusenden, da ich sie jetzt selbst brauchen könnte; unser Geschäft ist in einem verwahrlosten Zustande, aus dem herauszubringen, ich helfen soll; es ist außer mir kein Techniker hier und ich habe hier eine schöne Aufgabe, wenn ich die Geduld habe, sie zu lösen."*[14]

Geduld hat Daimler während seiner fünfjährigen Arbeitszeit in Reutlingen stets beweisen müssen, denn es scheint eine Reihe von Querelen zwischen ihm und dem Direktor gegeben zu haben, wie ein Brief an Adolf Groß vom 24. Oktober 1865 belegt.[15] Dort erwähnt Daimler eine Kündigung, die er wegen formaler Fehler nicht annimmt. Er blieb weitere 2½ Jahre, wurde aber nie, wie Siebertz schreibt, „zum Vorstand der Maschinenfabrik Reutlingen" ernannt.[16] Sein Ausscheiden scheint vielmehr in direktem Zusammenhang mit der Tatsache gestanden zu haben, daß man ihn nicht, obwohl er die technische Kompetenz hatte, zum Verwalter der Fabrik machen wollte. Dies ist durch einen Brief an Steinbeis vom 25. August 1868 dokumentiert:

> *„Es wird ihnen bekannt sein, daß die Wernerschen Anstalten unter einen Vorstand gestellt sind, der aus drei Mitgliedern besteht: Herrn Werner, Herrn Dorn technischer und Herrn Munz wirtschaftlicher Direktor. H. Dorn ist zugleich Verwalter der hiesigen Maschinenfabrik*

Die Familie Daimler auf der Terrasse der Cannstatter Villa. Von links nach rechts: Marie Kurz aus Maulbronn (Daimlers Schwägerin), sein ältester Sohn Paul, sein zweiter Sohn Adolf, Friedrich Kurz (Apotheker in Heilbronn, Daimlers Schwiegervater), der jüngste Sohn Wilhelm (er hatte sich als Säugling an der Wirbelsäule verletzt und war seither behindert), Daimlers Frau Emma (geb. Kurz), die älteste Tochter Emma mit Puppe Rose und schließlich die zweite Tochter Martha – außerdem der Hund Bello.

Kinderbild der Daimler-Töchter Emma (li.) und Martha (re.)

Martha Daimler im Alter von 13 Jahren

Emma Pfäfflin geb. Daimler

Adolf Daimler während seiner Militärzeit

Paul Daimler, der nach seinem Weggang von der Daimler-Motoren-Gesellschaft u.a. bei Horch den ersten deutschen 8-Zyl.-Motor konstruierte

und stellte mich als Konstrukteur und Werkstätteninspektor an und stand ich unter seinen direkten Befehlen; er tritt bis Ende September hier aus und beabsichtigt nun H. Munz an seiner Statt die Verwaltung der Maschinenfabrik, neben seinem anderen Geschäft, zu übernehmen [...] Ich habe seit 4 Jahren zugesehen, wie immer Männer von anderen als vom Maschinenfach an der Leitung unserer Maschinenfabrik ihre Proben machten und will nicht abermals das selbe Vergnügen haben; auch kann der Maschinenfabrik mit einem Verwalter, der ihr seine Tätigkeit nur halb zuwenden könnte, wieder nicht gedient sein. Der Unterzeichner wird nur hier bleiben, wenn er seine Aufgabe ganz hat und nach § 32 der Statuten des Akt. Ver. als Verwalter der Fabrik durch den Aufsichtsrat angestellt wird ... !" [17]

Aber es gelang Daimler nicht, die begehrte Position zu erhalten. Das mag ein Grund für seinen Weggang aus Reutlingen gewesen sein. Erst im Dezember 1868 erhielt Daimler erstmalig eine leitende Position, er wurde Werkstättenvorsteher (im Zeugnis als „Vorstand der Werkstätten" tituliert[18]) der Maschinenbau Gesellschaft Karlsruhe, wo er bis 1872 bleiben sollte und sich vorrangig mit der Planung und Ausführung für Erweiterungsbauten der Werkanlagen befaßte. In Karlsruhe wurden auch seine Söhne Paul und Adolf geboren. Ein knappes Jahr später, im September 1869, holte Daimler Maybach nach Karlsruhe.

Über Daimlers Karlsruher Zeit wissen wir wenig, bis auf das Zeugnis, aus dem hervorgeht, daß Daimler auf eigenen Wunsch ausgeschieden ist.[19] Die Briefe aus der Reutlinger Zeit aber zeigen ein Konfliktmuster, das sich wie ein roter Faden durch das weitere Leben Daimlers ziehen sollte. Es ist die von ihm empfundene Mißachtung und Bevormundung der Ingenieure durch die Kaufleute. Daimler verspürte früh die Neigung, die geschäftlichen Dinge in eigener Verantwortung und mit dem genügenden Freiraum abzuwickeln und reagierte auf nichts so sensibel wie auf Einmischungen. Er war, wie die Schwaben es auch heute noch auszudrücken pflegen, „ehrenkäsig".

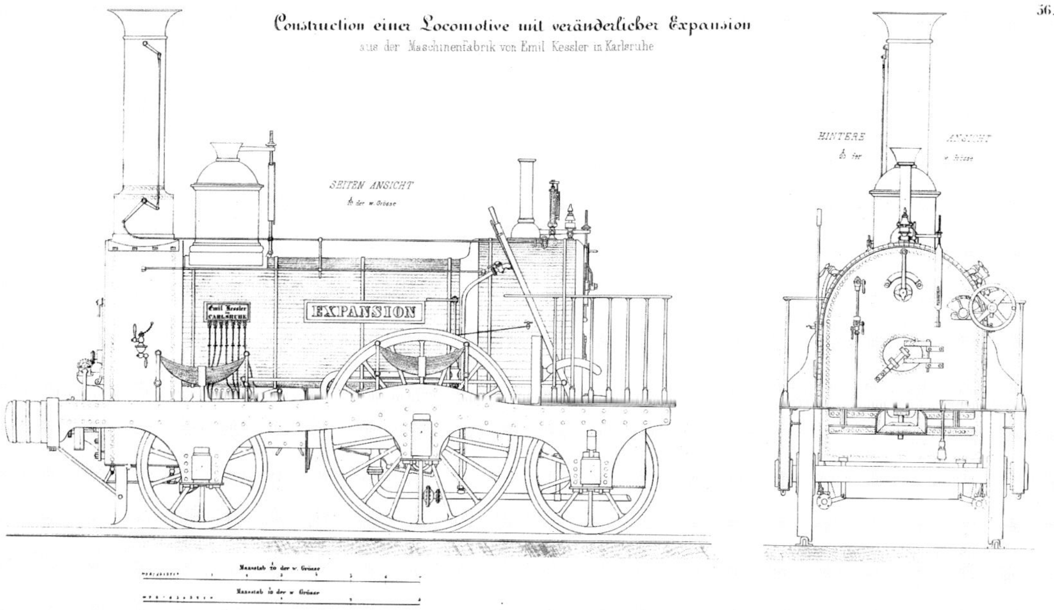

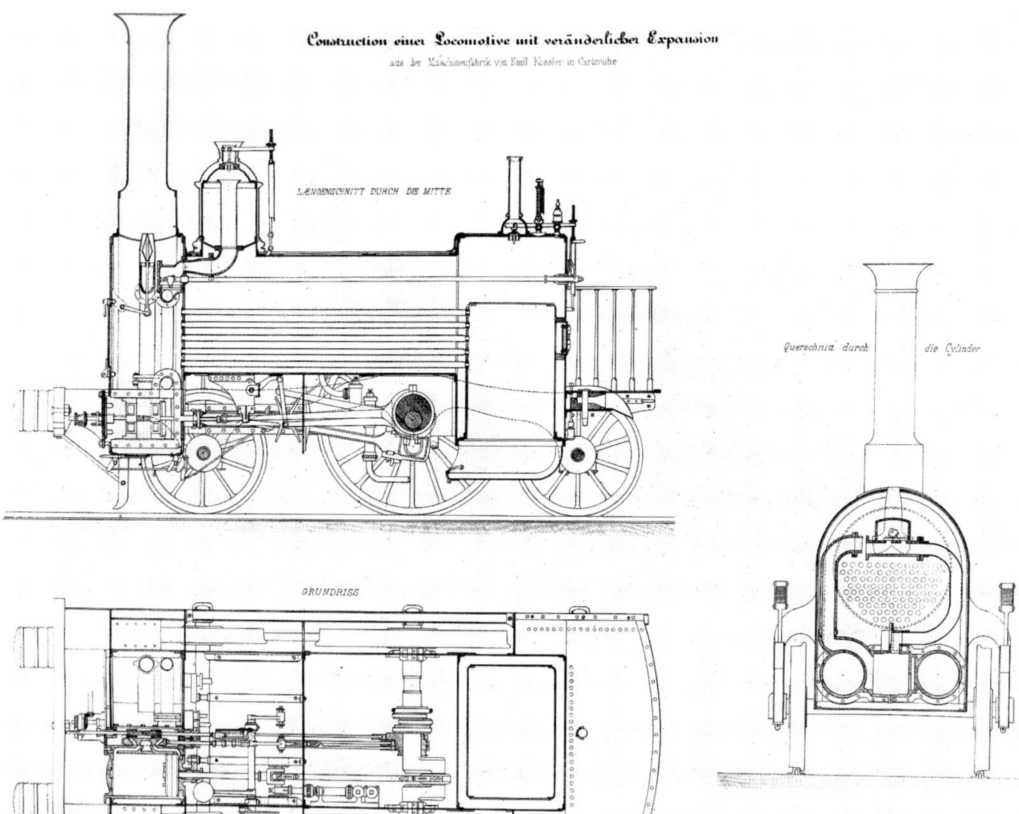

Zwei der ersten Lokomotiven, die von der Maschinenfabrik von Emil Kessler in Karlsruhe, die 1852 in der „Maschinenbaugesellschaft Karlsruhe" aufging, gebaut wurden.

1 Es wird hierbei vor allem auf die Unterlagen des DaimlerChrysler Konzernarchivs zurückgegriffen.

2 Im Taufschein der evangelischen Kirchengemeinde findet sich der Hinweis, daß sich der Vater nicht Daimler, sondern Däumler schrieb.

3 Bei Siebertz taucht als Lehrmeister ein gewisser Hermann Reithel, wohnhaft in Schorndorf in der Höllgasse 5, auf. (Siebertz, Paul: „Gottlieb Daimler. Ein Revolutionär der Technik", 4. Aufl., Stuttgart 1950, S. 19f.). Nachforschungen im Stadtarchiv Schorndorf von Reinhold Zeyher aus dem Jahr 1984 haben ergeben, „...daß der Büchsenmacher Hermann Reithel niemals auch nur das geringste mit dem Haus Höllgasse 5 zu tun gehabt hat, also auch keine Werkstatt dort gehabt hat, Siebertz aber mehrmals ausführt, Daimler habe im Nachbarhaus gelernt. [...] Als Geburtsjahr (von Reithel) habe ich 1825 ermittelt und als Geburtsort Gera, von wo er im Jahre 1848 auf der Wanderschaft befindlich, in die Stadt Schorndorf gekommen ist und dort auch geblieben ist. [...] Da Daimler seine Lehre im Jahr 1848 angefangen hat, wäre Hermann Reithel als sein Lehrmeister damals gerade 23 Jahre alt gewesen und das kann schon deshalb nicht stimmen, weil man damals erst mit 25 Jahren volljährig wurde. Meine Nachforschungen über die Besitzverhältnisse in Höllgasse 5 ergaben Folgendes: 1. Im Jahr 1774 zieht ein Stephan Christoph Wilke, ein Büchsenmacher aus Magdeburg kommend, in Schorndorf ein. Er muß wohl bald darauf geheiratet haben, denn 1775 wird ihm in Schorndorf ein Sohn geboren mit den Vornamen des Vaters, Stephan Christoph. Im Jahr 1794 muß er ein zweites mal geheiratet haben und zwar die Witwe des Büchsenmachers Emanuel Kraus, dem bis dato Höllgasse 5 samt Werkstatt gehört hatte. 2. Christoph Wilke stirbt 1799. Geschäftsnachfolger und Hausbesitzer wird der 1775 geborene Sohn Stephan Christoph. Ihm wiederum wird im Jahr 1801 ein Sohn Johann Christoph geboren, der bis 1890 in diesem Haus lebte und arbeitete. Dieser Johann Christophe Wilke ist im Jahr 1848 37 Jahre alt gewesen und hatte somit wohl die Berechtigung erworben, einen Lehrling ausbilden zu dürfen. Er ist wohl als Lehrmeister Gottlieb Daimlers anzusehen." In: DaimlerChrysler Konzernarchiv, Bestand „Daimler - Biographisches", 13.

4 Werk Graffenstaden, Nachfolger der Firma F. Rollé & Schwilgué, produzierte anfänglich Dezimalwaagen, später dann, ab 1841, Werkzeugmaschinen und ab 1845 Räder für Eisenbahnwagen. 1856 beginnt man mit der Produktion von Tendern, Eisenbahnwagen und Waggons. Vgl. DaimlerChrysler Konzernarchiv, Bestand „Daimler - Biographisches", 13.

5 Nach dem Zeugnis der Königlich Polytechnischen Schule hatte Daimler die Fächer Maschinenbau, Maschinenkonstruktion, Ingenieurskunde, Baumateralienlehre, Feuerungskunde, praktische Geometrie, Technologie, Nationalökonomie, Freihandzeichnen und englische Geschichte belegt. Vgl. DaimlerChrysler Konzernarchiv, Bestand „Daimler - Biographisches", 13.

6 Lenoir hatte sich durch das französische Patent 43624 am 24. Januar 1860 eine Gasmaschine schützen lassen, die die Dampfmaschine substituieren sollte. In der Patentschrift heißt es: „Meine Erfindung besteht in der Anwendung von Leuchtgas in Verbindung mit atmosphärischer Luft und entzündet durch Elektrizität, auf diese Weise eine motorische Kraft bildend durch Erhitzung und beträchtliche Ausdehnung der gasartigen Mischung. [...] Ich behalte mir vor, andere Gase als nur das Leuchtgas als motorische Kraft zu verwenden, zum Beispiel doppelkohlenstoffhaltiges Gas; oder ich kann das Gas für meinen Motor im Augenblick der Arbeit der Maschine selbst herstellen und zwar mit flüssigem kohlenstoffhaltigem Wasserstoff oder reinem Wasserstoff oder Schwefelgasen und endlich jeder Materie, die durch den Sauerstoff der Luft in einem Zylinder leicht entzündbar ist."

7 Vgl. Siebertz, Paul: „Gottlieb Daimler. Ein Revolutionär der Technik", 4. Aufl., Stuttgart 1950, S. 37ff.

8 Brief Daimlers an seinen Onkel Wilhelm, der seine Ausbildung mit finanzierte. In: DaimlerChrysler Konzernarchiv, Bestand „Daimler - Biographisches", 13.

9 Ebd.

10 Brief Daimlers aus Geislingen vom 10. Juni 1863. DaimlerChrysler Konzernarchiv, Bestand „Daimler - Biographisches", 13

11 Einem Brief Daimlers vom 21. Dezember 1863 ist zu entnehmen: „Seit 14 Tagen bin ich in der Anstalt des Reisepredigers H. Werner in Reutlingen angestellt als Techniker..." DaimlerChrysler Konzernarchiv, Bestand „Daimler-- Biographisches", 13

12 Vgl. Siebertz, Paul: „Gottlieb Daimler. Ein Revolutionär der Technik", 4. Aufl., Stuttgart 1950, S. 45f.

13 Zur Person Werner - vgl. Niemann, Harry: „Wilhelm Maybach. König der Konstrukteure", Stuttgart 1996, S.10ff. „Gustav Werner, 1808 in Zwiefalten als Sohn einer württembergischen Beamtenfamilie geboren, hatte in Tübingen Theologie studiert und nach einem zweijährigen Intermezzo als Lehrer in Straßburg eine Vikarstelle in Walddorf angenommen. Seine sozial engagier-

ten Predigten brachten ihn jedoch rasch in Konflikt mit dem evangelischen Oberkonservatorium, und er schied aus der Seelsorge aus. Den Anfang seiner Vorstellungen eines 'modernen Industrialismus mit einem auf christlicher Bruderliebe gegründeten Sozialismus' bildete die 1837 ins Leben gerufene Kleinkinder- und Arbeiterschule in Walddorf. Werners Schritt in die Industrie gründete auf der Einsicht: ‚Die drohenden Gefahren des Kommunismus und Sozialismus zu überwinden vermag nur der christliche Gemeingeist; diesen in alle unsere gesellschaftlichen Verhältnisse, die fast unheilbar krank sind, namentlich in das gewerbliche Gebiet einzuführen, war die größte Aufgabe unserer Zeit; von ihrer Lösung hängt unsere Rettung ab. [...] Ich habe mich daher entschlossen, meiner Anstalt ein gewerbliches Unternehmen beizufügen durch den Ankauf der hiesigen Papiermühle ...'

Werner gewann immer mehr Anhänger, die sich schließlich 1858 zum 'Verein zum Bruderhaus' zusammenschlossen. Rasch dehnte sich der Wirkungskreis der Wernerschen Initiative aus, bis 1863 eine wirtschaftliche Krise das Wirken des Bruderhauses gefährdete. Emil Kessler war es, der sich in Stuttgart für die Gründung eines 'Aktienvereins zur Rettung der Werner'schen Anstalten' einsetzte, und er war es auch, der Gottlieb Daimler als beratenden Ingenieur nach Reutlingen berief, was für Maybachs weiteren Werdegang so bedeutsam werden sollte. Die Maschinenfabrik des Bruderhauses, der Daimler 1865 bis 1869 als technischer Leiter vorstand, bildete mit der Herstellung von Maschinen für Papierfabriken, Brückenwaagen, aber auch Ackergeräten einen wichtigen Grundstock zur weiteren Finanzierung der karitativen Arbeit. So kam Daimler als Reorganisator der Wernerschen Betriebe nach Reutlingen, und unter dieser Konstellation lernten er und Maybach sich kennen.

Bis dahin aber war es für den zehn Jahre alten Wilhelm ein weiter Weg. In seinen Jugenderinnerungen vermerkte Maybach diese Zeit positiv. Er fühlte sich in Reutlingen bald heimisch, fand Kameraden, und auch die liebevolle Behandlung, die man dem Waisenkind angedeihen ließ, führte dazu, daß sich das anfängliche Heimweh rasch verlor. Neben Schule und Hausaufgaben gab es die Arbeit in Feld, Garten und den Ställen, aber auch gemeinsames Spielen und Turnen und am Sonntag, wie auch in den Ferien, Wanderungen - oft unter Führung von Werner selbst - zu den Zweigstätten im Schwarzwald. Ziel der Ausflüge waren aber auch Fabriken, wie die Gewehrfabrik in Oberndorf, wo Werner und die Seinen stets gern gesehene Gäste waren. Maybach lernte die Geborgenheit kennen, die ein Kollektiv dem geben kann, der die Familie entbehren muß, und er verinnerlichte die Prinzipien, die die Gemeinschaft Wernerscher Provenienz auch heute noch auszeichnen."

14 Zitiert nach ebd., S. 16ff.
15 Zitiert nach ebd., S. 16ff.
16 Brief an einen Freund aus Reutlingen vom 21. Dezember 1863. DaimlerChrysler Konzernarchiv, Bestand „Daimler - Biographisches", 13
17 Brief von Daimler an Adolf Groß. DaimlerChrysler Konzernarchiv, Bestand „Daimler - Biographisches", 35.
18 Vgl. Siebertz, Paul: „Gottlieb Daimler. Ein Revolutionär der Technik", 4. Aufl., Stuttgart 1950, S. 48.
19 Brief von Daimler an Steinbeis vom 25. August 1868. DaimlerChrysler Konzernarchiv, Bestand „Daimler - Biographisches", 37.
20 Zeugnis der „Maschinenbaugesellschaft Carlsruhe". DaimlerChrysler Konzernarchiv, Bestand „Daimler - Biographisches", 13.
21 Ebd.

J. M. FARINA
JEAN MARIE FARINA

Vorhergehende Doppelseite:
Eine Ansicht von Deutz schickte Daimler als Postkarte nach Hause. Am Himmel zeichnete er einen Stern ein, der mit einem Strich die Lage des Anwesens markierte. Daneben notierte Daimler: „Von hier aus wird ein Stern aufgehen und ich will hoffen, daß er uns und unseren Kindern Segen bringt.“ Bedenkt man, welche Rolle der Stern später noch spielen sollte - und heute noch spielt -, so gewinnt diese Äußerung eine geradezu prophetische Qualität.

Zeitgenössische Ansicht der Gasmotorenfabrik Deutz

Technischer Direktor bei der Welt größten Motorenfabrik

Daimler in der Gasmotorenfabrik Deutz 1872–1882

Erst mit seinem Wechsel 1872 zur Gasmotorenfabrik Deutz erreichte Daimler sein Ziel, eine Führungsposition in der Industrie einzunehmen, die, für einen Schwaben nicht ganz unerheblich, sehr gut dotiert war. Er wurde Mitglied der Direktion und erhielt die Oberleitung der Werkstätten und des Zeichenbüros sowie die Disposition über das zugehörige Material und Personal.[1] Sein Einkommen bestand aus einem jährlichen Fixum von 1500 Talern sowie fünf Prozent aus dem Reingewinn der Gasmotorenfabrik. Außerdem erhielt er eine Wohnung und die vertragliche Zusicherung, seine Ersparnisse zum Pari Course in Aktien der Gesellschaft anlegen zu dürfen.[2] Vertraglich festgelegt wurde dies am 11. März 1872, unterschrieben von Eugen Langen (1833–1891), jenem Mann, der sich bemüht hatte, Daimler nach Deutz zu holen.

Die Gasmotorenfabrik in Deutz war ein junges Unternehmen. Eugen Langen hatte zusammen mit Nikolaus August Otto (1832–1891) am 31. März 1864 die Firma N. A. Otto & Cie. gegründet, in der die Weiterentwicklung und Vermarktung der von Otto entwickelten atmosphärischen Maschine betrieben wurde. Da die Maschinen alles andere als zuverlässig arbeiteten und infolgedessen zahlreiche Reklamationen (die kostenlos zu bearbeiten waren) anstanden, war man gezwungen, nach einem Kapitalgeber Ausschau zu halten. Man fand diesen in Person des Hamburger Kaufmanns Roosen-Runge, der 22500 Taler in das Unternehmen einbrachte. Das Unternehmen hieß nun „Langen, Otto & Roosen“. Dieser, auf drei Jahre beschränkte Gesellschaftsvertrag brachte dem Unternehmen einen deutlichen Aufschwung, und es wurden monatlich zwischen 21 und 24 Maschinen produziert. Nach dem Ausscheiden von Rosen-Runge wurde der Firmenname im Januar 1872 in „Gasmotoren-Fabrik Deutz AG“ umgewandelt. Otto selbst wurde ausbezahlt, erhielt aber einen langfristigen Arbeitsvertrag. Neben Langen als Unternehmer und Otto als Erfinder war man nun auf der

Gottlieb Daimler im Jahr 1878

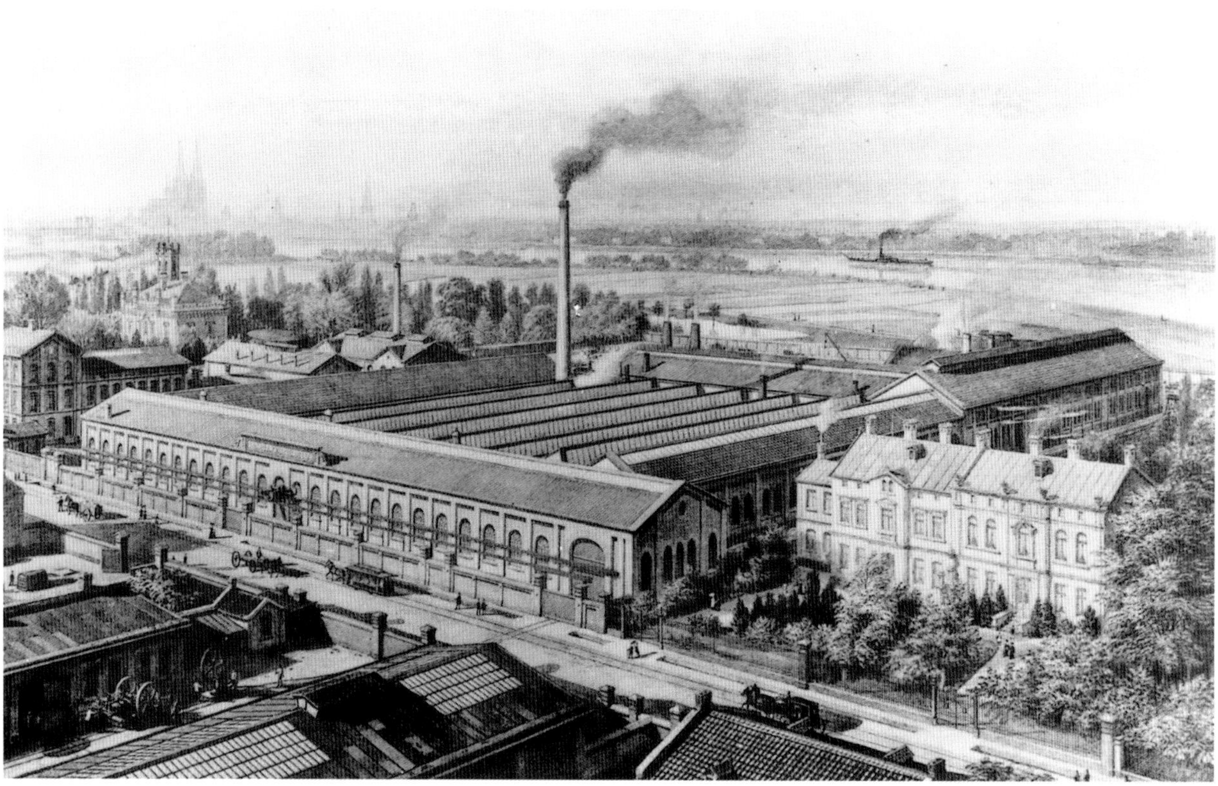
Die Gasmotorenfabrik Deutz im Jahre 1886

Suche nach einem Ingenieur mit ausreichend praktischer Erfahrung, um die stetig steigende Fabrikation auszubauen und zu überwachen. Sass vermutet, daß es Franz Grashof, Lehrstuhlinhaber an der Technischen Hochschule in Karlsruhe, war, der Eugen Langen auf Gottlieb Daimler aufmerksam gemacht hat.[3] Deutz war für ihn eine große Herausforderung, bot sich doch dort die Möglichkeit, erstmals ein Werk großzügig nach eigenen Vorstellungen aufbauen zu können.[4] Noch vor Daimler kam Maybach nach Deutz. Daimler hatte dessen Anstellung mit der seinen verknüpft, so daß Maybach schon am 1. Juli 1872 seine Arbeit bei der Gasmotorenfabrik als Konstrukteur begann. Schon Anfang Januar 1873 wurde Maybach Chef der Konstruktionsabteilung und hatte alle konstruktiven Arbeiten der Gasmotorenfabrik durchzuführen. Beide ergänzten sich gut in ihrer neuen Aufgabe, und Sass bemerkt dazu:

„Als erstes erhielt er (Maybach) die Aufgabe, die atmosphärische Gasmaschine so weit umzukonstruieren, wie es die Rücksicht auf die Herstellung erforderte. [...] Daimler hatte bald Erfolg, daß die Fabrikation reibungslos lief und so stieg die Zahl der gebauten Motoren rasch an. Um den Absatz brauchte man sich nicht zu sorgen; das Kleingewerbe nahm jede Stückzahl bereitwillig auf. Von 197 Maschinen, die im Jahr 1871 hergestellt wurden, stieg der Umsatz auf 348 im Geschäftsjahr 1873/74, um in 1875/76 mit 634 Maschinen einen Höchststand zu erreichen. Die Durchschnittsleistung der Maschinen betrug 5/4 PS. Jetzt konnte man mit Gewinn fabrizieren und eine ansehnliche Dividende verteilen.“[5]

So boten sich für Daimler in Deutz scheinbar ideale Bedingungen, auch wenn seine Frau darüber klagte, nach „Norddeutschland“ umziehen zu müssen. Zuerst bezog Daimler eine Etagen-

Nicolaus August Otto (1832-1891)

Eugen Langen (1833-1895)

wohnung in der Johannisstraße, doch die Direktionswohnung war schon geplant. Zwei große Bürgerhäuser mit dahinter liegendem Garten waren nebeneinander gebaut, je eines für Otto und Daimler vorgesehen. Eine Ansicht von Deutz schickte Daimler als Postkarte nach Hause. Am Himmel hatte er einen Stern eingezeichnet, der durch einen Strich die Lage des Anwesens markierte und daneben voller Optimismus vermerkt:

> *„Von hier aus wird ein Stern aufgehen und ich will hoffen, daß er uns und unseren Kindern Segen bringt.“* [6]

Und in der Tat gelang es Daimler, den Betrieb kontinuierlich aufzubauen. Bei seinem Eintritt in die Firma betrug die Zahl der Arbeiter gerade 66 Mann. In der Mitte des Jahres 1876 hatte sich die Zahl der Arbeiter auf 231 Personen erhöht. Darüber hinaus sorgte Daimler dafür, daß entsprechende Maschinen und Einrichtungen vorhanden waren, um eine effektive industrielle Fertigung zu gewährleisten. Dazu holte er auch eine große Anzahl von Landsleuten nach Deutz, da er mit den einheimischen Arbeitskräften nicht zufrieden war. Maybach bemerkte hierzu in seinen 1921 verfaßten Lebenserinnerungen:

> *„Herr Daimler ist ein Praktiker. Er verstand sich zum Beispiel darauf, zweckmäßige Werkzeugmaschinen für Spezialarbeiten ausführen zu lassen, was ich schon in Reutlingen beobachten konnte und so war er namentlich außer in Karlsruhe auch in Deutz am rechten Platz.“* [7]

Ergo hing der Erfolg der Deutzer Gasmotorenwerke am Geschick ihrer beiden Direktoren Daimler und Otto, und es ist daher als Tragödie anzusehen, daß sich diese beiden genialen Männer gegenseitig nicht ausstehen konnten.

Otto war kein Ingenieur. Zu seiner Person schreibt Rathke:

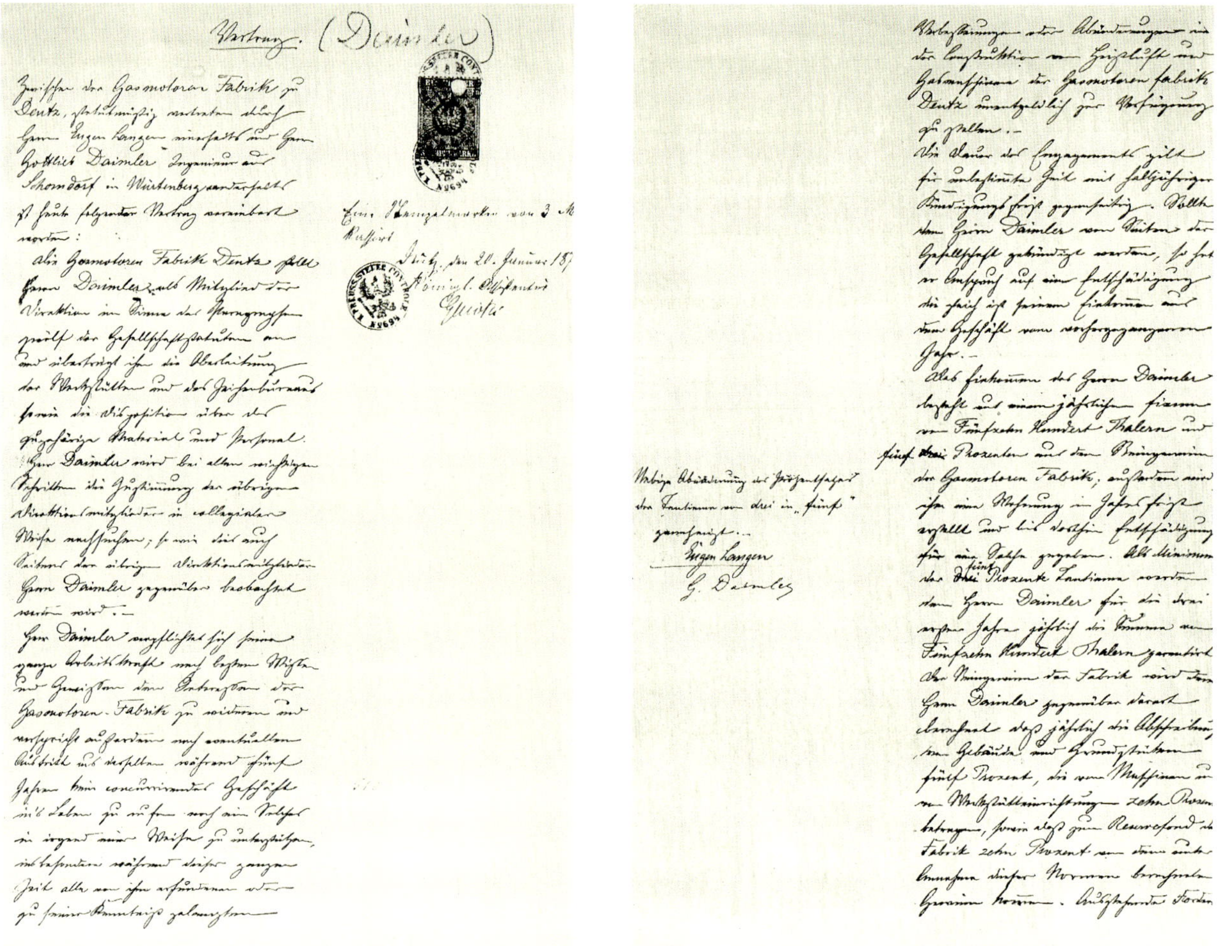

Anstellungsvertrag Gottlieb Daimlers bei der Gasmotorenfabrik Deutz, 1872

„In welch hohem Maß die Gasmaschine die Gemüter bewegte und die Phantasie auch in Laienkreisen entzündete, zeigt das Beispiel von Nikolaus Otto, der als Autodidakt zum Schöpfer des Verbrennungsmotors werden sollte. Dieser liebenswürdige und sympathische junge Mann war bis zu seinem dreißigsten Lebensjahr Handlungsreisender für eine Kölner Firma. Er bereiste ganz Westdeutschland in Kolonialwaren, hauptsächlich in Tee, Kaffee, Reis und Zucker, hatte also nicht das geringste mit technischen Dingen zu tun. Sein ganzes Bestreben ging einzig und allein dahin, mit seinem Handel so viel Geld zu verdienen, um sein geliebtes Annchen, das er als sechsundzwanzigjähriger tanz- und maskenfroher Jüngling auf dem Kölner Karneval kennengelernt hatte, heiraten und einen eigenen Hausstand gründen zu können. [...] Im Jahr 1860 erhielt Otto Kenntnis von den erfolgreichen Arbeiten Lenoirs. In seinem jugendlichen Idealismus wälzte er Tag und Nacht die kühnsten Pläne, die sich alle mit der Gasmaschine und deren Verwendungsmöglichkeit beschäftigten.“[8]

Über die Ideen des Franzosen Lenoir und der Italiener Barsanti und Matteucci war Otto zur Konstruktion seiner atmosphärischen Maschine gekommen. Die Ausführung hatte Otto gemacht, die fabrikationsmäßige Ausführung war Daimlers Part. Offiziell war Otto kaufmännischer Direktor, und so empfand Daimler dessen erfinderisches

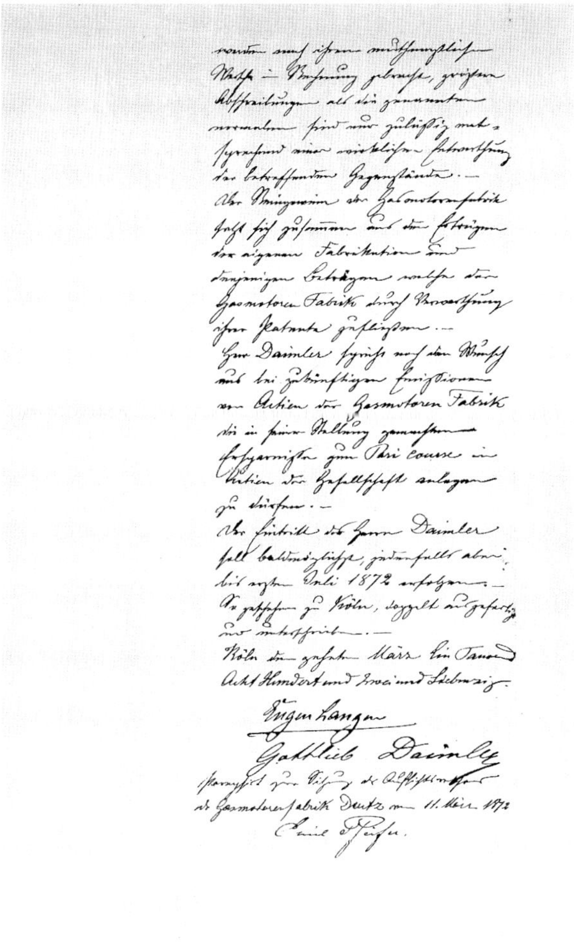

Engagement, denn davon konnte Otto nicht lassen, als Einmischung in sein ureigenstes Arbeitsgebiet. Bereits im Frühjahr 1874 hatte die Feindschaft der Beiden einen Grad angenommen, der den Aufsichtsrat zu einem formalen Schlichtungsversuch, in Form einer „Instruktion“ veranlaßte. Dort heißt es:

„Die Stellung der beiden Direktoren ist eine koordinierte; es ist deshalb bei Ausübung der gleichmäßig zustehenden Rechte eine gewisse Beschränkung und Unterordnung notwendig, namentlich aber ein freundlich kollegialer Verkehr in stetem Hinblick auf die Erreichung des gemeinsamen Zieles. Wenn in strittigen Fällen die Meinungen der Direktoren dauernd auseinandergehen, so ist die Ansicht der Gesamtdirektion einzuholen und der Majoritätsbeschluß maßgebend.“[9]

Der Umstand muß Eugen Langen rasend gemacht haben, da wohnten zwei begnadete Techniker mit ihren Familien Haus an Haus, der eine mehr intuitiv, der andere geprägt durch das Primat der Praxis, so daß beide sich auf das Vortrefflichste hätten ergänzen können, und es war kein Zusammenkommen. Jeder der beiden verrannte sich immer mehr darin, in der eigenen Sache Recht zu haben. Otto sah in der Erfindung das wesentliche, Daimler hingegen in der Umsetzung und industriellen Fertigung[10] und bezeichnete Ottos Versuchsbetrieb, den dieser sich aufgrund der Querelen unabhängig von Daimler einrichten durfte, als „Murksbude“. War Daimler noch traumatisiert von den Reutlinger Erfahrungen? Führte dies zu der unnachgiebigen Haltung Otto gegenüber? Und umgekehrt: Wie muß sich Otto als Erfinder der neuen Maschine gefühlt haben angesichts der Tatsache, daß es auf einmal Daimler war, der die Verbesserungen für die Erfindungen auf seinen Namen anmelden durfte und er unversehens nicht mehr den Rückhalt beim Aufsichtsrat hatte, der ihm als Initiator doch wohl gebührte? So wurde aus einer Sache, die ein fruchtbares Miteinander hätte werden können, ein jahrelanger Streit.

Befand man sich zu diesem Zeitpunkt noch in einer günstigen geschäftlichen Lage, so sollte sich diese bald ändern. Zwar war nun bei Handwerk, Gewerbe und Industrie das Interesse an den neuen Motoren geweckt, gleichzeitig aber verlangten diese nun in der Leistung stärkere Motoren. Diese Mehrleistung boten die konkurrierenden Dampfmaschinen, die statt der 3 PS der atmosphärischen Gasmotoren bis zu 10 PS erreichten. Die Dampfmaschinen begannen ernsthaft die Position der Deutzer Motoren auf dem Markt zu gefährden.

Franz Reuleaux[11], ein Studienfreund Eugen Langens, warnte diesen denn auch und insistier-

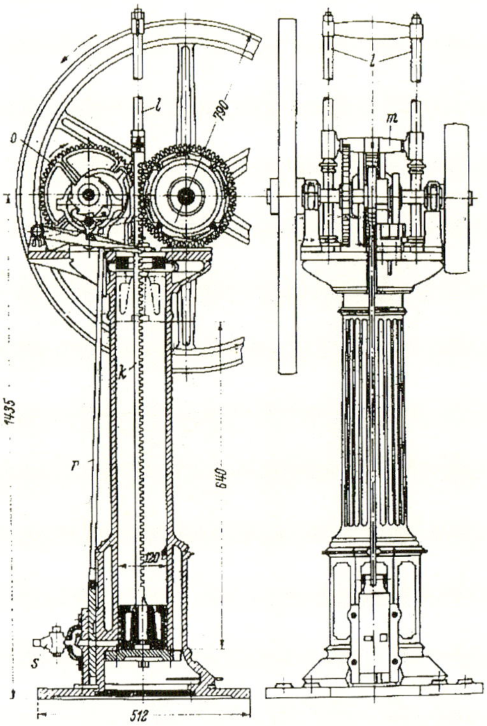

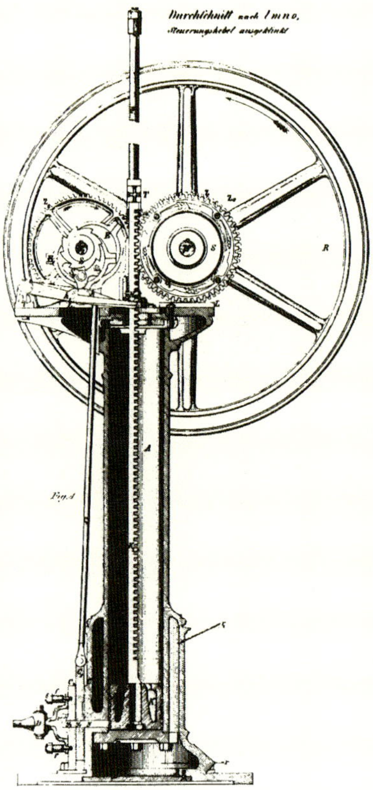

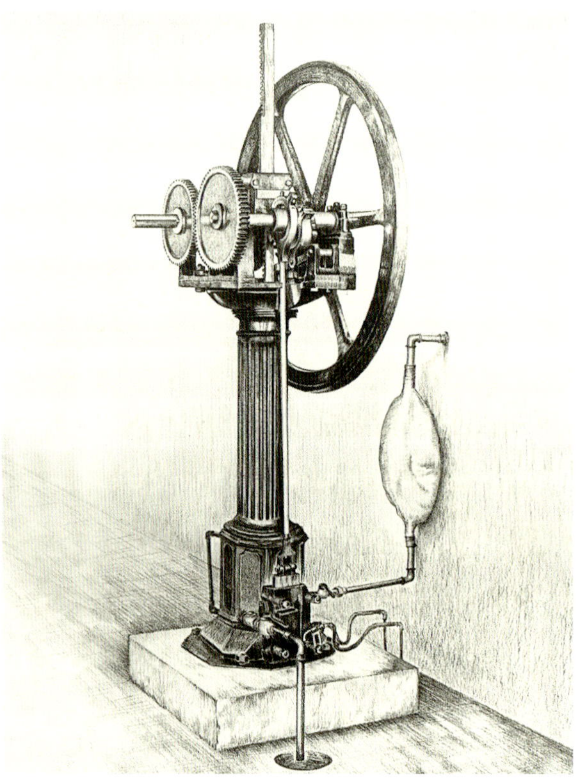

te dahingehend, die internen Streitereien sofort zu beenden, notfalls Daimler zu entlassen, was Langen ablehnte, um sich der Entwicklung einer „Hochdruckmaschine“ (in unserem heutigen Sprachduktus einem Motor mit Verdichtung) zuzuwenden. Daimler befaßt sich mit einem Motorkonzept mit Hilfskolben, um bei der atmosphärischen Maschine eine Vorverdichtung zu erreichen, aber auch mit einer doppelt wirkenden, mit je zwei Flugkolben versehenen Gasmaschine (atmosphärisch). Otto dagegen beschäftigt sich mit dem mit Verdichtung arbeitenden Motor des amerikanischen Ingenieurs George Brayton, der auf seine Maschine am 2. April 1872 ein Patent erhalten hatte.[12] Neben Leuchtgas dachte Brayton, bei seinem nach dem Zweitaktprinzip funktionierenden Motor, auch an leichte Kohlenwasserstoffe zur Verbrennung. Im Juni 1874 ließ er

Erster atmosphärischer Flugkolben-Gasmotor von Nicolaus August Otto, 1867

Gießerei der Gasmotorenfabrik Deutz

Als technischer Direktor bekam Daimler auch eine Dienstwohnung gestellt. Je zwei große Bürgerhäuser mit dahinter liegendem Garten wurden nebeneinander gebaut, das eine für die Familie Daimler, das andere für die Familie von Nicolaus August Otto. Doch der erste Eindruck täuscht: So nah die beiden begnadeten Techniker beieinander wohnten, so schlecht war leider das Verhältnis zwischen ihnen.

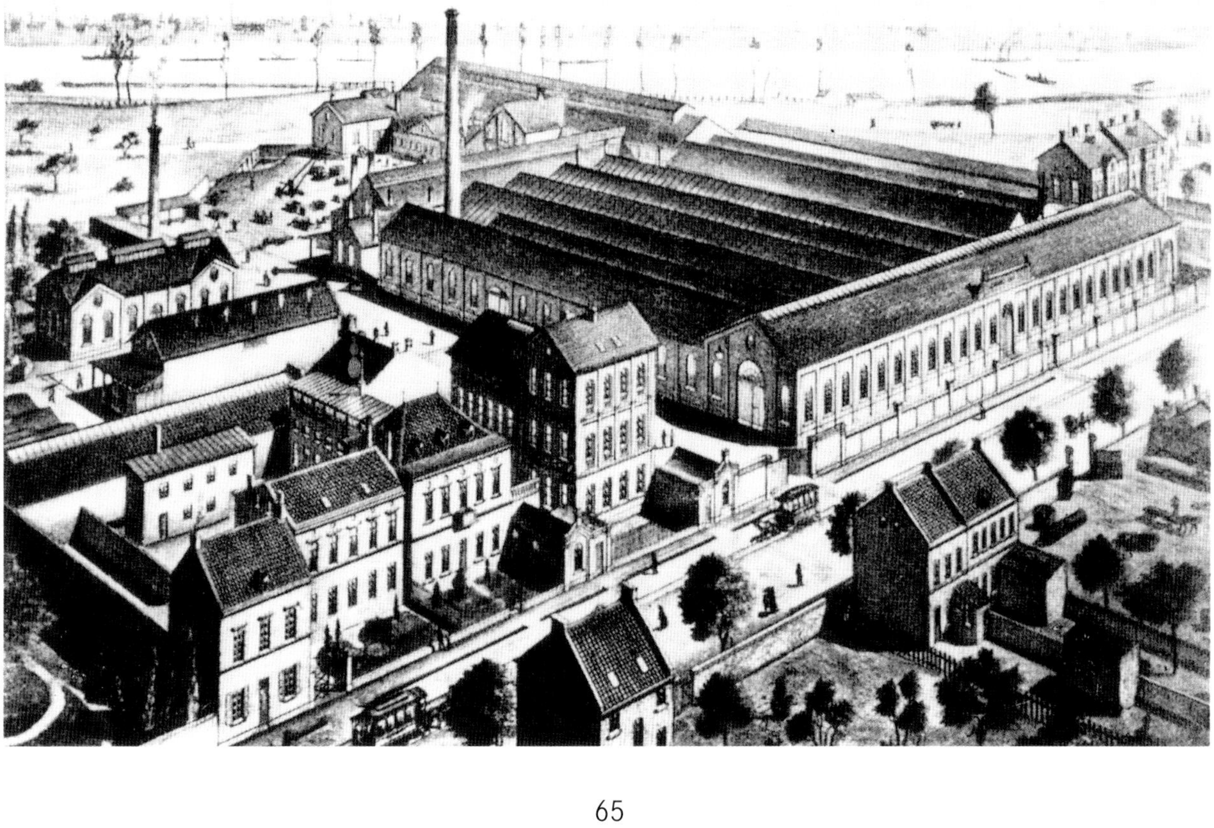

Gottlieb Daimler und Wilhelm Maybach im Kreise von Führungskräften bei der Gasmotorenfabrik Deutz, 1882

sich weitere Verbesserungen an diesem Motor gesetzlich schützen. Als Otto nun begann, sich in seinem separaten Versuchslabor mit diesem Motor zu beschäftigen, setzte es Daimler durch, daß ihm ein Ingenieur zur Seite gestellt wurde. Es war dies der Ingenieur Franz Rings aus Köln, der am 20. November 1875 in die Firma eintrat. Und wieder war es der Autodidakt und „Dilettant", dem die bahnbrechende Lösung gelang. Obwohl Otto das nicht faßbare Phänomen der Schichtladung für die Besonderheit seines Motors hielt und nicht den Viertakt,[13] der erst unter Punkt 4 der Patentanmeldung genannt wird, so war das Ergebnis doch außerordentlich. Schon zu Beginn des Jahres 1876 konnte Otto die Versuche mit dem nach dem Viertaktverfahren arbeitenden Hochdruckmotor aufnehmen. Als Geburtsurkunde gilt das am 9. Mai 1876 von Wilhelm Maybach aufgenommene Arbeitsdiagramm. 3 PS bei 180 Umdrehungen waren die bescheidenen Daten für einen Motor, der bald darauf seinen Siegeszug rund um den Erdball antreten sollte. Es war Otto und nicht Daimler, dem dieser Coup gelungen war. Maybach hat diese Priorität Ottos sein Leben lang verteidigt. Über die Zusammenhänge schreibt er in seinem Lebenslauf:

„Bald darauf tauchte der amerikanische Braytonsche Kompressionsverbrennungsmotor auf, mit dem Herr Otto sich eingehend befaßte. Auf Wunsch des Herrn Daimler suchte sich Herr Otto für diese Arbeiten einen besonderen Ingenieur und fand ihn in Herrn Ingenieur Rings aus Köln. Aus diesen Versuchen ging der heute allgemein angewandte Viertaktmotor hervor. Herr Daimler verfolgte während die-

Franz Reuleaux

ser Zeit die Idee den atm Explosionsmotor für Kurbelbetrieb einzurichten; ein englisches Patent aus dieser Zeit auf seinen Namen zeigt die Einrichtung. Von mir wollte er damals nur beraten sein über eine sonderbare Ladeweise, konnte aber diese unmögliche Lösung nicht finden und so sah ich dann später, daß in der Patentbeschreibung Näheres fehlte.“[14]

Otto hatte seinen Motor schon 1876 in Elsaß-Lothringen, das als freies Reichsland zu Deutschland gehörte, in Ermangelung eines reichseinheitlichen Patentrechts angemeldet. Als die Reichspatentordnung 1877 in Kraft trat, wurde der Otto-Motor als DRP 532 eingetragen. Der „Otto Silent“, wie der Motor in der Folgezeit ob seines geräuschlosen Laufs genannt wurde, wurde zwischen 8 und 172 PS stark auf dem Markt angeboten. Maybach hatte durch die Verwendung temperaturfester Öle und Bronzelagerung der Schieber dafür gesorgt, daß die Maschine standfest wurde und der vorzeitige Verschleiß unterblieb. Was die Priorität des Otto-Patents anbelangt, findet sich bei Sass eine ausführliche Darstellung.[15] Sass bemerkt zu Recht, daß die

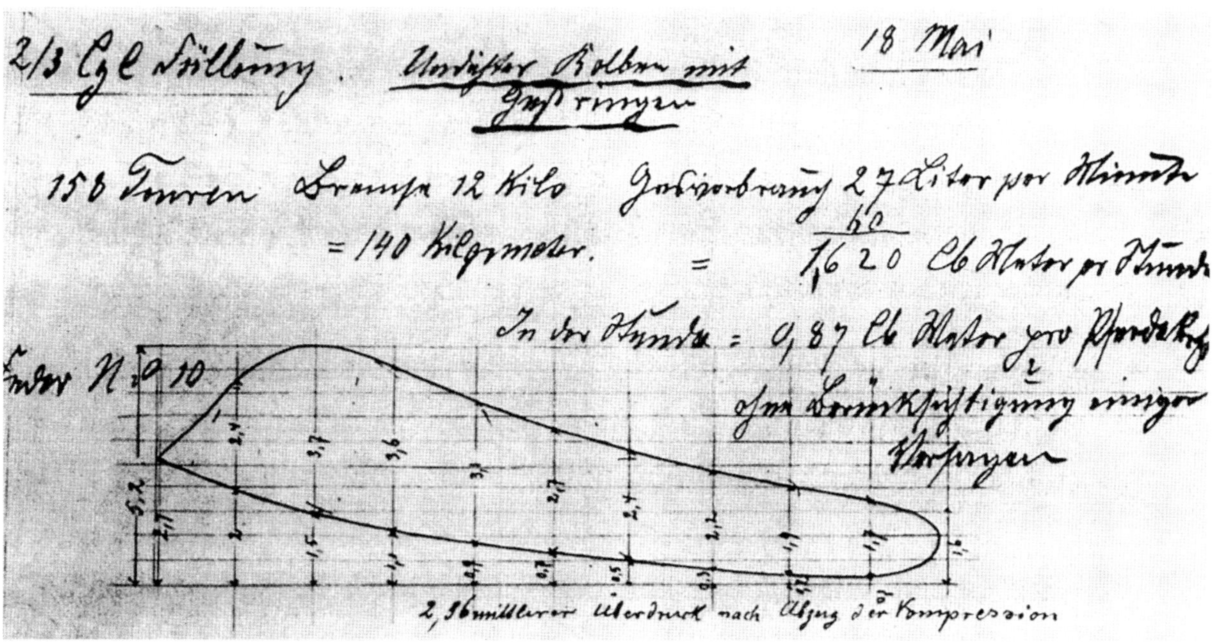

Indikatordiagramm des ersten Viertaktmotors, erstellt am 18. Mai 1876

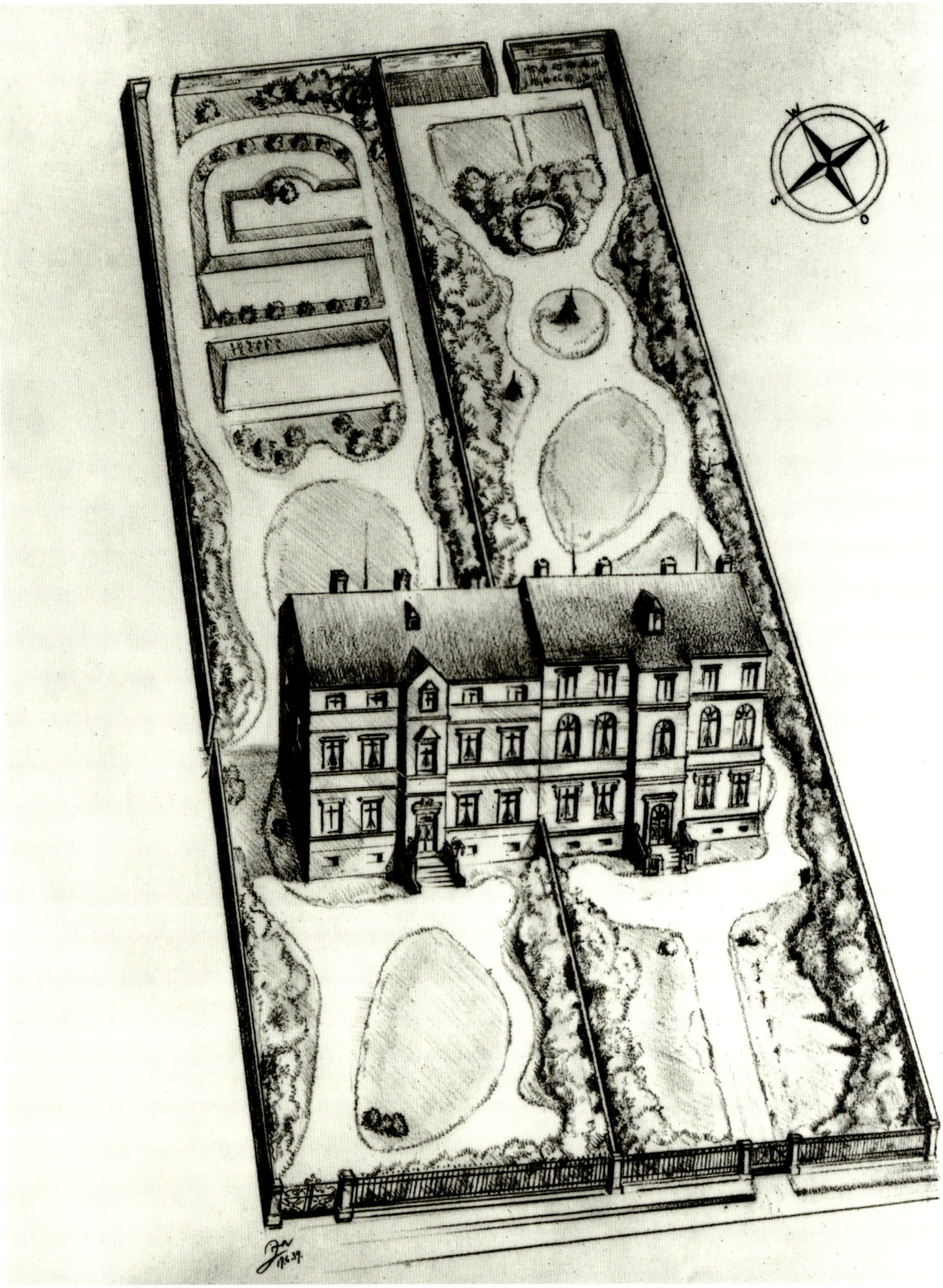

Während seiner Zeit bei der Gasmotorenfabrik Deutz wohnte Daimler mit seiner Familie fast zehn Jahre lang Tür an Tür mit Familie Otto. Die Zeichnung zeigt die beiden Wohnhäuser mit Gartenanlage in Köln-Mülheim. Daimler bewohnte das Haus rechts.

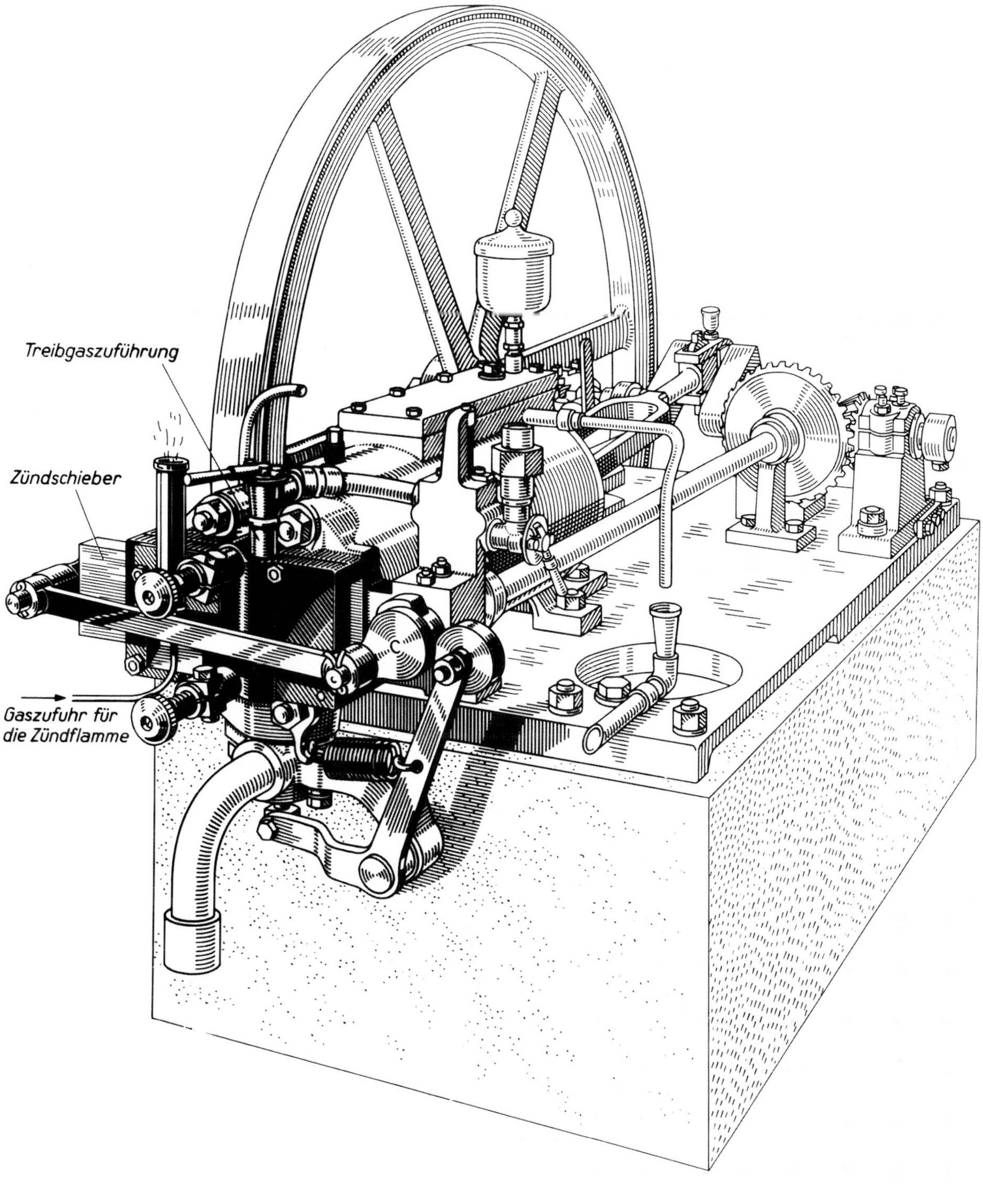

Ottos Versuchs-Viertaktmotor von 1876

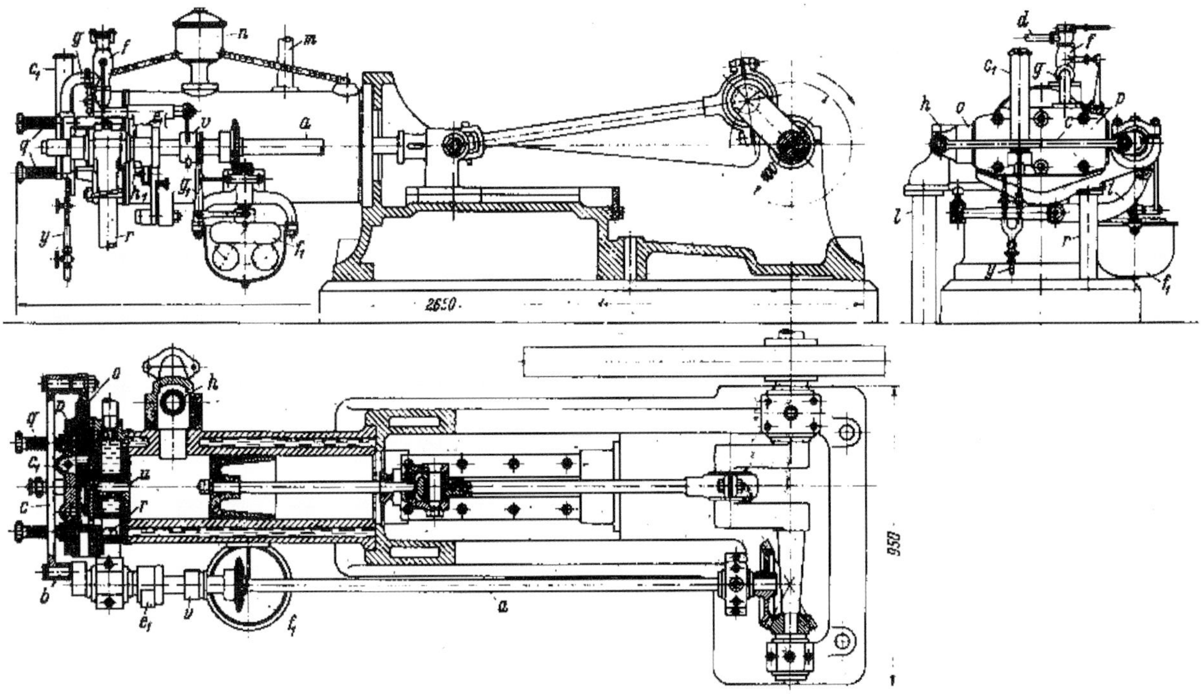

1876: Die Viertakt-Erfindung von Nicolaus Otto: a= Steuerwelle, b= Stirnkurbel, c = Antriebsstange des Zündschiebers, d= Treibgaseintritt, f=Gasventil, g= Gaszuleitung zum Schieberdeckel, h= Auspuffventil, i=Ventilhebel für h, l= Auspuffleitung, m = Kühlwasseraustritt, n= Schmiergefäß, o= Zündschieber, p= Schieberdeckel, q= Druckfedern, r= Luftzuleitung, u= Eintrittsakanal für Gas und Luft, v= Steuernocken des Gasventils f, y= Zündgaszuleitung, cl= Kamin der Zündflamme, el= Auspuffventilnocken, fl= Regler, gl= Reglerhebel, hl= Hilfsnocken zum Aufheben der Kompression während des Andrehens

Vernichtung des Anspruchs 4, des Viertaktprinzips:

> I. Ansaugen der Gasarten in den Zylinder,
> II. Kompression derselben,
> III. Verbrennung und Arbeit derselben,
> IV. Austritt derselben aus dem Zylinder,

nicht der großen historischen Leistung Ottos entsprach.[16] Dem Versuch Siebertz', Gottlieb Daimler an der Erfindung des Viertaktmotors zu beteiligen[17], hat Sass mit guten Argumenten widersprochen.[18]

Die Erfindung des Viertakters stärkte Ottos Position im Unternehmen erheblich. Auch Ottos Vita war nicht frei von Kränkungen, hatte man ihm, dem Erfinder des atmosphärischen Motors, im neu gegründeten Unternehmen doch lediglich den Posten des kaufmännischen Direktors zugebilligt und ihm, ebenfalls bei freier Wohnung in der Fabrik, zwar 300 Taler mehr als Daimler an Jahresgehalt gezahlt, doch dafür durfte Daimler seine Patente im Ausland auf seinen Namen anmelden. Otto hatte sich in seinem Anstellungsvertrag verpflichtet, alle seine Erfindungen auf die Dauer von zwölf Jahren der Gasmotorenfabrik unentgeltlich zu überlassen. Jetzt, nachdem er die Gesellschaft durch seine bahnbrechende Erfindung aus einer kritischen Situation herausmanövriert hatte, wollte er natürlich sich und seine Rolle neu positioniert sehen. Daimler selbst ging es nicht um die Erfinderehre am Viertaktmotor, doch war er der Auffassung, daß er als technischer Direktor, beauftragt mit der Oberleitung in allen technischen Fragen, natürlich auch seinen Verdienst an der Gesamtentwicklung des Unternehmens hatte. In der Erfindung Ottos sah er lediglich einen Teilaspekt des Ganzen, zumal es ja

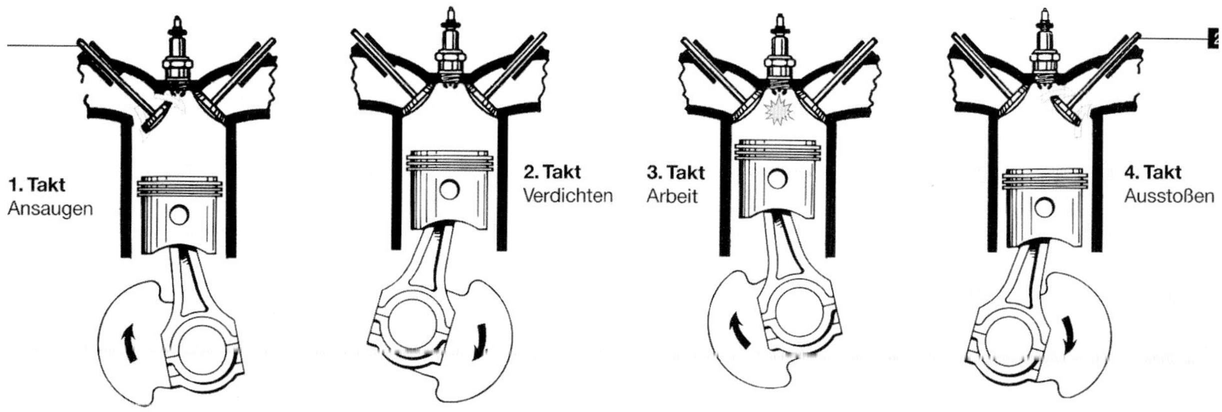

Graphische Darstellung des Viertaktprinzips

Otto-Gasmotor für stationären Betrieb

auch „sein Mitarbeiter“ Wilhelm Maybach war, der sich maßgeblich um Ausführung und fabrikmäßige Fertigung des Motors bemüht hatte. Diese Haltung geht klar aus der Eintragung in seinen Tagebüchern hervor, in der Daimler bemerkt: *„Nicht aber Idee, gute Ausführung ist Hauptmoment.“* In der Erwiderung auf die Nichtigkeitsklage der Gasmotoren-Fabrik Deutz vom April 1894 schreibt Daimler, bezugnehmend auf diese Zeit:

> *„Ich kann, da es sich gerade um einen Deutzer Angriff handelt, die Bemerkung nicht unterdrücken, dass gerade dieses Etablissement seinen großen Aufschwung und den guten Ruf seines Fabrikates nicht zum wenigsten meiner Mitwirkung als technischem Direktor zu verdanken hat; denn unter meiner Leitung vom Jahre 1872 bis 1882 wurde aus einer kleinen Werkstätte eine planmäßig eingerichtete gut organisierte Musterfabrik, ein Weltetablissement. Ich fand nur den atmosphärischen Gasmotor Langen & Otto in nicht vollkommenster Ausführung vor und unter meiner Leitung entstand der erste direkt wirkende 1pferdige und der erste 100 pferdige Kompressions-Gasmotor, der überhaupt in der Welt gebaut wurde. Dass der selbe ausschließlich nach Otto benannt wurde, ist meiner Bescheidenheit zu verdanken.“*[19]

So erhob er denn anfangs auch Einspruch dagegen, daß der Viertakt-Motor „Ottos neuer Motor“ genannt würde. Er wollte eine neutrale Bezeichnung nämlich „Neuer Deutzer Motor“. Naturgemäß hatte Otto eine andere Sicht der Dinge und formulierte diese gegenüber Langen:

> *„Aber ich bitte, auch ein bißchen nachzudenken darüber, wie unsere Actien stehen würden, wenn ein Fremder meine Erfindung gemacht hätte und wir mit unseren Atm Maschinen dagegen concurrieren sollten. Angenommen, die Gasmotoren-Fabrik sei juristisch nicht verpflichtet, mir für den Motor irgend welche Vergütungen zukommen zu lassen, moralisch hat sie jedenfalls diese Verpflichtung, und die Wege, die ich dann zu gehen habe, sind mir klar vorgezeichnet...“*[20]

Langen, der es gegen Zahlung einer Vergütung erreicht hatte, daß Daimler sich nun nicht länger gegen die Namensgebung des Motors sträubte, reagierte auf diese Androhung Ottos, die Firma verlassen zu wollen, mit einem ausführlichen Schreiben vom 22. Januar 1877. Darin zeigt sich sehr deutlich die Rolle, die Otto im Unternehmen spielte:

> *„...Es thut mir leid, daß in den 12 Jahren, in welchen ich mit Ihnen in Verkehr stehe, sich so viel Bitterkeit bei Ihnen gegen mich hat anhäufen können, wie in Ihrem Briefe Ausdruck findet. Ich will aber heute nichts weniger als sentimental werden, sondern möchte Sie nur ersuchen, daß Sie sich ganz ruhig vergegenwärtigen, wie Sie vor 12 Jahren zu mir kamen, welche Stellung Sie heute haben und in Zukunft haben würden, wenn Sie auf nüchterner Basis Ihres Vertrages still fortführen, ihre Pflicht zu erfüllen. [...] Sie verlangen als Erfüllung einer moralischen Pflicht Gleichbetheiligung mit mir an den Gewinne, welche die G.M.F. abwirft und greifen zur Begründung dieses Anspruchs zurück in die Zeiten, in welchen wir uns zuerst sahen. Haben Sie denn die 12 Jahre nicht gelebt oder die Wechselfälle vergessen, welche in diesem Zeitraum liegen? Habe ich denn mein in die G.M.F. gestecktes Vermögen verhältnismäßig stärker vermehrt als Sie das Ihrige oder haben Sie dies gethan? Habe ich an äußerer Lebensstellung à conto Gasmotoren gewonnen oder haben Sie das gethan ? Ich war anfänglich nur Commanditist mit Tlr. 10.000 und zu keiner Thätigkeit in dem Geschäfte ver-*

Rechts: Hölzernes Paneel in der Eingangshalle der Gasmotorenfabrik Deutz mit Bildern der Fabrik und den beiden wichtigsten Produkten

pflichtet. Wie hoch ist heute das Kapital, welches ich mit meinen Freunden aufgebracht und wie veranschlagen Sie denn die Wochen, Tage und Stunden, während welcher ich neben meinen übrigen schweren Pflichten für Sie mitgearbeitet habe ? [...] Nun komme ich zu dem, was die Veranlassung zu Ihrem Brief wurde, zu dem Protocoll der letzten Sitzung, durch dessen Fassung ich einerseits der G.M.F. das Recht wahren wollte, ihre Kinder selbst zu taufen, andrerseits der Hoffnung Ausdruck geben, daß dadurch, daß man die Maschine nach Ihnen benennt, und zwar in allerhervorragendster Weise nach Ihnen benennt, nicht das Verhältnis zwischen den Mitgliedern der Direction gestört, sondern gefestigt werde. Was Sie an äußerer Ehre nur wünschen konnten, ist Ihnen, e h e Sie es aussprachen erfüllt. [...] Ich war gar nicht damit einverstanden, daß Herrn Daimler eine Vergütung in Form von Actienüberlassung zutheil wurde, weil ich dessen Rechtsanspruch nicht anerkennen konnte, ich fügte mich und that mit, weil ich Frieden schaffen wollte. Und weil ich nur das letztere im Auge hatte, freute ich mich darüber, daß Daimler nicht Einspruch dagegen erhob, daß die neue Maschine „Ottos Neuer Motor" heißen sollte. [...] Es würde mich herzlich freuen, wenn dadurch der Stein sich aus dem Wege schieben ließe. [...] Recht schmerzlich bedauere ich, daß in dem Augenblick, in welchem wir alle Ursache hätten, uns zu freuen, dieser grelle Mißton hinausschallt !

Zum Schlusse Ihres Briefes unterscheiden Sie juristische und moralische Verpflichtungen. Nach meiner Ansicht kann eine Verpflichtung immer nur eine juristische sein, jede Leistung, welche darüber hinausgeht, ist keine Verpflichtung und kann nicht von der anderen Seite gefordert, sondern in ihrer eventuellen Erfüllung nur mit Dank angenommen werden. Besteht so etwas, was Sie moralische Verpflichtung nennen, und darüber entscheide ich heute nicht, so warten Sie die Zeit der Reife ab. […] Sie deuten an, daß unsere Wege sich jetzt scheiden könnten ; sollte dies geschehen in der Weise, wie es den Anschein hat, dann, Herr Otto, thut mirs leid, daß wir uns jemals im Leben begegnet sind. Kommen Sie aber nach ruhiger, reiflicher Prüfung zu einer anderen Ansicht, dann sei der Zwischenfall begraben und Sie finden in mir nicht einen neuen, aber den alten Freund. Nur keinen faulen Frieden.“[21]

Otto gab nach diesem Brief klein bei und zeigte sich damit einverstanden, daß der Motor seinen Namen erhielt. Die Patentanmeldung für das DRP 532 lautete auf die Deutzer Gasmotorenfabrik und Otto erhielt weder eine Sonderzahlung noch Gratisaktien. Lediglich in England lief die Patentanmeldung auf seinen Namen. Natürlich gab es in der Anfangszeit enorme Probleme mit dem Motor. So war der Verschleiß der Laufbuchsen zu groß, es gelang nicht, da die Drücke sehr viel größer waren, die Kolben hinreichend abzudichten und auch die Zündschieber neigten anfänglich zum Fressen. Doch all diese Probleme wurden, unter Daimlers technischer Oberleitung, behoben und der neue Motor substituierte nun im Verkauf den atmosphärischen Motor fast vollständig. Schon 1877/78 war dieser Zustand erreicht und setzte sich in den folgenden Jahren fort. Gottlieb Daimler verstand es meisterhaft, die technisch-organisatorischen Rahmenbedingungen zu schaffen, um aus einer Erfindung ein praktisch brauchbares und ökonomisch verwertbares Verfahren zu machen. Dies zeigt sich nicht nur in Deutz, sondern auch in den auf diese Zeit folgenden Aktivitäten als selbständiger Unternehmer. Otto begann den politischen Klimawechsel dazu zu nutzen, seine eigenen Vorstellungen auch Daimler gegenüber stärker in den Vordergrund zu stellen, was dieser natürlich nicht geneigt war hinzunehmen, wie aus einem Brief vom 23. April 1878 an seinen Freund Adolf Groß zu entnehmen ist:

„Unter Führung unseres Dilettanten [gemeint ist Otto, Anm. d. Verf.] wird der hiesige Karren immer mehr verfahren und ich bin nicht frech genug, demselben so, wie es sich gehört, entgegenzutreten. Ich muß erst von außen die Anstöße kommen lassen, wenn meine schriftlichen, den Herren mitgeteilte Anliegen nicht

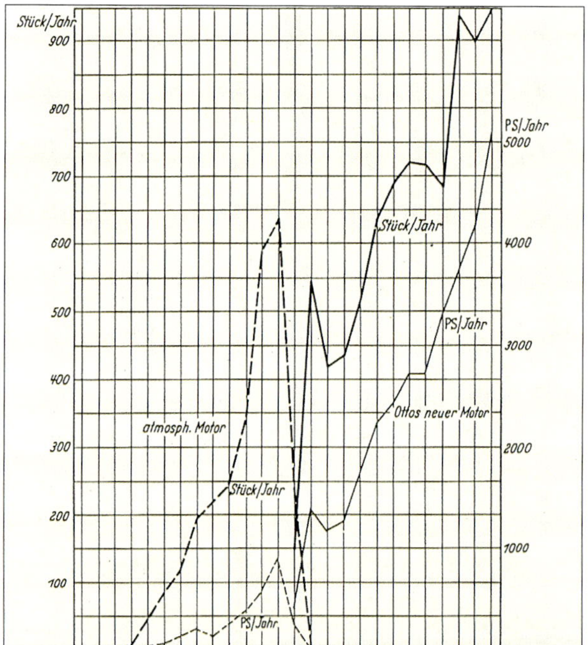

Jahr		1864	1865	1866	1867	1868	1869	1870	1871	1872*	1872/73**	1873/74	1874/75	1875/76	1876/77	1877/78	1878/79	1879/80	1880/81	1881/82	1882/83	1883/84	1884/85	1885/86	1886/87	1887/88	1888/89	Gesamt
atmosph. Motor	Stück	1	1	1	7	46	87	118	197	141	245	348	589	634	222	4	3	1	2	1	1							2649
	PS	½	½	½	3½	40¼	85	135	216¼	150	258¼	343½	579¼	755¼	252	1¾	1½	1	1½	1	½							2828
Ottos neuer Motor	Stück														148	546	420	435	520	638	692	721	717	686	944	898	943	8308
	PS														408	1388	1137	1280	1764	2254	2435	2730	2734	3305	3745	4179	5076	32435

* Januar-Juli, ** August-Juni

Umsatz der Gasmotorenfabrik Deutz in den Jahren 1864 bis 1889 nach

Das Diagramm bezogen auf die Jahre 1864–1889 zeigt, wie stark nach dem Erscheinen des Viertaktmotors die Anzahl der produzierten atmosphärischen Maschinen abnimmt.

Notiz-Buch
und
zweijähriger Kalender.
Fabrik-Marke.
GUT UND WERTH
Inhalt:
Einnahmen- und Ausgaben-Conto.
Geldumrechnungstabelle.
Gewichte der deutschen Münzen.
Maße und Gewichte in Deutschland.
Porto-Tarif für Briefe, Packete, Post-anweisungen 2c.
Telegraphen-Tarif.
Wechselstempel-Tarif.
Zinsenberechnungstabelle für 1 Jahr und 1 Monat.

berücksichtigt werden. Es ist zum Kuckuck-holen, daß überall die Leute erst durch Schaden klug werden und der ruhig denkende Techniker durch den schwungvollen Kaufmann von seiner Bahn abgelenkt wird.“[22]

Erschwerend kam für Daimler die Tatsache hinzu, daß der Absatz des neuen Viertaktmotors in den Geschäftsjahren 1877/78 und 1880/81 im Vergleich geringfügig schlechter war als der Verkauf der atmosphärischen Motoren in den vorangegangenen Jahren. So wollte man, daß Daimler einfachere und damit billigere Konstruktionen des neuen Motors realisierte, aber Abstriche hinsichtlich der Qualität, darüber war mit Daimler nicht zu reden. Er beschäftigte sich ausführlich mit dem sogenannten Verbundmotor, bei dem die Abgase zweier Viertaktmotoren einen Zweitaktmotor antreiben sollten.[23]

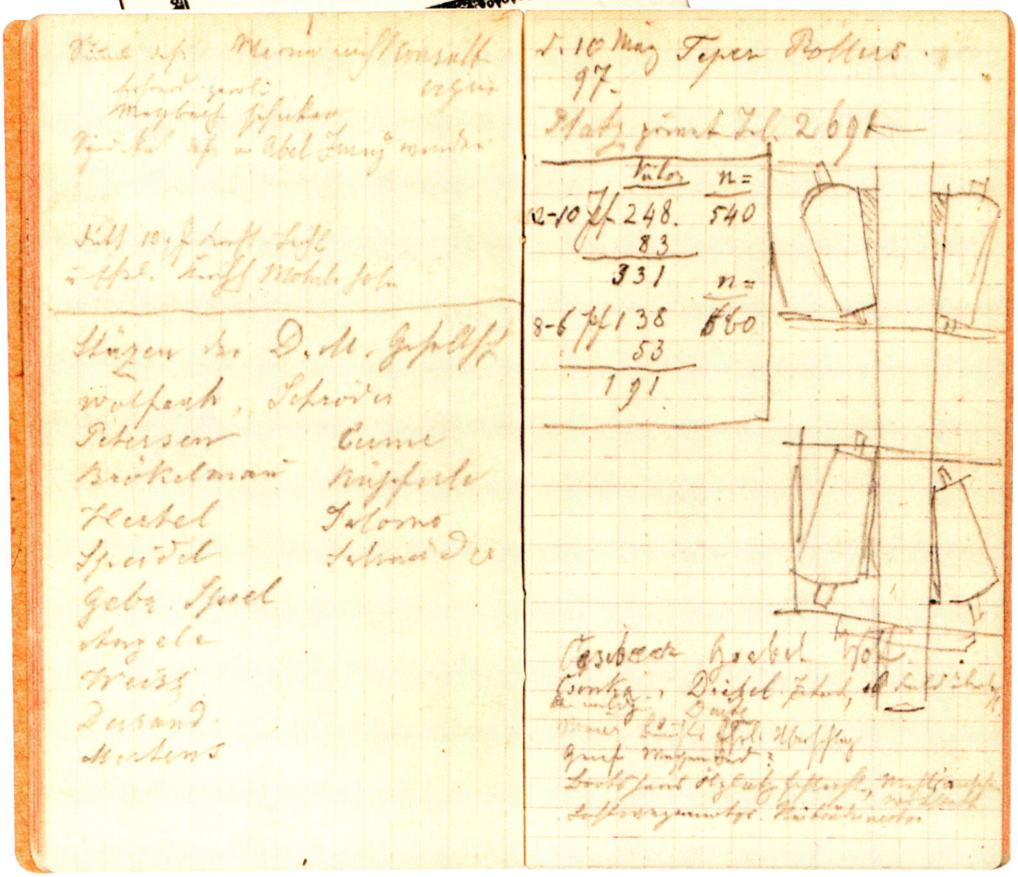

Notizen und Entwurfszeichnungen Gottlieb Daimlers in seinem „Sudelbuch“

Gottlieb Daimlers künstlerische Neigungen kann man in den nachfolgenden Zeichnungen erkennen, die auf seiner Rußlandreise während einer Fahrt entlang des Newa-Ufers entstanden.

Peters d. Gr. Werfte

Palais

Die Lösung, die Abgaswärme zu nutzen, gelang erst 1905 dem Schweizer A. Büchi mit dem Turbolader. Finanziell profitierte Daimler erheblich von dem neuen Motor, denn die Tantieme, die er dank der Verkaufserfolge für den neuen Viertaktmotor ausgezahlt bekam, betrug für die Jahre 1880/81 allein über 100 000 Mark, was nach heutigem Geldwert ca. 10 Millionen entspricht. Die Bitte um kleine und billige Maschinen, die man von Daimler erwartete, war Mitte des Jahres 1878 erfolgt, und als sich bis Mai 1879 nichts getan hatte, erhielt Daimler von Gustav Langen, Eugen Langens Stiefbruder, im Dezember des Jahres 1880 die schriftliche Anweisung:

„Herr Daimler wird die von Herrn Commerzienrat Langen empfohlenen und von der Direction und dem Aufsichtsrat beschlossenen Constructionen von billigeren sowohl als von kleineren Gasmotoren und von verschiedenen Specialanwendungen durch Herrn Rings zur Ausführung bringen lassen und darüber sowohl wie andere technische Fragen in beständigem Verkehr mit Commerzienrat Langen bleiben, indem er wöchentlich mindestens eine Privatconferenz mit demselben abhält. Wo und wann dies Privatconferenzen abzuhalten sind, bestimmt Herr Commerzienrat Langen.“[24]

Damit begann die Demontage von Daimlers technischer Autorität, und obwohl er nun versuchte, mit Otto ein gutes Einvernehmen zu erzielen, zeigte dieser ihm die kalte Schulter. In einem Schreiben an Otto formulierte Daimler seinen Wunsch,

„... ein freundliches Verhältnis zwischen uns angebahnt zu sehen, Unangenehmes zwi-

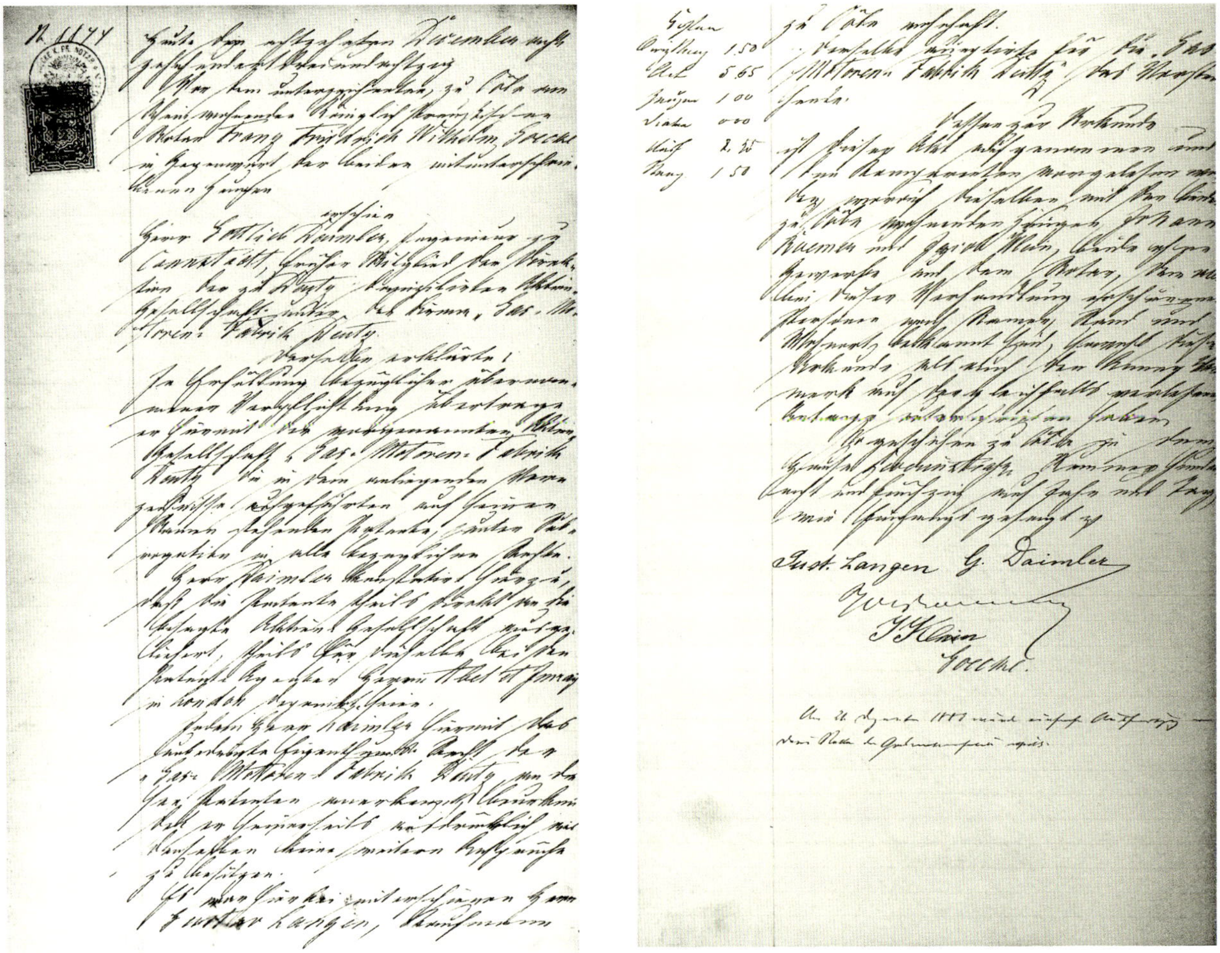

Gottlieb Daimler überträgt der Gasmototrenfabrik Deutz am 18. Dezember 1883 die auf seinen Namen ausgestellte Patente.

schen uns aus der Vergangenheit zu vergessen und in der Zukunft durch förderliches Zusammenwirken den Interessen der GFD zu dienen. Wenn dies auch Ihr Wunsch ist, so bin ich stets bereit, auch Ihnen entgegenzukommen", worauf Otto abweisend wie folgt antwortete: „... Nur im Interesse der Sache selbst habe ich zu Ihren wiederholten persönlichen Auslassungen geschwiegen und Ihnen nicht entsprechende Antworten gegeben, die einen unmittelbaren Bruch herbeigeführt hätten..."[25]

Seine Empfindlichkeit war zu diesem Zeitpunkt schon in einem Maße gekränkt, daß es kein Miteinander mehr gab. Eine, allerdings mehr temporäre, Lösung ergab sich durch Daimlers Rußlandreise im Auftrag des Unternehmens, bei der er die sich dort ergebenden Marktchancen prüfen sollte. Daß diese Reise einen Wendepunkt in seinem Leben markieren sollte, hat er bei Antritt wohl noch nicht vermutet. Bei dieser Reise nimmt Daimler auch die Interessen von Duttenhofer wahr, den er über seinen Freund aus gemeinsamen Lehrlingstagen, Adolf Groß, seit 1868 Vorstand der Lokomotiven-Reparatur-Werkstätte in Rottweil, kennengelernt hatte. Es ist die 1872 gegründete „Hohentwiel-Gesellschaft"[26], der Daimler seit 1874 ebenfalls angehörte, in der sehr viele geschäftliche Aktivitäten im mehr privaten Miteinander angebahnt werden, in der Duttenhofer

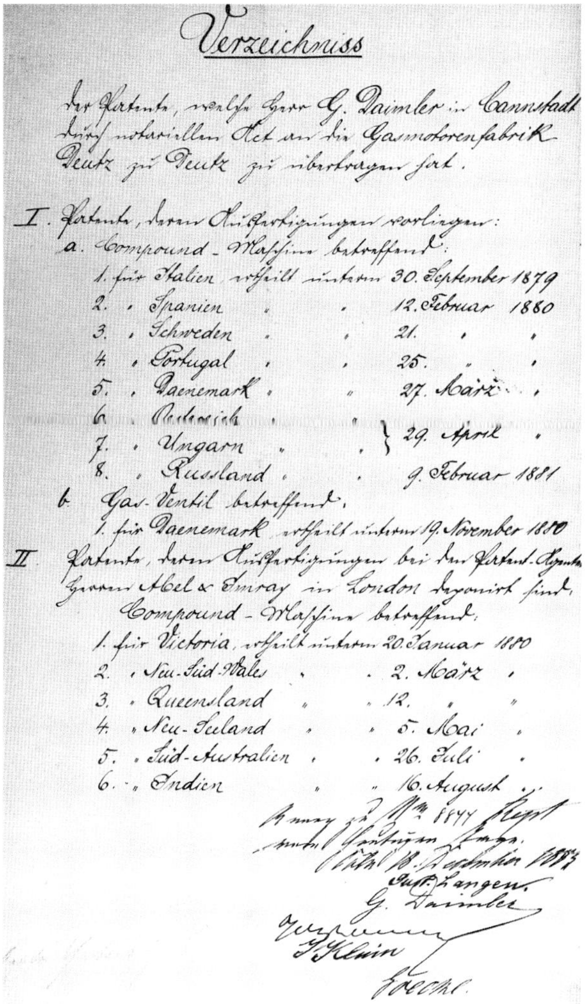

Verzeichniss

der Patente, welche Herr G. Daimler in Cannstadt durch notariellen Act an die Gasmotorenfabrik Deutz zu Deutz zu übertragen hat.

I. Patente, deren Ausfertigungen vorliegen:

a. Compound-Maschine betreffend:

1. für Italien ertheilt unterm 30. September 1879
2. " Spanien " " 12. Februar 1880
3. " Schweden " " 21. " "
4. " Portugal " " 25. " "
5. " Daenemark " " 27. März "
6. " Oesterreich " " } 29. April "
7. " Ungarn " "
8. " Russland " " 9. Februar 1881

b. Gas-Ventil betreffend:

1. für Daenemark ertheilt unterm 19. November 1880

II. Patente, deren Ausfertigungen bei den Patent-Agenten Herren Abel & Imray in London deponirt sind.

Compound-Maschine betreffend:

1. für Victoria, ertheilt unterm 20. Januar 1880
2. " Neu-Süd-Wales " " 2. März "
3. " Queensland " " 12. " "
4. " Neu-Seeland " " 5. Mai "
5. " Süd-Australien " " 26. Juli "
6. " Indien " " 16. August "

Gust. Langen.
G. Daimler

Verzeichnis der an die Gasmotorenfabrik Deutz übertragenen Patente Gottlieb Daimlers

Daimler um die Wahrnehmung seiner Interessen in Rußland gebeten hat.

Die Rußlandreise und die Erfahrung der Weiten des Landes waren es wohl auch, die Daimler auf die Idee brachte, die fürderhin sein Leben bestimmen sollte.

Es ist ja oft so, daß der Geist, wenn er vom Alltagsgeschäft befreit ist und neue Eindrücke aufnimmt, bei einer solchen Reise plötzlich beginnt, neue und bis dahin noch unentdeckte Pfade zu gehen. Es spricht eine Tagebucheintragung Daimlers dafür, daß es ihm auf seiner Rußlandreise ebenso erging und die Idee des Kraftwagens zwischen langen Eisenbahnfahrten, in nicht immer erquicklicher Umgebung, geboren wurde.

> *„Die Überfüllung der Züge beim Sommerreisen u. der Zwang der Bahnen war mir zuwider u. führte zum Gedanken der selbsttätigen Fahrerei etc.“* [27]

Seinem Notizbuch nach läßt sich der Verlauf der Reise skizzieren, von der ja auch eine Reihe von Zeichnungen vorliegen, die Daimler in einem ganz anderen Bild, als dem des nüchternen Technikers zeigen. So präsentieren die Bleistiftzeichnungen nicht nur einen sensiblen Beobachter, sondern verraten, von der Ausführung her, einen künstlerisch gebildeten Menschen. Mit der Eisenbahn ging es am 15. Oktober, nicht wie Siebertz schreibt am 30. September,[28] von Köln nach Berlin, wo er noch einige Verabredungen wahrnahm und von dort aus in einer engen Zwei-Personen-Kabine nach Warschau. Am 17. 10. traf Daimler dort ein, und nahm Quartier im Hotel d'Europe. Am 22. Oktober dann ging es von dort aus über Dünaburg nach Riga, wo er am 23. eintraf. Sechs Tage später erreichte Daimler St. Petersburg, damals die zweite Hauptstadt des russischen Reiches, Hauptstadt des gleichnamigen Gouvernements und Residenz des Kaisers an der Mündung der Newa. Die Stadt am Finnischen Meerbusen wird von zehn Stromarmen und mehreren schiffbaren Kanälen durchschnitten und bedeckte zu dieser Zeit eine Fläche von ca. 92 qkm. Von dort aus unternahm er ausgedehnte Fahrten, so mit dem Dampfer nach Kronstadt und am 12. November nach Schlüsselburg.[29] Am 16. November führte ihn die Reise nach Moskau. Weitere Stationen waren am 25. Gorki, am 29. Charkow und am 4. Dezember Kiew. Die Reise endete am 9. Dezember in Odessa. In St. Petersburg, wo er auch mit Duttenhofer zusammentraf, erlebte Daimler den Wintereinbruch. In der Nacht vom 29. auf den 30. Oktober schneite es ununterbrochen, und es findet sich im Notizbuch die Eintragung, daß nun alle mit dem Schlitten unterwegs seien. Mit dem Schnee war auch der Lärm verschwunden, die Schlitten glitten geräuschlos durch die Stadt, lediglich die Klänge der an ihnen befestigten Glocken untermalten das bunte Treiben akustisch. Schon seit Warschau führte Daimler Gespräche, zum einen, um sich über den Stand des industriellen Wachstums zu informieren, zum anderen war er gedanklich schon damit beschäftigt, die notwendige Infrastruktur für eine rasche Industrialisierung zu skizzieren. Dazu war es notwendig festzustellen, welche Städte schon über Gas verfügten und wo schon Gasmotoren im Einsatz waren. Aber auch die Arbeitsmoral wurde von Daimler unter die Lupe genommen, und er vermerkte in seinen Notizen nach einem Besuch bei der Firma „Petroffsky Oilworks", daß es 70 Extrafeiertage neben den Sonntagen gäbe und viele „Blaumacher" die Arbeitsmoral zusätzlich untergraben würden. Natürlich war es für einen Techniker wie Daimler besonders wichtig zu erfahren, wie der Stand der russischen Patentgesetzgebung war, denn viele Beispiele zeigten ihm, daß es gang und gebe war, wo immer möglich nachzufertigen, ohne sich Gedanken über Lizenzrechte zu machen. Darüber hinaus sann er über mögliche Vertriebs- und Gesellschaftsformen und die dazu nötigen Partner nach. Wie es mit der Zahlungsmoral bestellt war und welche Befürchtungen Daimler hegte, kann einer Notiz entnommen werden, die besagt: *„Wer Maschinen bezahlt, ist in Polen ohne Geschäftssinn."*[30] Daimler notiert die Termine kommender Präsentationsmöglichkeiten, so die der Internationalen Industrieausstellung Moskau im Jahr 1882 und der Gewerbeausstellung in Riga 1883. Da finden sich die Hafenkosten, die zu entrichtenden Zölle, aber auch welche Nationen Rohstoffe anliefern und zu welchen Preisen. Daimler entwirft stichpunktartig ein genaues Bild der allgemeinen und speziellen Handelsbedingungen mit denen ein Industrieunternehmen in Rußland zu rechnen hat. Aber auch die Naturschönheiten der näheren Umgebung und die kulturellen Angebote der Stadt nimmt Daimler wahr. Er unternimmt ausgedehnte Fahrten mit der Troika durch das winterliche Rußland, bestaunt auf einer Nachenfahrt die heimische Tierwelt, wie Wölfe, Bären und notiert, 1.000 Birk- und Auerhähne gesehen zu haben. Zu dieser Zeit finden sich in St. Petersburg 139 Kirchen, darunter die Isaakkirche, die schönste Kirche Rußlands. Eine weitere Attraktivität ist der Kaiserliche Winterpalast und natürlich die Eremitage, zwischen 1840 und 1850 von Klenze erbaut, eine großartige Kunst- und Altertumssammlung beherbergend. Viele seiner Eindrücke hält Daimler mit dem Zeichenstift fest. Er geht in die Oper, dort sieht er die „Jungfrau von Orleans" und genießt die St. Petersburger Luxusrestaurants. Als er am 16. November Moskau erreicht, empfindet er diese Stadt orientalischer als St. Petersburg. Auf der Fahrt zum Hotel stürzen die Pferde auf der überfrorenen Straße. Mit einem Herrn Hauff, den es aus Tübingen nach Moskau verschlagen hat, geht Daimler zum Essen und ist von den, von Kopf bis Fuß in weiß eingekleideten Kellnern mit eingestecktem Korkenzieher beeindruckt. In Kiew berichtet Daimler noch einmal begeistert von den „Kirchen und Heiligen", die er dort zu Gesicht bekommen hat und aus Odessa vermeldet er Unruhen und daß man bei seiner Droschke die Scheiben eingeworfen habe. In einer anstrengenden Reise, vom 9. bis zum 12. Dezember um halb vier geht es zurück nach Wien, wo es zu einem kurzen Treffen mit Joseph Eduard Bierenz kommt und von dort aus nach Köln, das Daimler am 15. Dezember erreicht.

Wieder zurück in Deutz erstattet Daimler am 22. Dezember einen ausführlichen Bericht über die Rußlandreise und die Absatzchancen der Deutzer Motoren dort, nichtsahnend, daß sein Schicksal schon entschieden war. Schon am 22. November hatte Otto mit einem Brief an den Vorstand Fakten geschaffen:

> *„Bevor Sie in der Angelegenheit D(aimler) einen definitiven Entschluß fassen, halte ich es für meine Pflicht, Ihnen offen auszusprechen,*

wie ich mich für die Folge zur Gasmotoren-Fabrik stellen wollte, Es war mein fester Entschluß, im nächsten Jahre unsern Aufsichtsrat zu bitten, mich im Laufe des Jahres 1883 meiner Stellung als Director der G.F. zu entbinden. Durch die jetzt schwebenden Differenzen mit D(aimler) und in Anbetracht der wahrscheinlichen Folgen ist die Möglichkeit gegeben, daß ich diesen Entschluß fallen lasse.
Obgleich ich den möglichen Fall meines Austrittes wohl überlegt habe und mit voller Beruhigung der Zukunft entgegensehen darf, so will ich doch hier bemerken, daß es mein Herzenswunsch wäre, wenn wir auch ferner zusammenstehen könnten, wenn ich mit ganzer Seele für und nicht vielleicht gegen ein Werk sein müßte, dessen Größe mir nicht den kleinsten Teil verdankt. Die Entscheidung liegt nun in Ihren und Ihrer Freunde Händen ..."[31]

Damit stellte Otto den Vorstand vor die Alternative, entweder ihn oder Daimler weiter zu beschäftigen, und in der Tat hatte er zur rechten Zeit die richtige Karte ausgespielt. Am 28. Dezember 1881 erhielt Daimler die Kündigung (zum 30. Juni 1882) des neun Jahre zuvor geschlossenen Vertrages. Allerdings bot man Daimler von Deutzer Seite an, ein Zweiggeschäft der Deutzer Gasmotorenwerke in St. Petersburg zu übernehmen. Am 8. März dann schrieb Daimler an Eugen Langen, daß er dazu nur bereit sei, wenn er und seine Erben den ausschließlichen Vertrieb sowie die Nutzungsrechte für alle bestehenden und zukünftigen Patente im Russischen Reich inne hätten. Zudem sollte der Vertrag nur einseitig, von Daimlers Seite kündbar sein. Das aber war des Guten zuviel. Darauf ließ man sich nicht ein und trennte sich im Zorn. Daimler bemerkt dazu in seinem Notizbuch: „O. hat man alles gegeben und mir das Meine genommen."[32]

Welche Gefühle Daimler am Ende seiner Deutzer Zeit bewegt haben, zeigen seine Tagebücher, die trotz ihrer teilweise kryptischen, wohl als Vorentwürfe zu Briefen gedachten Zeilen dem Betrachter Einblick in Daimlers Gemütszustand geben. Unter anderem finden sich dort folgende Eintragungen (bei der Transkription steht # für nicht mehr erkennbaren Text):

„Sie H. Comerz. u. O. haben es infolge ihrer Preponderanz und voreiligen Ehrsucht zuwegebracht auf allen Geschäftsgebieten den Fremden unsere Interessen preiszugeben.
Was Sie machen ist lauter Pfuschwerk. Sie werden nun noch solange bis ich gehe ## ehe S##
fertige Arbeit nach Rußland schicken.
– gestrichen –
Ihre Unerfahrenheit im Maschinenfach,- gestrichen: Hasen in die Küche zu jagen -
#str. Perlen vor die Säue und Millionen den Fremden Concur. in die Taschen zu werfen
und die eigenen Kräfte, die unsere Sache mitbegründet haben im Hause,
als ob man nichts ## zu thun gehabt hätte, als Ehre zu unterdrücken, zu ##, was Ihnen mehr zukommt
dafür nicht nur Planlosigkeit, Unordnung und Halbheiten nach Außen,
sondern jetzt in erhöhtem Maß nach Innen ins Geschäft zu bringen,
nichtsachtend Recht#, Verträge u. Bestimmungen u. A.R. u. mündl. Zuführung
Unsre Sache ist trotz der ## Erfolge
Nun verpfuscht u. das breite Fundament fehlt ##
u. ## was guten Grund gelegt.
Gut, das so -fehlt u. was da auch vor ##, das es uns gelingt,
nun die gute schöne Ausführung der Arbeit,
d# jetzt g# ist ## uns je erhalten u. die ist nicht von Ihrem
M. Familienglück gestört
vorgreifen.
Wenn die Unterdrückungs Wuth nicht aufhört u. ein feiner Zug ins Geschäft kommt, so ist es besser Sie entlassen uns!

[fol. 9v]

der V# Ihrer ## ## ## vor uns
Sie haben nicht allein unsere Sache in Deutschland -## Fundament -
verpfuscht, statt rationelles Schaffen Raubbau eingeführt,
unser ## ##ges ge#
uns Concurrenz selbst
groß gezogen. Sie haben auch
Ihr mögl. gethan, damit
wir auch im Ausland verrathen u.
verkauft -sind- u. nicht mehr Herr
Unserer eigenen Sache sind
und betteln müssen um unsere
Abgaben. #Sie haben Mil# de# ## verlieren lassen.
#stark bauen mit Stücken fest anzu# ## ##
Statt Pflanzfeld u. Deutz u. ##, ## ## Abl#,
die für sich u#zig ## wollen
Statt Ent# ## ## zu
können u. durch Entwicklg der
Geschäfts uns nach unseren expandieren
Unsere ## künftig Kräfte verwenden zu können
müssen wir solche unzweckmeßig
plaziren. Ihre kleinliche dilletantische Politik
sorgt für unsere Zersplitterung.
Bin gegen jede Dezentralisation
Jede Schedigg. der Einheit
Was wir mit s# Arbeit froher# Hände
##, verlieren Sie auf anderer
Seite 10fach wieder durch Ihren indes e# Vertrag.
Was mit dem Schwert gewonnen, wird
durch Sie ## wieder verpfuscht.
Sie haben ## recht, die eigenen Leute wenig
erreicht
u. Ihre Engherzigkeit mir gegenüber
zeigt, das ## ihrem #keiten ## fremden her keine
###
###
###

[fol. 10r unten]

M. Hr. Ich streite mich nicht mehr. Was ich Ihrer Sache
Nutzen kenne, werden Sie erst sehen, wenn
Sie Ihre Engherzigkeit ablegen u. ##
H#, wollen Sie nicht, so bleibt es beim Alten.
Rufgeschäftspolitik kommt nun für mich ## ## ## gemacht.

wir jetzt Planmäßig Arbeiten veredelt
die Commerzienräthe die Deutschlands
Handel so gut zu verschleudern wissen
mein Ideal ist ja doch verpfuscht
daher scheide ich leichter
Schon früher hat die Ehrsucht u. Eifersucht alle Ihre
Schritte bestimmt, jetzt wieder.
Die Folgen haben Sie am meisten zu tragen.
Andere Fremde hebt man rauf
Die eigenen drückt man nieder.
##. wo die Zukunft unsere Sache
ebenso verpfuscht ist wenn anderwärts
Ich ## und wünsche daß Sie ## u. diplomatisch
hier vollende Schlaumeierei, den Fremden
gegenüber so beobachtet, wie jetzt mir,
so stünden wir heute anders da!
Sie haben Recht wegen eines Ehrgeizigen
Diejenigen Kräfte, die Sie am meisten brauchen
könnten in jetziger Zeit, ausgestoßen u. todt zu machen.

Näht wieder a. Ihre Zwangsjacke starke
Verdummungsanstalt.
Das Brudeln u. das Fudeln
Man schiebt den Praktiker, dessen gute Seiten
man glaubt benutzt zu haben, hinaus
zu setzen, der jetzt den Weiterbau besorgen
Wer erinnert sich nicht der Rede des H. L. soll
im Fabrikhof b.d. Ing.Verh. 1880

Sein Verdienst in d. Gasmoto war alle 14 Tage
zu hindern
4 Direktoren waren genug, ## ##
wir ## x Millionen verdient haben
Sie haben mich um meine Ehre gebracht
Hauptarbeit ist jetzt gethan u. die
Sache ## Personen groß geworden ihr Namen
in alle Länder getragen
Der Mohr kann jetzt gehen
findet man es zweckmäßig, den Vertrag
zu lösen. Seit 6 Jahr ist nichts mehr
be#lisbares heraus gekommen.
Sie haben unsere deutsche Sache verschleudert
und alle Fremde raufgehoben um den
Zaubertisch spielen lassen zu können
Zur Zeit wo man in der G.M.F. [Zeichnung]
45% verdient, muß man den
Direktor, der die Sache gemacht, wegschicken
um den Schwager herzubringen
Hölle siegst Du Lügenbude, Verdummungs
anstalt. Sie haben m. Frau krank gemacht
muß mir auch, darauf vor Gram daß Sie
solche selbstmörderische Fehler machte Greis
geworden
Wer eine Maschfabr. 50% verdient
dann ist es weise u. ## ## das
rein geschäftl. ## suchten den Direktor
wegzuschicken! u. statt des Praktikers mehr
feine gebildete
Leute herzuthun.
Die Zucker## sind jetzt fertig.
Ich habe Ihr ## satt!
—
Leihweise Motoren ## ## ##
Gasfabrik ## ## ##
oder inWien? ## 52.000 Fl
das Kapital? Hab ich zu tragen?
Gaswagen Gesellschaftskapital?
##
Daher die Patente nicht auf m. Namen
weil von Anfang an ## mir sollte solange
bis das Gesch. ging, ein Haufe bleiben!
Die Hölle der Niedertracht hat gesiegt
über die Geradheit? Recht und stille Arbeit
aber auch die Planlosigkeit feiert Triumpfe“[33]

Da die bis zu Jahresende zugestellte Kündigung mit einer halbjährigen Frist lief, blieb Daimler noch bis zum 30. Juni 1882 in Deutz beschäftigt. Auch die Trennungsmodalitäten gestalteten sich äußerst kompliziert, da Daimler erst dann die auf seinen Namen ausgestellten Patente umschreiben lassen wollte, wenn seine noch vorhandenen finanziellen Forderungen ausgeglichen waren. Insgesamt waren dies 49936 Mark. Dieser Betrag setzte sich aus der Tantieme aus dem Geschäftsjahr 1880/81 in Höhe von 43436 Mark und 4500 Mark Gehalt zusammen plus der ihm zustehenden Wohnungsentschädigung von 2000 Mark. Nun ging es hin und her, denn die Deutzer wollten zuerst die Überschreibung der Patente vor Zahlung, während Daimler genau auf der umgekehrten Vorgehensweise beharrte. Dies ging soweit, daß Deutz den Gerichtsvollzieher bemühte, der Daimler am 5. Januar 1882 die schriftliche Aufforderung zustellen ließ, die Patente binnen einer Frist von 14 Tagen zu übertragen. Doch Daimler gab nicht klein bei. Zwei Gesichtspunkte waren es vor allem, die ihm Kopfzerbrechen bereiteten. Zum einen die weitere pekuniäre Verwertung seiner Patente, zum anderen die Konkurrenzklausel, die ihm auf die Dauer von fünf Jahren verboten hätte, auf ähnlichem Arbeitsgebiet tätig zu werden. Er schreibt seine Bedenken an Langen und verbindet mit diesem Schreiben seine weiteren Forderungen für das Jahr 1881/82. Die Tantieme, die er dafür fordert, beläuft sich auf 51 158,60 Mark plus der zuständigen Zinsen. Aus Deutz kam die lapidare Mitteilung, alles sei durch den Dienstvertrag geregelt und man erwarte, daß er nun endlich seinen Verpflichtungen nachkomme. Daimler hatte sich von Rechtsanwalt Kielmeyer, einem Freund, ausführlich beraten lassen, und auf der Grundlage der Beratung schrieb er am 30. Oktober 1883 an Gustav Langen folgenden Brief, der darlegt, daß Daimler nicht nur schwäbischer Dickschädel, sondern durchaus zum Kompromiß fähig war.

„Wie ich Ihnen schon vor längerer Zeit mitteilte, habe ich mich in meiner Angelegenheit mit der Gasmotorenfabrik Deutz an einen mir befreundeten Juristen gewendet und denselben gebeten, mir ein förmliches Rechtsgutachten auszustellen, um mein Verhalten danach einrichten zu können. Dasselbe erlaube ich mir nun Ihnen zuzustellen mit der Bittc, solches offiziell zu Kenntnis des Aufsichtsrats bringen zu wollen, da ich mich entschlossen habe, mein Verhalten nach den mir erteilten Ratschlägen einzurichten. Wie Sie sehen werden, hat mein Rechtsfreund sich ganz unparteiisch gegen mich ausgesprochen und mir in verschiedenen Punkten Unrecht gegeben, weil ich bei Abschluß des Vertrages vor zehn Jahren mich für den unangenehmen Fall nicht vorgesehen und alles Vertrauen in das Wohlwollen meiner Herrn Kollegen und des Aufsichtsrats gelegt habe. So hatte ich namentlich keine Ahnung davon, daß ich um die Tantieme aus den Patenten komme, wenn es dem Aufsichtsrat gefällt, mich zu entfernen, ehe die Patente verwertet sind, und ich habe mich deshalb für berechtigt gehalten, auch die Abtretung zu verweigern, solange Vertrag und Zusagen mir gegenüber nicht loyal erfüllt werden. Ich wollte meine dienstliche Stellung nur nach meinem Vertrag zum Besten des Geschäftes handhaben und bin bis heute noch der Ansicht, daß meine langjährigen treuen Dienste eine bessere Würdigung verdient hätten; die Art und Weise, wie ich aus meinem Vertrag herausgeschoben worden bin, nachdem unsere Sache großgeworden, gehört, ganz abgesehen von der pekuniären Verkürzung, zu den bittersten Erfahrungen meines Lebens. Daß Sie, geehrter Herr Langen, mir stets Ihr persönliches Wohlwollen bewahrt haben, veranlaßt mich nun, ehe ich zu einer gerichtlichen Klage schreite, Ihre gefällige Vermittlung in Anspruch nehme, um dem Aufsichtsrat folgendes zu erklären.

1. *Ich bin, dem Rate meines hiesigen Rechtsfreundes folgend, bereit, die verlangten Patente abzutreten und bitte, mir sämtliche gewünschten Abtretungsurkunden so einzusenden, daß ich sie nur vor dem hiesigen Notar zu unterzeichnen habe. Die Kosten gehen selbstverständlich auf Kosten der Fabrik; zwei Urkunden habe ich schon früher erhalten.*
2. *Ich verlange mein Guthaben von 106 094 Mark und 60 Pfennig, nebst Zinsen hieraus zu 5% vom 30. Juni 1882 an, ausbezahlt; sollte ich klagen müssen, so würde ich 6 % verlangen.*
3. *Ich verlange Anerkennung, daß ich ungehindert bin, in ein Konkurrenz-Geschäft einzutreten.*
4. *Ich verlange nachträglich Richtigstellung und Vergütung meiner Tantieme aus den zu wenig berechneten 10 %, die ich für den Reservefond zwar in Abzug gebracht, aber für diesen nicht verwendet worden sind.*
5. *Ich wünsche Überlassung einer weiteren Beteiligung an der letzten Aktien Ausgabe bis zum Betrage von 180 000 Mark, in welche ich meine bei der Fabrik gemachten Ersparnisse anlegen kann.*

Da mir jedoch mein Rechtsfreund diesen letzten Punkt als zweifelhaft bezeichnet, so wäre ich bereit, mich auf die Hälfte der Summe zu vergleichen, oder, falls mir die ganze Summe überlassen würde, auf Punkt 3. Und 4. zu verzichten. Ich ersuche Sie nun freundlich, darauf hinzuwirken, daß ich eine baldige Entscheidung auf meine Proposition bekomme. Ich bin kein Freund von Prozessen: nachdem ich aber meinen jetzigen Entschluß gefaßt habe, werde ich ihn auch durchführen, falls man mir kein billiges Entgegenkommen zeigen will."[34]

Gustav Langen antwortete auf dieses Schreiben mit einem Brief vom 29. November 1883. Man einigte sich weitestgehend im Sinne des Schreibens mit Ausnahme der Verzinsung, es wurden nur 4 % gezahlt, sowie der Konkurrenzklausel, auf der man bestand. Daimler erhielt Aktien, allerdings nur im Wert von 112 200 Mark. Hinsichtlich der Konkurrenzklausel kam es 1888 zu einer gerichtlichen Auseinandersetzung zwischen Daimler und den Deutzer Gasmotorenwerken. Das Landgericht Stuttgart entschied jedoch am 7. Dezember 1888, daß Daimler mit seiner Auffassung im Recht sei und immer volle Handlungsfreiheit gehabt habe, da die Kündigung nicht von ihm ausgegangen war.

Es ist eine der Tragödien in Daimlers und Ottos Leben, sich nicht miteinander verstanden zu haben. Nur 58 Jahre alt stirbt Otto am 26. Januar 1891. Daimler schreibt an die Witwe:

„... auch ich habe ihm viel zu danken, die ganze Vergangenheit steigt mir wieder vor der Seele auf, und auch mein späteres Lebensschicksal ist mit durch ihn bestimmt worden...“[35]

---

1 Vgl. Arbeitsvertrag Daimler. DaimlerChrysler Konzernarchiv, Bestand „Daimler - Biographisches“, 14.

2 Vgl. ebd.

3 Vgl. Sass, Friedrich: „Geschichte des deutschen Verbrennungsmotorenbaus von 1860 bis 1918“. Berlin, Göttingen, Heidelberg 1962, S. 37.

4 Daimlers erste Aufgabe war es, die Pläne, die der englische Ingenieur Turner für die Erweiterungsbauten gezeichnet hatte, zu überarbeiten. Die von Daimler verlangten Änderungen führten zu Verstimmungen bei Turner, der sich über die „extravaganten Forderungen“ von Daimler beschwerte. Doch Eugen Langen stützte Daimler in allen Belangen, so daß dieser sein Konzept durchsetzen konnte.

5 Sass, Friedrich: „Geschichte des deutschen Verbrennungsmotorenbaus von 1860 bis 1918“. Berlin, Göttingen, Heidelberg 1962, S. 38.

6 DaimlerChrysler Konzernarchiv, Bestand „Daimler - Biographisches“, 14. An diesen Stern erinnerte sich sein Sohn Paul Jahre später, als die DMG auf der Suche nach einem Warenzeichen war. Der Dreizackstern, der heute noch alle Mercedes-Benz Fahrzeuge schmückt, hat hier seinen Ursprung.

7 Zitiert nach Voß, Dietmar: „Daimlers Kölner Jahre“, Vortrag im VDI Arbeitskreis „Technikgeschichte“ anläßlich des 150. Geburtstages von Gottlieb Daimler, o. O. 1984.

8 Rathke, Kurt: „Wilhelm Maybach. Anbruch eines neuen Zeitalters“. Friedrichshafen 1953. S. 33. Zu Otto siehe ferner Langen, Arnold: „Nikolaus Otto, der Schöpfer des Verbrennungsmotors“. Stuttgart 1949.

9 Zitiert nach Rathke, Kurt: „Wilhelm Maybach. Anbruch eines neuen Zeitalters“. Friedrichshafen 1953, S. 57.

10 So schreibt Daimler in seinem Tagebuch: „Nicht aber Idee, gute Ausführung ist Hauptmoment.“. DaimlerChrysler Konzernarchiv, Bestand „Daimler - Biographisches“, 1. Tagebuch, fol. 65r.

11 Franz Reuleaux, geboren am 30. September 1829 in Eschweiler, gestorben am 20. August 1905 in Berlin, war zuerst Professor am Polytechnikum in Zürich und wurde 1868 zum Direktor der Berliner Gewerbeakademie ernannt. 1875 veröffentlichte er sein Hauptwerk, die „Theoretische Kinematik“. Er war ein aufmerksamer Beobachter der deutschen Industrialisierung, die er in den 1876 erschienenen „Briefen aus Philadelphia“ kritisierte.

12 Zum Brayton-Motor und dessen Funktionsweise siehe Hardenberg, Horst: „The Middle Ages of the Internal-Combustion Engine. 1794-1886“, Society of Automotive Engineers, Warrendale, U.S.A. 1999, S. 473ff.

13 Dazu bemerkt Rathke:
„Dies (der Fabrikschornsteinrauch, Anm. d. Verf.) brachte ihn auf den Gedanken, daß man auch in einer Gasmaschine ähnlich verfahren könne, indem man an der Zündstelle, die er mit der Mündung des Kamins verglich, für ein reiches Gasgemisch sorgte und dieses Gemisch nach dem Kolbenboden zu in seinem Gasgehalt abnehmen ließ. [...] Er wollte dies dadurch erreichen, daß er der Maschine beim Ansaugen zunächst nur reine Luft zuführte, die sich in einer Schicht über die in dem Zylinder von dem vorherigen Arbeitsgang verbliebenen Restgase lagerte. Erst dann sollte ein Gasluftgemisch angesaugt werden. Otto stellte sich nun vor, daß sich auf diese Weise gewissermaßen drei

Schichten im Zylinder bilden würden und daß diese schichtweise Ladung auch bei der darauffolgenden Kompression und anschließenden Zündung im großen und ganzen beibehalten werden könnte." Rathke, Kurt: „Wilhelm Maybach. Anbruch eines neuen Zeitalters", Friedrichshafen 1953, S. 64. Auch Sass bemerkt dazu: „Der Größe seiner Erfindung ist Otto sicher nicht bewußt geworden. Der Gedanke, das Mittel gefunden zu haben, das die gefährlichen Explosionen sicher vermied, beherrschte ihn so, daß ihm der Viertakt als unwichtig erschien." Sass, Friedrich: „Geschichte des deutschen Verbrennungsmotorenbaus von 1860 bis 1918". Berlin, Göttingen, Heidelberg 1962, S. 52.

14 DaimlerChrysler Konzernarchiv, Selbstgeschriebener Lebenslauf von Wilhelm Maybach, Bestand „Maybach - Biographisches", 2.

15 Vgl. Sass, Friedrich: "Geschichte des deutschen Verbrennungsmotorenbaus von 1860 bis 1918". Berlin, Göttingen, Heidelberg 1962, S. 56ff.

16 Die Deutzer Gasmotorenfabrik als Patentinhaber ging gegen alle Patentrechtsverletzer entschieden vor. Einer davon ist der Münchner Uhrmacher Reithmann, von dem Buberl behauptet, daß er das Otto Patent des Viertaktmotors zu Fall gebracht hätte. Das ist nicht richtig, denn das Landgerichtsurteil, das die Klage der Gasmotorenfabrik Deutz gegen Reithmann abwies, wurde 1885 durch das Oberlandesgericht München aufgehoben und Reithmann die Nutzung des Motors untersagt. Viele Firmen hatten in Deutschland aber auch in den Nachbarländern ein vitales Interesse am Fall des Otto-Patents. Hätte beispielsweise Marcus, wie von Alfred Buberl in seinem Buch „Die Automobile des Siegfried Marcus", Wien 1994, behauptet, in Wien schon 8 Jahre zuvor einen voll funktionsfähigen Viertaktmotor gebaut, so wäre dies wohl kaum verborgen geblieben, denn allerorten war man auf der Suche nach Argumenten, die das Ottosche Patent erschüttern konnten. Noch unverständlicher allerdings ist es, daß Marcus, der über 158 Patente und Privilegien verfügte, seine Idee, so er sie denn hatte, nicht schützen ließ. Den Bürstenvergaser ließ er sich 1882 patentieren; dies wäre somit ebenfalls mit achtjährigem Verzug geschehen. Daß das Otto-Patent dann doch 1886 in der von Buss, Sombart & Co. und Körtig angestrengten Nichtigkeitsklage zum Opfer fiel, mutet in der Rückschau fast tragikomisch an. Diese Firmen, die Zweitaktmotoren produzierten, hatten nicht Ottos Patent angegriffen, sondern waren im Gegenteil von diesem angegriffen worden. Otto hielt nämlich, in Verkennung seiner eigenen Erfindung, die von ihm beschriebene Schichtladung für das Besondere, nicht aber das Viertaktverfahren, das er in seiner Patentschrift nebensächlich behandelte. So glaubte er, daß auch die Zweitaktmotoren nach diesen Prinzipien funktionieren würden und klagte seinerseits gegen die Hersteller dieser Motorenbauart. Die angegriffenen Firmen haben die in kleiner Stückzahl hektographierte Publikation des Franzosen Beau de Rochas vorgelegt, der 1861 in einer 53seitigen Schrift, die sich vorrangig mit Fragen der Dampferzeugung, des Eisenbahnbetriebs und der Schiffahrt beschäftigte, das Viertaktverfahren formulierte. Dies führte zu der Vernichtung des DRP 532 und nicht, wie Buberl glaubt, der Motor Reithmanns. Nach der heutigen Rechtsauffassung, die eine gedruckte Vorveröffentlichung verlangt, wäre diese, nur hektographisch vervielfältigte Schrift nicht als neuheitsschädlich anzusehen.

17 Vgl. Siebertz, Paul: „Gottlieb Daimler. Ein Revolutionär der Technik", 4. Aufl., Stuttgart 1950, S. 80ff.

18 Vgl. Sass, Friedrich: „Geschichte des deutschen Verbrennungsmotorenbaus von 1860 bis 1918". Berlin, Göttingen, Heidelberg 1962, S. 55f.

19 Vgl. Siebertz, Paul: „Gottlieb Daimler zum Gedächtnis. Eine Dokumentensammlung" (Hrsg.: Daimler-Benz AG), Stuttgart 1950, S. 59.

20 Vgl. Sass, Friedrich: „Geschichte des deutschen Verbrennungsmotorenbaus von 1860 bis 1918". Berlin, Göttingen, Heidelberg 1962, S. 66f.

21 Zitiert nach ebd., S. 67.

22 DaimlerChrysler Konzernarchiv, Bestand „Daimler - Biographisches", 14.

23 Zu dem Verbundmotor, mit dem Daimler bei Deutz experimentierte, schreibt Sass: „Die Bezeichnung 'Verbrennungs-Viertaktmotor' ist insofern nicht ganz zutreffend, als es sich um die Kombination von zwei Hochdruck-Viertaktzylindern mit einem Niederdruck-Zweitaktzylinder handelt, die liegend nebeneinander angeordnet sind und auf eine gemeinsame Kurbelwelle arbeiten. [...] Die Maschine ist ausgeführt worden. Man stellte sie vorsichtshalber in den Räumen einer befreundeten Firma auf, der Zuckerfabrik von Pfeifer und Langen in Elsdorf im Rheinland, deren Inhaber die Hauptaktionäre der Gasmotoren-Fabrik waren. [...] An Störungen kann es nicht gefehlt haben, denn eine betriebssichere Verbrennungskraftmaschine mit Verbundwirkung zu bauen ist bis jetzt niemand gelungen." Sass, Friedrich: „Geschichte des deutschen Verbrennungsmotorenbaus von 1860 bis 1918". Berlin, Göttingen, Heidelberg 1962, S. 72f.

24 Zitiert nach ebd., S. 75.

25 Zitiert nach ebd.

26 Seinen Ursprung verdankt diese Gesellschaft einer In-

itiative von Adolf Groß und Max Duttenhofer, die ihren Freundeskreis zu einer jährlichen Wanderung auf den Hohentwiel versammelten. Ihr gehörten neben vielen führenden Technikern, Bankiers und Fabrikanten auch der Dichter Joseph Viktor von Scheffel an.

27 DaimlerChrysler Konzernarchiv, Bestand „Daimler – Biographisches", 7. Tagebuch, fol. 47r.

28 Vgl. Siebertz, Paul: „Gottlieb Daimler. Ein Revolutionär der Technik", München 1940, S. 79.

29 Schlüsselburg, schwedisch Nöteborg, ist eine Stadt und Festung im damaligen russischen Gouvernement Petersburg und wurde den Schweden 1702 durch Peter den Großen abgenommen.

30 DaimlerChrysler Konzernarchiv, Bestand „Daimler – Biographisches", 1. Tagebuch, fol. 14r.

31 Sass, Friedrich: „Geschichte des deutschen Verbrennungsmotorenbaus von 1860 bis 1918". Berlin, Göttingen, Heidelberg 1962, S. 76.

32 DaimlerChrysler Konzernarchiv, Bestand „Daimler – Biographisches", 1. Tagebuch, fol. 62v.

33 DaimlerChrysler Konzernarchiv, Bestand „Daimler – Biographisches", 1. Tagebuch, fol. 9r - 9v.

34 DaimlerChrysler Konzernarchiv, Bestand „Daimler – Biographisches", 15.

35 DaimlerChrysler Konzernarchiv, Bestand „Daimler – Biographisches", 35.

Petroleum

Cannstatt um die Jahrhundertwende. Unten links im Bild die „Daimlersche Anlage".

Der erste Schnelläufer entsteht in Arkadien

Experimente im Gartenhaus und Aufbau eines Versuchsbetriebs

In der Mediengesellschaft des Jahres 2000 wäre der Weggang des technischen Direktors der Welt größten Gasmotorenfabrik Anlaß für viele Berichte, Kommentare und Spekulationen gewesen. Einer der treibenden Kräfte zur Umsetzung einer neuen Technologie verläßt das Unternehmen, das er von den Anfängen mit aufgebaut hat. Nunmehr 48 Jahre alt, – voller Ideen und Elan. Daimler ist keiner, der sich als Privatier zurückzieht, um anderen das Feld zu überlassen. Ähnlich wie Otto[1], schwebte Daimler eine umfassende Motorisierung aller Lebensbereiche vor, doch anders als dieser hatte Daimler eine klare analytische Vorstellung davon, welche Voraussetzungen für diesen nächsten Schritt erfüllt werden mußten und welches die dazu notwendigen Technologien waren. Otto und die anderen Mitarbeiter in Deutz verharrten bei dem Erreichten, wollten aus dem ein profitables Geschäft machen und übersahen dabei die große Chance. Diesmal war es Daimler, der vor Otto die Gunst der Stunde nutzte und die zweite Stufe der Rakete zündete, die man, zehn Jahre zuvor, gemeinsam an den Start gebracht hatte.

1882 hatte Daimler in Cannstatt eine Villa in der Taubenheimstraße für 75 000 Mark erworben, was ihm durch die Arbeit in Köln und die reichhaltige Abfindung der Gasmotorenfabrik möglich war.

Im Gartenhaus dieser Villa führte er mit Wilhelm Maybach, der mit ihm gemeinsam von Deutz nach Cannstatt gegangen war und den Daimler vertraglich an sich gebunden hatte,[2] die ersten Motorenversuche für den schnellaufenden kleinen Verbrennungsmotor aus.

Im Garten des großen Anwesens befand sich auch ein massiv gebautes Gewächshaus mit Wintergarten. Für all jene, die sich, aus welchen Gründen auch immer, für das Automobil begeistern, hat dieser Ort eine, fast möchte man sagen mystische Qualität. Hier war der Ort und die Stunde, da das Amalgam des technischen Wissens einer Zeit eine Qualität erreichte, die stark genug war, die Tür zu einer neuen Zeit aufzustoßen. Das Daimlersche Gartenhaus war ein Nucleus. Hier nun wurde die Versuchswerkstatt eingerichtet, gleichzeitig ließ Daimler die Gartenwege verbreitern, so daß sie mit Fahrzeugen befahren werden konnten. Benzin als ausschließlichen Brennstoff für die Motoren zu verwenden und diese in alle nur denkbaren Fahrzeuge einzubauen, war hierbei Daimlers grundlegender Ansatz. Der Franzose Baudry de Saunier schrieb dazu 1898:

> *„Das zählte zu den wertvollsten Eigenschaften des von Gottlieb Daimler erstmals betriebsfertig konstruierten Petrol-Motors, daß er kein kompliziertes und schwer zugängliches Betriebsmaterial erforderte. Er brauchte vor allem Luft, und Luft findet sich überall hier auf Erden; außerdem benötigt er Benzin, das man heute schon bei jedem Krämer in Kannen erhält, etwas Öl, wie jede andere Maschine auch, und schließlich Wasser zum Zweck der Kühlung.“*[3]

Als Arbeitsverfahren war für den Motor selbstverständlich an das Ottosche Viertaktverfahren

Daimler-Villa in der Taubenheimstraße in Cannstatt

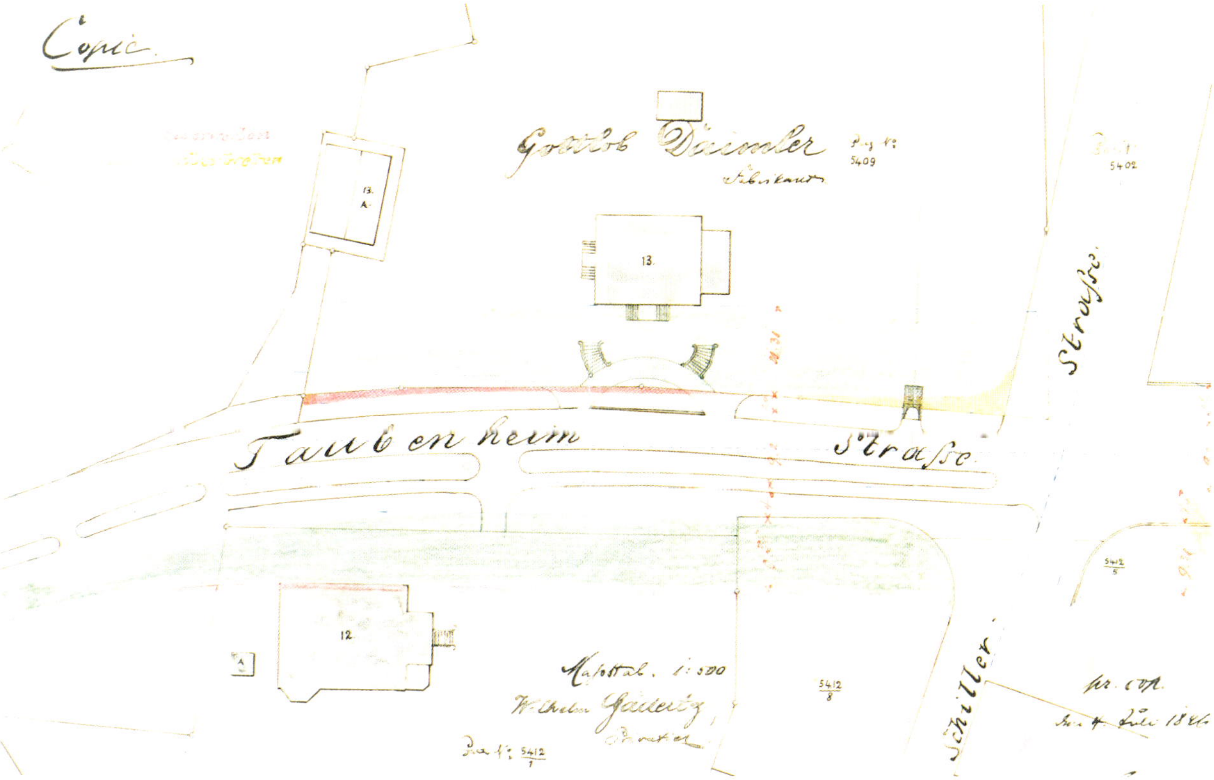

Lageplan des Daimlerschen Anwesens in der Taubenheimstraße

gedacht, das Daimler scheinbar besser begriffen hatte als sein Erfinder selbst. Zweitaktmotoren schieden von vorne herein aus, da sich bei diesen aus zündungstechnischen Gründen beim herrschenden Stand der Technik noch keine hohen Drehzahlen realisieren ließen.

So schuf erst der Ottosche Viertaktmotor die Voraussetzungen für die Motorisierung von Fahrzeugen, und es ist Daimlers großes Verdienst, die Tragweite der Ottoschen Erfindung erkannt und umgesetzt zu haben. Durch den mit Verdichtung arbeitenden Motor war, im Gegensatz zu den atmosphärischen und verdichtungslosen Motoren, eine Motorenbauart entstanden, die es auch in miniaturisierter Form ermöglichte, genug Leistung zu erzeugen. Erst diese Miniaturisierung der Motoren machte den Einbau in Fahrzeuge möglich. Beide, Daimler wie Benz, haben auf der Grundlage dieser Erfindung Stuttgart und Mannheim zu einem Silicon Valley des 19. Jahrhunderts werden lassen, das ein Gegengewicht zur damals vorherrschenden englischen Maschinenindustrie schuf.

Die Versuche liefen unter größter Geheimhaltung, denn Daimler hatte Angst, daß seine Idee der Konkurrenz bekannt werden könnte. Selbst die Hausangestellten und der für die große Parkanlage notwendige Gärtner waren nicht darüber informiert, was Daimler und Maybach im Gartenhaus trieben. Das weckte vor allem bei letzterem, einem Mann namens Weinbuch heftiges Mißtrauen. Wir verdanken es dem Polizeiunteroffizier Johann Sieger von Cannstatt, der die Ereignisse protokollierte, daß die Geschichte überliefert wurde, wie Daimlers Gärtner die Polizei ins Haus holte, weil er glaubte, im Gartenhaus befände sich eine Falschmünzerwerkstatt.

„Dieser Gärtner begegnete dem damaligen Polizeiwachtmeister Eberhardt und vertraute ihm

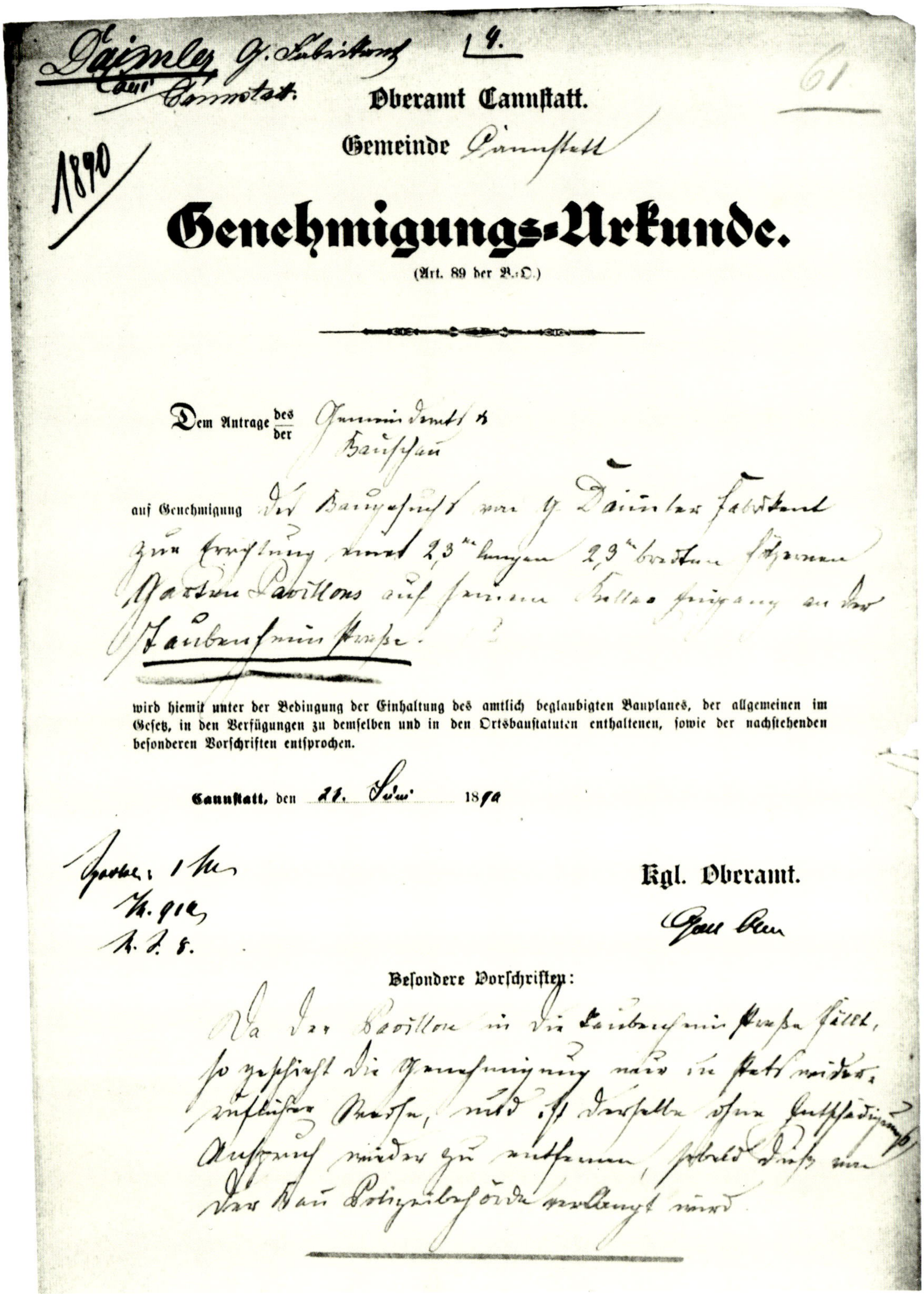
Oberamt Cannstatt.

Gemeinde

1890

Genehmigungs-Urkunde.

(Art. 89 der B.-O.)

Dem Antrage des/der

auf Genehmigung

wird hiemit unter der Bedingung der Einhaltung des amtlich beglaubigten Bauplanes, der allgemeinen im Gesetz, in den Verfügungen zu demselben und in den Ortsbaustatuten enthaltenen, sowie der nachstehenden besonderen Vorschriften entsprochen.

Cannstatt, den .... 18..

Kgl. Oberamt.

Besondere Vorschriften:

Baugenehmigung für den „Gartenpavillion"

Das Gartenhaus in Cannstatt im Jahre 1939.

ein Geheimnis an, was ihn schon lange bewegte! Weinbuch erzählte dem Polizeiwachtmeister, dass sein Herr und dessen Freund Maybach schon seit längerer Zeit in dem neben dem Wohnhaus befindlichen Gewächshaus arbeiten und zwar auch des Nachts und kein Mensch hätte Zutritt, auch er nicht, nicht einmal aufräumen dürfe er; er vermute deshalb, dass die beiden dort Geld machen würden, denn es würde oft geklopft und man höre auch Metall klingen. Das war natürlich eine überaus wichtige Mitteilung, Daimler, der ehrbare Mann, soll Falschmünzer sein. Sofort am Morgen des anderen Tages wurde dem damaligen Oberbürgermeister Nast Bericht darüber gemacht, der aber diese Meldung kaum beachtete, sondern nur sagte, da müsse die Polizei eben selbst sehen, wie sie ans Ziel komme. Der Polizeiwachtmeister besprach nun diese Angelegenheit mit mir und wir kamen nun über-

Aus dem Lande

Er sollte Daimler verhaften!

Polizeiwachtmeister Joh. Sieger feiert den 90. Geburtstag

★ In Lorch kann Polizeiwachtmeister i. R. Johannes Sieger in geistiger und körperlicher Frische im Kreise von Kindern und Enkeln am 29. November seinen 90. Geburtstag feiern. Der Jubilar, der aus Egesheim auf dem Heuberg stammt, Veteran von 1870/71 war einst über 40 Jahre lang Polizeibeamter in Bad Cannstatt und dort noch vielen bekannt. Sieger ist es gewesen, der — wie schon im Vorjahr bei seinem 89. Geburtag kurz erwähnt — im Jahre 1882 Gottlieb Daimler und Wilhelm Maybach wegen — Falschmünzerei verhaften sollte. Beide Erfinder arbeiteten damals, öfters auch nachts, an ihrem Motor im kleinen Gartenhaus Daimlers. Man hörte daher in der Nachbarschaft verdächtiges Hämmern und Rasseln und verständigte schließlich die Polizei, mit der Vermutung, daß hier Falschmünzer am Werk sein müßten. Die Polizei beschloß nächtlicherweise das „Verbrechernest" auszuheben. So saßen dann Daimler und Maybach hinter ihrem Schmerzenskind, dem ersten Daimler-Motor, der gerade an diesem Tage sich besonders widerspenstig zeigte, als sich die Türe öffnete — die aus Benzinfurcht nicht einmal die Angehörigen Daimlers zu überschreiten wagten —, eine Blendlaterne wurde sichtbar und dahinter die Organe der Polizei. Aber man fand nicht die vermutete Druckerpresse und auch keine falschen Geldscheine, sondern die Miniaturausgabe des Daimlerschen Explosionsmotors.

Der Reinfall der Polizei war damit erledigt, daß sich der damalige Cannstatter Stadtschultheiß bei Daimler und Maybach entschuldigte.

Zeitgenössischer Pressebericht zum 90. Geburtstag Johannes Siegers, der die vermeintlichen Falschmünzer Daimler und Maybach überführen wollte.

ein dem Gärtner etwas Wachs auszuhändigen, damit er von dem Schloss an der Gewächshaustür einen Abdruck machen konnte, dies hat er auch richtig besorgt und die Polizei liess nun in einer Cannstatter Schlosserei einen Schlüssel danach anfertigen. Nachdem der Schlüssel fertig war, erhielt der Gärtner den Auftrag, solchen bei einer günstigen Gelegenheit zu probieren und siehe der Schlüssel machte auf, doch hatte der Gärtner nicht den Mut allein hineinzugehen und brachte den Schlüssel wieder zur Polizei mit der Bemerkung, dass solcher aufmachen würde! Zwischen uns dreien, dem Gärtner Weinbuch, dem Polizeiwachtmeister Eberhardt und mir, wurde nun der Plan zur Aushebung der Falschmünzerwerkstatt besprochen. Der Gärtner bekam den Auftrag um Mitternacht bereit zu sein und dafür zu sorgen, dass das Verbindungstürchen zwischen dem Kursaal und dem Garten von Daimler offen bleibt, ferner musste er den grossen Hofhund wegbringen, damit solcher nicht Laut gibt; der Gärtner hat auch wirklich seinen Auftrag ausgeführt und so stand nichts im Wege, dass wir unseren nächtlichen Besuch ausführen konnten. Das Gewächshaus wurde nun von dem Polizeiwachtmeister mit dem für diesen Zweck angefertigten Schlüssel geöffnet, bei einem schwachen Licht sahen wir nun alles gut zugedeckt und fanden nach dem Aufdecken nur Maschinenteile und Räder, da ich aber nirgendwo eine Stanze sah, sagte ich zu dem Wachtmeister, hier wird kein Geld gemacht, denn die Hauptsache, die Stanze fehlt! Der nächtliche Besuch im Daimlerschen Gewächshaus war bald erledigt und der Gärtner schämte sich, dass er seinen Herrn in einem solch falschen Verdacht hatte.“[4]

Neben dem anekdotischen Charakter zeigt der Bericht aber auch, daß Daimler und Maybach zu dieser Zeit als Zwei-Mann-Team durchaus handwerklich am Projekt der Miniaturisierung des schnellaufenden Viertaktmotors arbeiteten.

Wie nun lief dieser Prozeß der Miniaturisierung ab? Drei wesentliche Punkte waren es, die für die Konstruktion eines für den Einsatz im Automobil geeigneten Motors notwendig waren: Die Gemischaufbereitung, die Ventilsteuerung und die Zündung.

Daimler hatte erkannt, daß neben dem Arbeitsverfahren die Wahl des richtigen Zündmechanismus von entscheidender Bedeutung für das Funktionieren des Motors war. Gerade die bis dahin übliche Flammenzündung bereitete Probleme, deren Schiebermechanismus ebenfalls einer Drehzahlsteigerung und damit der Verkleinerung des Motors im Weg stand. Da Daimler der elektrischen Zündung grundsätzlich mißtraute, mußte nach neuen Lösungen gesucht werden. Schon in den 60er Jahren hatte sich bei den Deutzer Gasmotorenwerken die elektrische Zündung bei ihren atmosphärischen Gasmotoren als so störanfällig gezeigt, daß man sich 1867 ent-

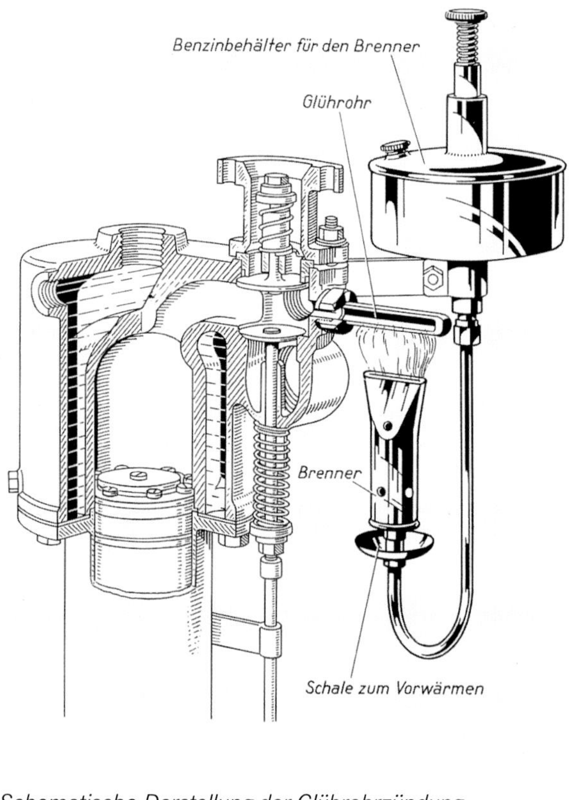

Schematische Darstellung der Glührohrzündung

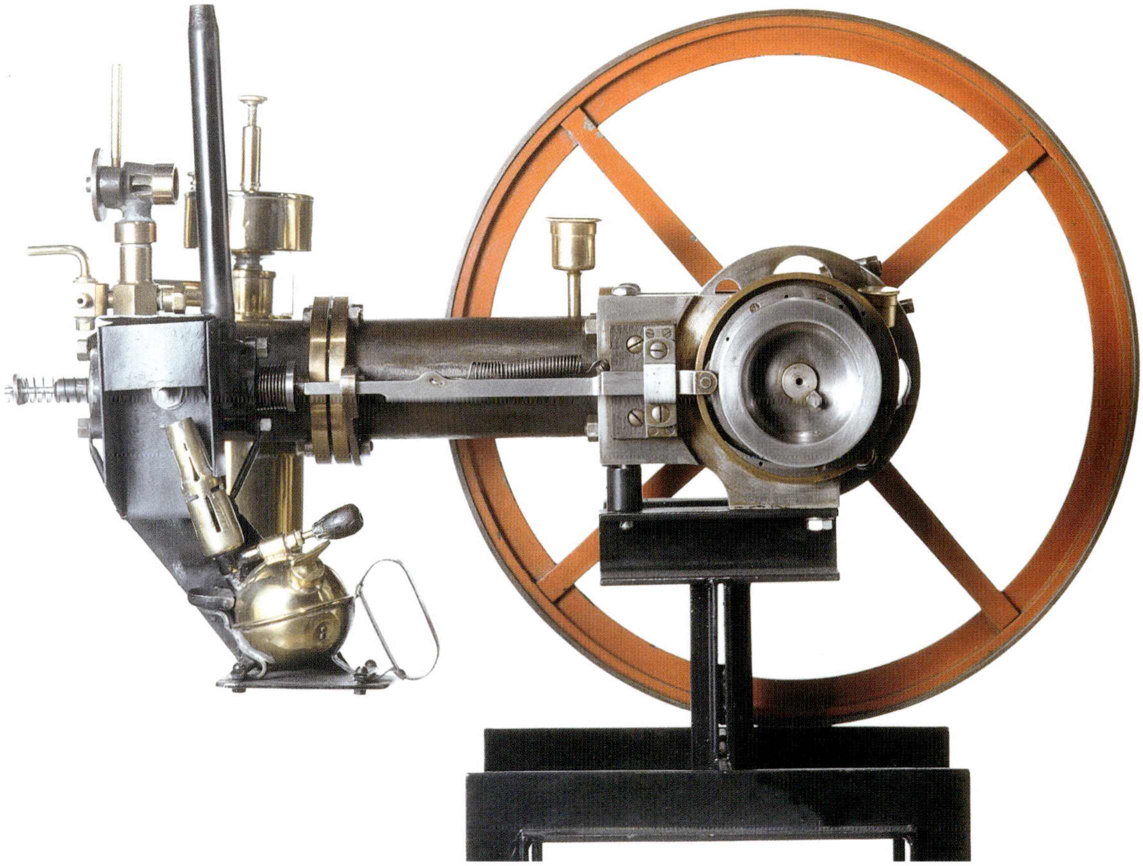

Liegender Versuchsmotor von 1883; Daimlers erster schnellaufender Viertaktmotor.

schloß, sie durch eine Flammenzündung zu ersetzen. Dabei wurde beim Aufwärtsgehen des Kolbens die Flamme in den Zylinder gesaugt. Bei einem mit Verdichtung arbeitenden Motor war dieses Verfahren nicht mehr praktikabel.

Eine hohe Verdichtung aber war bei dem Ziel, einen kleinen und leistungsstarken Motor zu bauen, unumgänglich.

Maybach studierte im Rahmen seiner Vorarbeiten über 8000 Patente, aus denen er 400 für so interessant hielt, daß er Auszüge mit Zeichnungsskizzen anfertigte. In der Hauptsache waren es deutsche und englische Patente, vereinzelt auch nordamerikanische.

Die ersten Verbrennungskraftmaschinen wurden elektrisch gezündet, so daß die Glührohrzündung im Rückblick anachronistisch anmutet. Des Rätsels Lösung liegt hierbei jedoch darin, daß es sich bei diesen Motoren um verdichtungslose Maschinen handelte. Der Zündfunke war unter hoher Verdichtung weitaus schwieriger zu realisieren.

Bei seinen Patentstudien entdeckt Maybach unter anderem das aus Geldmangel nicht weiter aufrechterhaltene Patent eines Leo Funck, das eine gesteuerte Glührohrzündung beschreibt, bei dem statt der Flamme, wie bei der Flammenzündung, ein glühendes Röhrchen durch Öffnen eines Schiebers Verbindung mit dem Brennraum erhält. Weitere Recherchen führen Maybach dann zu dem Patent Watsons, das eine ungesteuerte Glührohrzündung beschreibt. So konnte der drehzahlhemmende Schiebermechanismus umgangen werden.[5] Allerdings waren allein mit der theoretischen Erkenntnis des Verfahrens die praktischen Schwie-

KAISERLICHES PATENTAMT.

PATENTSCHRIFT

№ 28022.

Ausgegeben den 4. August 1884.

CLASSE 46: Luft- und Gaskraftmaschinen.

G. DAIMLER in CANNSTATT.

GASMOTOR

Patentirt im Deutschen Reich vom 16. Dezember 1883 ab.

Die Neuerungen in Gas- und Oelmotoren bestehen in dem Verfahren, in einem geschlossenen, wärmegeschützten oder nicht gekühlten Raum am Ende eines Cylinders Luft mit brennbaren Stoffen (Gasen, Dämpfen, Oel etc.) gemischt durch einen Kolben so zusammen- oder gegen die heissen Wände des Raumes zu pressen, dass am Ende des Kolbenhubes durch die Wirkung der Compression eine Selbstzündung, sozusagen pneumatische Zündung, und rasche Verbrennung durch die ganze Masse des Gemisches eintritt, und die dadurch entstandene erhöhte Spannung als Triebkraft zu verwenden.

In Fig. 1 der Zeichnung ist *A* ein Cylinder, in dem sich der Kolben *B* luftdicht bewegt. Das eine Ende des Cylinders ist durch einen Hut *C* geschlossen, der mit schlechten Wärmeleitern (Lehm, Schlackenwolle etc.) umhüllt ist, und von dem Cylinder möglichst wärmeisolirt ist.

Der Kolbenboden ist ebenfalls nach aussen mit schlechten Wärmeleitern belegt.

Beim Anhub des Kolbens *B* wird durch das Ventil *d* Luft mit Gas oder Oel gemischt, eingesaugt oder eingepresst.

Durch den Rückgang des Kolbens wird das Gemisch in den Raum *C* gepresst und entzündet sich am Ende des Kolbenhubes.

Durch Verbrennung und Ausdehnung des Gemisches wird der Kolben mit bedeutender Kraft zurückgetrieben und kann dann seine Kraft, sei es durch Kurbel oder andere Mechanik, übertragen.

Beim zweiten Rückgang des Kolbens werden die Verbrennungsprodukte ganz oder theilweise durch das Auslassventil *g* ausgetrieben; nachher beginnt ein neues Spiel u. s. f.

Nach einigen Wiederholungen dieses Spieles nehmen die Wände des Raumes *C* und der Kolbenboden eine normale erhöhte Temperatur an, bei welcher sich das Gemisch regelmässig in oder um den todten Punkt des Kolbenweges in innerster Kolbenstellung infolge der Compression entzündet, nach dem Erfahrungssatz, dass brennbare Gemische, die unter Atmosphärendruck nicht oder nur langsam verbrennen würden, bei rascher Compression wieder rasch verbrennen und sogar explodiren. Damit am Anfang der Arbeit, wo die Wände des Verbrennungsraumes noch kalt sind, das Gemisch doch explodirt, wird ein metallener Zündhut *f*, dessen Inneres in fortwährend offener Verbindung mit dem Verbrennungsraum ist, mittelst Flammen von aussen so erwärmt, dass die Zündung erst am Ende des Compressionshubes eintritt, so lange, bis die Selbstzündungen ohnedies stattfinden.

Patent-Ansprüche:

1) Bei Gas- oder Oelmotoren das Verfahren, eine Ladung brennbaren Gemisches (Luft mit Gas oder Oel etc. gemischt) in einem geschlossenen heissen Raum rasch zu comprimiren, damit es sich erst im Augenblick der höchsten Spannung von selbst entzündet und Explosion oder rasche Verbrennung durch die ganze Masse erfolgt, und die durch die Verbrennung erhöhte Spannung auf dem Rückwege des Kolbens als Triebkraft zu verwenden.
2) Der mit dem brennbaren Gemisch in fortwährender offener Verbindung stehende Zündhut *f*, welcher so erwärmt wird, dass die Zündung erst am Ende des Compressionshubes eintritt. —

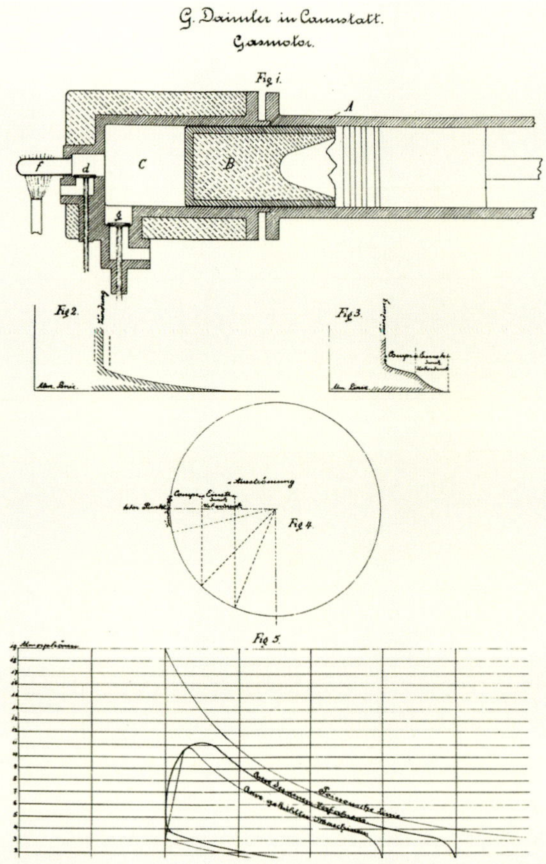

Patentschrift des ersten wärmeisolierten Daimler-Viertaktmotors, der mit pneumatischer Zündung funktionieren sollte, was in der Praxis nicht funktionierte.

rigkeiten noch nicht aus dem Weg geräumt. Es ging sowohl um den Werkstoff als auch um die entsprechende Positionierung des Glührohrs. Nach vielen Versuchen mit Porzellan, Stahl und Nickel sowie Legierungen fand man in Platin den geeigneten Werkstoff, der ein problemloses Funktionieren ermöglichte.

Auf der Grundlage des Ottoschen Viertaktverfahrens in Verbindung mit der Glührohrzündung entwickelten Daimler und Maybach einen ungekühlten, wärmeisolierten Motor. Grundüberlegung war, daß sich das Gas-Luft-Gemisch bei hohen Temperaturen von selbst entzündete, deshalb auch der Begriff der „pneumatischen Zündung", wie Daimler das Verfahren nannte. Diesen Motor, dessen Zündmechanismus durch eine ungesteuerte Glührohrzündung erfolgte, ließ sich Daimler 1882 patentieren. Das DRP 28022 zeigt, daß Daimler den Ottomotor besser verstanden hatte als sein Erfinder selbst, der Explosionsvermeidung durch Schichtladung erreichen wollte. In Ottos Patent ist von Explosionsvermeidung die Rede, Daimler beschreibt den Verbrennungsvorgang ausdrücklich als explosiven Vorgang und unterscheidet sich damit deutlich vom Ottoschen Anspruch, der auf eine explosionsfreie Verbrennung abhebt. Durch die entsprechende Formulierung gelingt es Daimler, den Anspruch 4 des Otto Patents, das Viertaktprinzip, in den Hintergrund treten zu lassen, zumal es Otto selbst nicht allzu bedeutsam erschien.

Diese Maschine ist in der Form wie im Patent formuliert nie gebaut worden und hätte wohl auch kaum funktioniert.[6] Sobald man die

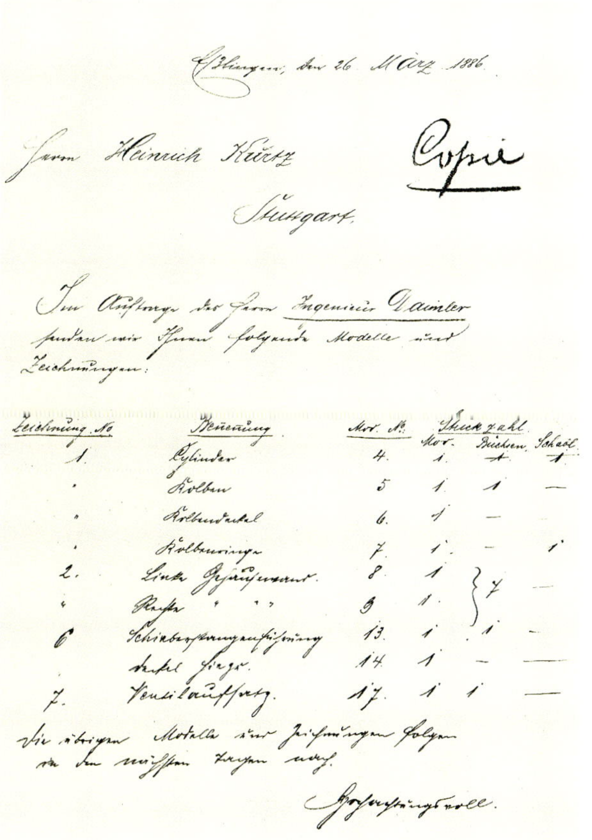

Esslingen, den 26. März 1886.

Herrn Heinrich Kurtz

Stuttgart.

Copie

W. Maybach

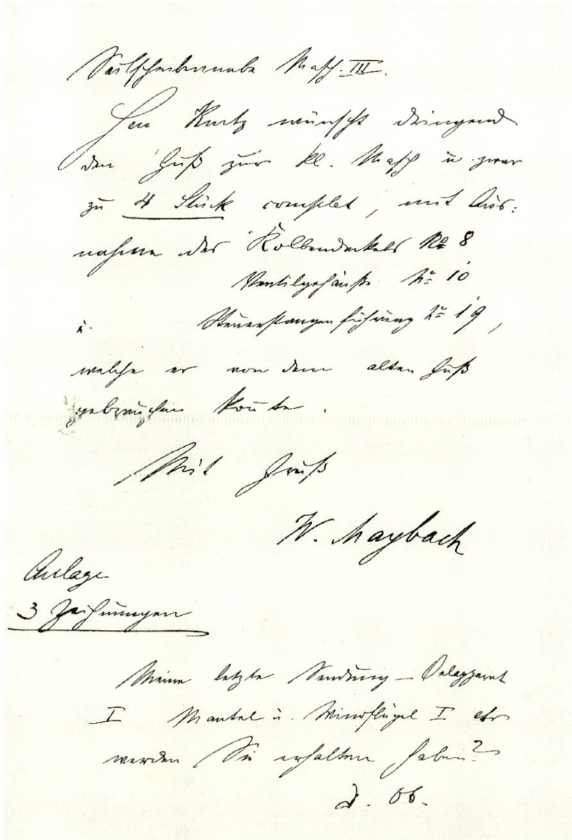

Bestellung Wilhelm Maybachs von verschiedenen Motorteilen bei der Glockengiesserei Kurtz, 1886

Heizung am Glührohr entfernte, kühlte dieses soweit ab, daß keine Zündung mehr erfolgte. Das Glührohr nur zum Anlassen der Maschine, mit anschließender „pneumatischer Zündung“, konnte nicht funktionieren.

Von Anfang an hatte Maybach für das ständig beheizte Glührohr votiert, was sich als richtig erwies, denn nur Motoren mit Heizung am Glührohr liefen auch beständig.

Der Erfolg der Glührohrzündung führte natürlich dazu, daß Patentverletzungen vorkamen und auch Nichtigkeitsklagen gegen das Patent 28022 angestrengt wurden. In die Patentprozesse schaltete sich auch die Deutzer Gasmotorenfabrik ein, nachdem ihr Daimler ein kostenloses Nutzungsrecht der ungesteuerten Glührohrzündung nicht gestattet hatte. Das Reichsgericht aber folgte, dank Daimlers persönlichem Auftreten, seiner Argumentation,[7] sein Anspruch blieb bestehen und vielen Firmen, so auch der Firma Benz, wurde er nach dem Fallen des Otto-Patents zum Verhängnis, da sie in ihren Motoren natürlich auf den Einbau der ungesteuerten Glührohrzündung angewiesen waren. Daß es nicht damit getan war, lediglich das Patent Watsons umzusetzen, zeigt die Erwiderung auf die Nichtigkeitsklage der Gasmotorenfabrik Deutz von Daimler aus dem Jahr 1894, in der er, rückblickend auf diese Zeit, schreibt:

„Es war ein langer Weg, brauchte unendlich viele Versuche und unablässige zielbewußte Arbeit des praktischen erfahrenen Ingenieurs, um trotz der anfänglich ganz abschreckenden Resultate bei diesen Versuchen mit der freien Zündung, bei den regelmäßigen Frühzündern, welche sich immer und immer wieder einstellten, die beim Antreiben und Komprimieren vor

Die Daimlersche Kurvennutensteuerung des Einzylinders zur Betätigung des Auslaßventils

dem toten Punkt unerwartet und unvorhergesehen das Schwungrad wieder zurückwarfen, statt es vorwärts zutreiben, dem Experimentator die Antriebskurbel wie durch elektrischen Schlag aus der Hand rissen und so das Ziel der freien Selbstzündung als unmöglich erscheinen ließen, nicht zu erlahmen, bis durch beharrliche Fortsetzung der Versuche, Abänderung der Formen und Dimensionen des Verbrennungsraumes, Änderungen der Gemischladung usw. annehmbare und endlich gute, sich gleichbleibende Diagramme gewonnen wurden, und damit die Gewißheit von der Durchführbarkeit meiner ungesteuerten Zündung festgestellt und das Ziel erreicht war.“[8]

So simpel die ungesteuerte Glührohrzündung als Erfindung auf den ersten Blick wirkt, so groß waren ihre Auswirkungen auf den Motorenbau, und Daimler vergleicht seinen Motor im Unterschied zum Ottomotor Deutzer Bauart nicht zu unrecht mit dem Entwicklungsgefälle zwischen einem Steinschloß- und einem Schnellfeuergewehr. Wörtlich vermerkt er: *„... der neue Daimler Motor bildet ein neues selbständiges Glied in der Entwicklungsphase des Oel- und Petrolmotorenbaus“*[9]

1883, am Ende des Jahres, lief dann der erste Versuchsmotor, dessen liegender Zylinder bei der Glockengießerei Kurtz gegossen worden war und der in den dortigen Büchern als der „kleine Modellmotor“ auftaucht. Deutlich übertraf diese Maschine, mit einer Tourenzahl von 600 Umdrehungen pro Minute, die alten Motoren, deren Drehzahllimit bei 120–180 Umdrehungen lag. Der Zylinder dieses Motors hatte einen Durchmesser von 42 mm und einen Hub von 72 mm. Er verfügte nicht über einen Kühlmantel, konnte aber dank einer Wandstärke von 20 mm längere Zeit ohne Kühlung betrieben werden. In erster Linie diente dieser Motor zur Erprobung der Glührohrzündung. Weder der Motor, noch die Zeichnungen dazu sind erhalten geblieben. Beides wurde bei dem Werkbrand 1903 zerstört.

Daimlers erster Motor mit stehendem Zylinder, die berühmte „Standuhr“, hier in der Ausführung von 1885.

Motorgehäuse der „Standuhr" mit abgenommenem Zylinder und demontiertem Kolben. Gut zu sehen: das Kolbenventil.

Daß sich Maybach mit dieser Entwicklung schon in seiner Deutzer Zeit beschäftigte, belegt eine Notiz von ihm, in der er bemerkt:

> *„In der ersten Zeit handelte es sich darum, den schweren Ottoschen stationären Viertaktmotor in einer für Fahrzeuge geeigneten leichten Konstruktion auszuführen, was mir auch leicht gelang, da ich in Deutz schon des öfteren kleinere Modellmotoren ausführte. Zur Erzielung eines rascheren Ganges wandte ich anstelle der damaligen Flammenzündung die seit 1881 bekannte Watsonsche Zündung mittels Glührohr an und als Vergaser einen von mir erfundenen Schwimmervergaser."*[10]

Beim nächsten Versuchsmotor, der von der Glockengießerei Kurtz gebaut wurde, handelte es sich um einen stehenden Motor, von dem keine Unterlagen mehr vorhanden sind, der aber weitgehend dem Patent No. 28243 entsprochen

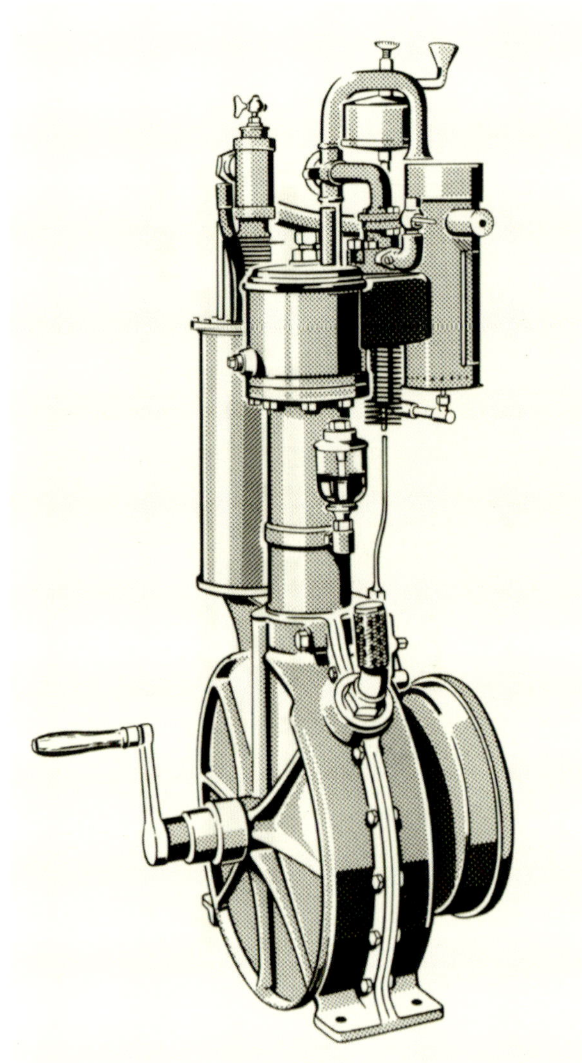

„Standuhr" mit Andrehvorrichtung

haben muß. Bei diesem Motor war das Einlaßventil gesteuert. Daß sich die in diesem Konzept vorhandene Steuerung des Einlaßventils erst mit reichlich zeitlicher Verzögerung durchsetzte, ist aus heutiger Sicht unverständlich. Noch im Frühjahr 1900 (16 Jahre später) wurde es als Sensation angesehen, als bekannt wurde, daß Maybach die Einlaßventile steuern wollte. Schnauffer faßt die Neuerungen dieses Motors wie folgt zusammen:

> *„So bildete die ungesteuerte Glührohrzündung, in Verbindung mit der Steuerung beider*

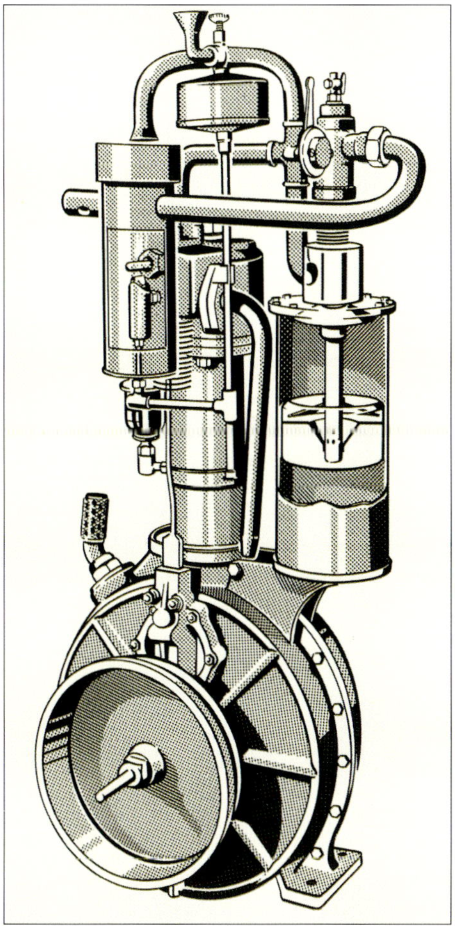

Verbessertes Modell der „Standuhr" für den „Reitwagen", 1885

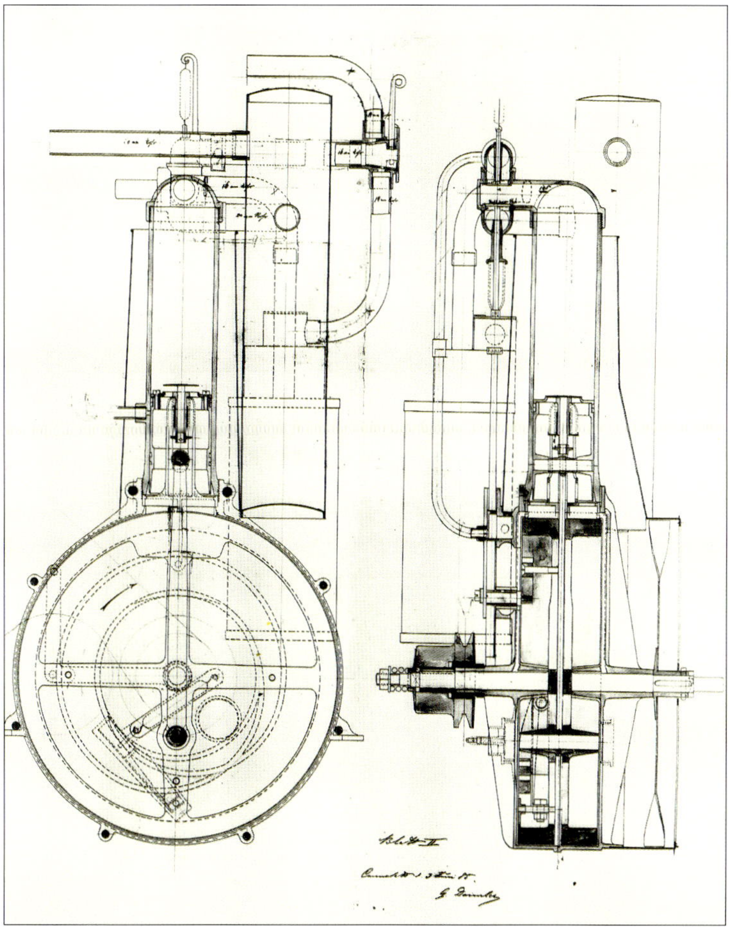

Konstruktionszeichnung für die „Standuhr", signiert von Gottlieb Daimler

Ventile, sowohl das Auslaß- als auch das Einlaßventil durch die Daimlersche Kurvennutensteuerung, in Verbindung mit der Luftkühlung durch ein als Gebläserad ausgeführtes Schwungrad einen deutlichen Entwicklungssprung gegenüber den Deutzer-Motoren."[11]

Die Ventilsteuerung über eine Kurvenscheibe war in der Tat eine Vereinfachung, da die Nockenwelle mit ihrer Lagerung sowie die Zahnraduntersetzung für den Antrieb entfiel. Dem standen allerdings zwei so gravierende Nachteile gegenüber, daß diese Art der Ventilsteuerung schon sieben Jahre später, also 1890, in keinem Daimler-Motor mehr zu finden war. Es war dies zum einen die Unmöglichkeit, dieses Konstruktionsprinzip bei Reihenmotoren zu verwenden, zum anderen waren die hohen Gleitwiderstände ein Hemmnis bei der Drehzahlsteigerung, die wiederum unumgänglich war, um die Motorleistung zu erhöhen. Dennoch muß dieser Motor aus heutiger Sicht als der modernste der drei Motoren gelten, und es ist erstaunlich, daß sich diese wegweisenden konstruktiven Details in der dritten Ausführung nur teilweise wiederfinden.

Der nächste und dritte Versuchsmotor, der bei der Glockengießerei Kurtz gefertigt wurde, seines Aussehens wegen als „Standuhr" tituliert, hatte eine Bohrung von 70 mm und einen Hub von 120 mm. Seine Leistung betrug in der ersten Ausführung von 1884 etwa 1 PS bei 600 Umdrehungen. Neben dem Daimler-Patent der Kurvennutensteuerung, die die Steuerung des Auslaßventils betrieb, hatte Maybach den Motor so ausgelegt, daß er schon mit einer Vorverdichtung arbeitete. Angesaugt und vorverdichtet wurde im Kurbelgehäuse, das Gemisch gelangte dann über ein im Kolben angebrachtes Ventil in den Brennraum.[12] In der Patentschrift (DRP 34926 vom 3. April 1885) heißt es dazu:

> *„Bei diesem Motor kommen der Menge nach größere und von den Verbrennungsrückständen freiere Gemischladungen als bisher üblich zur Verwendung. Dies wird dadurch erzielt, daß in den Verbrennungsraum, in welchem nur auf jeden zweiten Hub eine Ladung und Verbrennung stattfindet, durch die auf der anderen Seite des Zylinders gebildete Pumpe zur obiger Hauptladung auf jeden Hub je eine Ladung Gemisch oder Luft beigepreßt wird. Durch die eine dieser letzteren Ladungen werden noch nebenbei die Verbrennungsrückstände ausgetrieben. Zur Bildung dieser Pumpe und um gleichzeitig die sonst nötige Stopfbüchse für die Kolbenstange zu vermeiden und kürzeren Aufbau des Gestells zu erhalten, dient der geschlossene, mit Saugklappen versehene Kurbelraum am Arbeitszylinder und ein Ventil am Kolbenboden, das in der unteren Kolbenstellung selbsttätig gemacht ist.“*[13]

Dieses Konstruktionsmerkmal erforderte ein geschlossenes Kurbelgehäuse.[14] Ebenfalls war schon eine Kurbelvorrichtung zum Anwerfen des Motors vorhanden und ein Dekompressionshebel, um das Anlassen zu erleichtern. Der Motor war zudem mit einer Aussetzerregulierung ausgestattet. Sie wirkte von der Kurvennutensteuerung aus durch eine bewegliche Weichenzunge, die sich durch die Zentrifugalkraft von der inneren Kurvennut in die äußere legte und die Stoßstange deshalb in der inneren Kreisnut bleiben mußte. Dadurch blieb das Auslaßventil geschlossen, bis sich die Drehzahl wieder einreguliert hatte.

Mit dieser Konstruktion war die Grundlage für den Einbau des Motors in ein Fahrzeug gelegt. Zugrunde lag diesem Motor das Patent No. 34926 vom 3. April 1885. Erstaunlich an dem Patent ist, daß weder das geschlossene Kurbelgehäuse, noch die Schleuderschmierung als Anspruch formuliert waren. Den Hauptanspruch machte vielmehr das geschlossene Kurbelgehäuse als Spül- bzw. Ladepumpe aus.

Dennoch konnte sich diese Konstruktion nicht durchsetzen, denn neben den Ölresten, die mit dem Gas- Luftgemisch in den Brennraum gelangten, war es vor allem die hohe und nicht zu kontrollierende Temperatur des Kolbenventils, die zu Ablagerungen führte.[15]

Erst mit dem stehenden, als Schnüffelventil ausgelegten Einlaßventil lief die „Standuhr“ zufriedenstellend und bot dank ihrer zierlichen und kompakten Konstruktion die Möglichkeit zum Einbau in ein Fahrzeug.

Radfahrzeuge gibt es seit dem 3. Jahrtausend vor Christus. Diese wurden fast ausschließlich durch Muskelkraft angetrieben. Menschen oder Tiere zogen oder schoben diese Fahrzeuge. Die Windkraft, die sich so gut für Schiffe eignete, war an Land für den Antrieb eines Fahrzeugs kaum zu gebrauchen. An diesem Zustand änderte sich gut 5000 Jahre nichts. Erst am Ende dieser langen Zeit tauchte das selbstfahrende Fahrzeug, das Automobil auf.

Automobil bedeutet in der wörtlichen Übersetzung selbstbewegend, wobei der eine Wortstamm „auto“ (selbst) aus dem Griechischen und der andere „mobil“ (beweglich) aus dem Lateinischen kommt. Eigentlich müßte es Autokinet oder Ipsomobil heißen.

Schon Jahrhunderte lang war es ein Menschheitstraum, sich schneller von einem Ort zum anderen fortbewegen zu können als dies zu Fuß oder mit dem Pferd möglich war. So ist es denn nicht verwunderlich, daß das Automobil, wie es erstmals von Gottlieb Daimler, Wilhelm Maybach und Karl Benz industriell gefertigt wurde, Vorläufer hatte.

Karl Friedrich Christian Ludwig Freiherr Drais von Sauerbronn im Alter von 30 Jahren auf seinem Laufrad

Im Gegensatz zur Eisenbahn bildet der motorisierte Individualverkehr in den ersten 80 Jahren seines Bestehens kein eigentlich neues System. Er baut auf Vorhandenem auf. Systemische Entwicklungen finden sich ansatzweise zu Beginn der 70er Jahre in den Industriestaaten, für die Gründungsväter aber waren sie nicht zu antizipieren. Das Automobil schaffte damals nicht ein neues Verkehrssystem, es beschleunigte lediglich ein schon vorhandenes. Die notwendige Infrastruktur in Form eines Straßennetzes fanden die Erfinder vor, wie mangelhaft dieses auch immer war. Das Automobil sollte die gleichen Straßen benutzen wie die Kutschen und Reiter.

Erster Markstein für eine technische Beschleunigung des Verkehrs war die am 30. Januar 1817 von Karl von Drais patentierte Laufmaschine. So betrachtet kann das Fahrrad durchaus als Vorläufer des Automobils angesehen werden, dafür spricht auch der Umstand, daß sich aus vielen der Fahrradvereine die späteren Automobilclubs entwickelten. Das Fahrrad ist der erste Vorbote zu einer Demokratisierung der Geschwindigkeit. Die Restriktionen des Gesetzgebers richten sich demnach nicht gegen das mit elementarer Kraft betriebene Fahrzeug als Verkehrsteilnehmer, sondern gegen die neue Qualität der Geschwindigkeit, die es in das Verkehrsgeschehen einbringt. 6 km/h innerorts und 12 km/h außerorts wurden Karl Benz behördlicherseits vorgeschrieben, und in England war es der gegen die Dampfomnibusse gerichtete „red flag act", der eine Motorisierung bis zum Jahr 1896 nachhaltig behinderte.[16] Schon Leonardo da Vinci schien über ein autoähnliches Gefährt nachgedacht zu haben, ein unter Technikhistorikern allerdings nicht ganz unstrittiger Fakt. Belegbar sind andere Namen wie Cugnot (1770), de Rivaz (1813), Lenoir (1862), Selden (1879) und Delamare-Deboutteville (1883). Der Ingenieur Cugnot baute ein dreirädriges Dampfautomobil, das er dem französischen Kriegsmini-

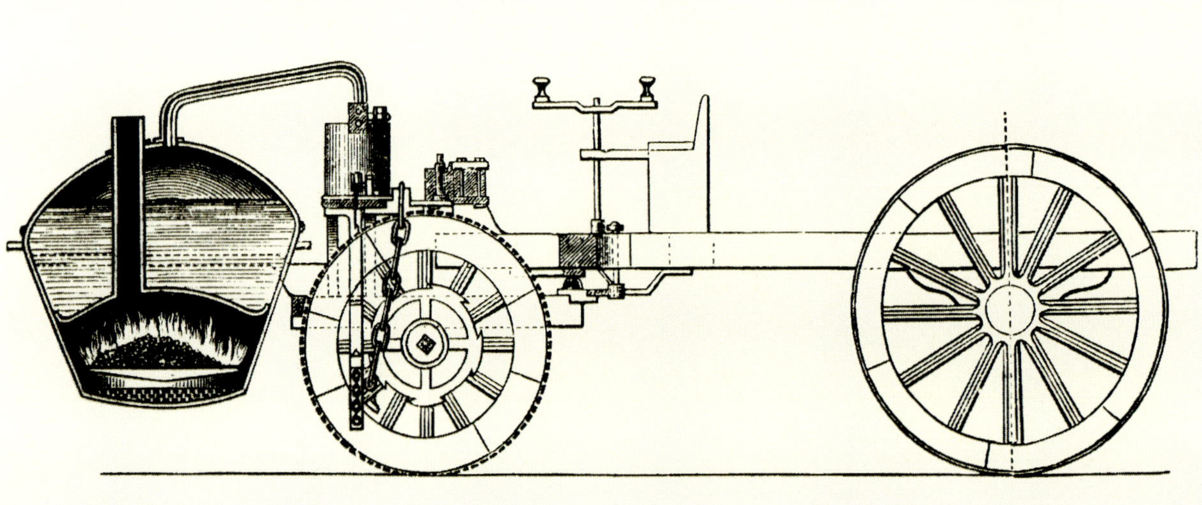

Dampfwagen von Nicolas-Joseph Cugnot, 1769

ster vorführte. Das Fahrzeug ist erhalten geblieben. Der Schweizer Staatsbürger de Rivaz baute einen atmosphärischen Gasmotor mit elektrischer Zündung in ein Fahrzeug ein, mit dem er mehrere, bezeugte Probefahrten in der Gegend von Vevey am Genfer See durchführte.[17] Lenoir, ein Luxemburger, der ab 1838 in Paris lebte und arbeitete, erhielt 1860 ein Patent auf einen Verbrennungsmotor. Die im gleichen Jahr gegründete Firma Gautier baute und vertrieb diese Motoren. 1861 wurde einer in ein Boot eingebaut und ein Jahr darauf in ein Straßenfahrzeug. Zu einer Fertigung kam es jedoch nicht, da der hohe Gas und Schmierstoffverbrauch dieser Motoren ei-

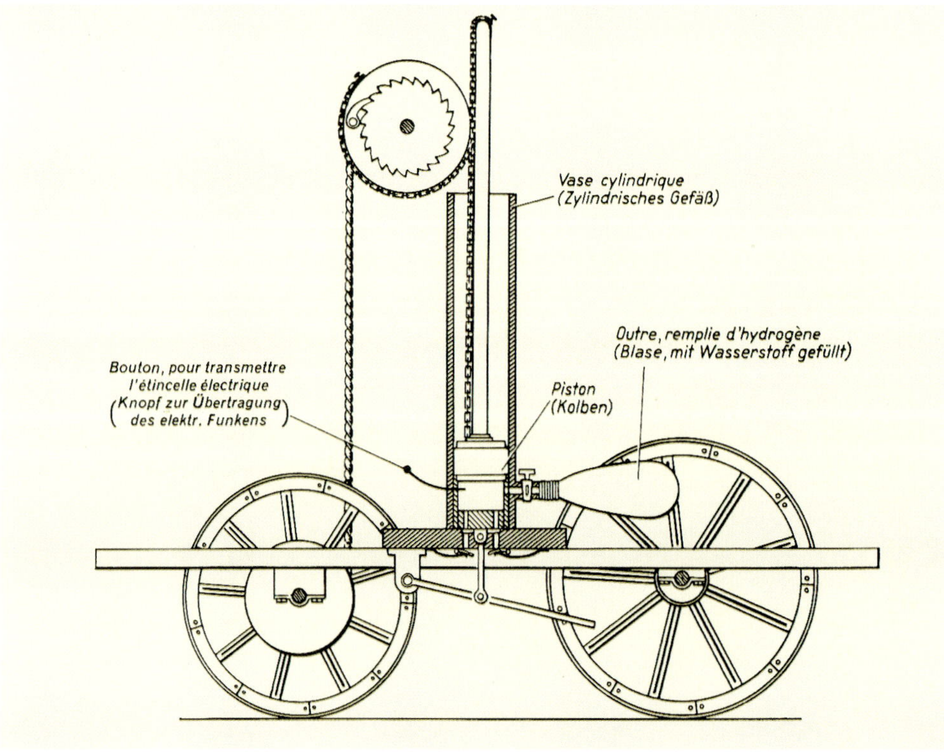

Versuchsfahrzeug von Isaac de Rivaz, 1813

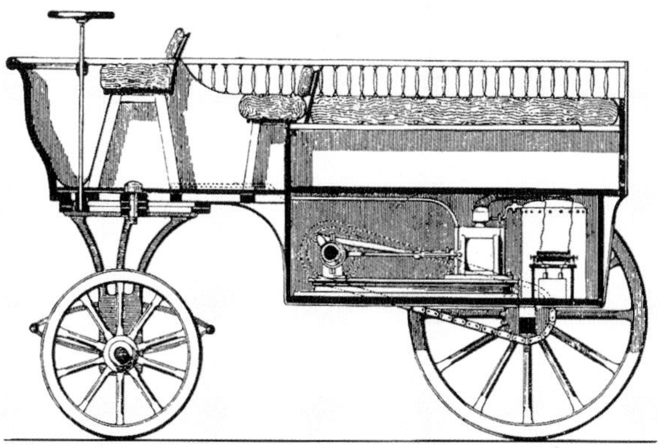

Motorwagen von Jean Etienne Lenoir mit verdichtungslosem Motor, 1863

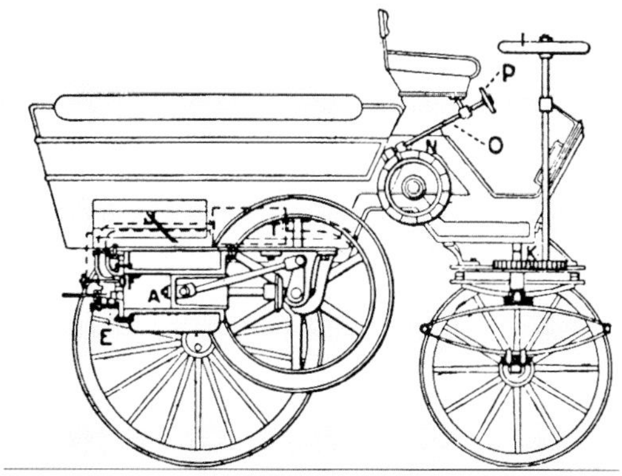

Der nicht über das Versuchsstadium hinausgekommene Wagen von Edouard Delamare-Deboutteville und Malandin, 1884.

nen Betrieb in einem Fahrzeug unmöglich machten. Daß verdichtungslose Motoren für den Einsatz in Fahrzeugen aufgrund ihres mangelhaften Wirkungsgrades ungeeignet waren, zeigen die Erfahrungen der Vorläufer.[18] Selden, beeindruckt durch die Motoren die er auf der Weltausstellung in Philadelphia gesehen hatte, beantragte 1879 ein Grundpatent für Motorwagen (mit Brayton-Motor) und erhielt dieses auch 1895, ohne jedoch einen Wagen gebaut zu haben. Erst 1911 gelang es Henry Ford, dieses die amerikanische Automobilindustrie lähmende Patent zu Fall zu bringen. Delamare-Deboutteville und der Ingenieur Maladin bauten einen stationären verdichtungslosen Motor in ein Fahrzeug ein. Versuchsfahrten mit dem Fahrzeug sind bezeugt, endeten aber mit der Zerstörung des Wagens, als der Gasbehälter explodierte. 1884 erhielt dann Delamare-Deboutteville ein Patent für einen Motor, der mit Flüssigkraftstoff betrieben werden konnte. Dieses Patent erhielt auch den Hinweis, daß sich diese Motoren für den Einsatz in Fahrzeugen eigneten. Bei Versuchen brach allerdings das Fahrgestell des Wagens durch die Vibrationen des Motors auseinander. Die Versuche wurden daraufhin eingestellt. Der Kernpunkt der Entwicklung hin zum Automobil war der Motor. Die Motorenentwicklung, ausgerichtet auf den stationären Einsatz, wurde bestimmt durch die Konkurrenz von Dampfmaschine und Gasmotor. Vor allem in der zweiten Hälfte des 19. Jahrhunderts erlebte der Dampfwagen eine Renaissance, die an die Arbeiten von Cugnot, Trevithick, Gurney, Hancock und Church anknüpfte. Eine der herausragenden Entwicklungen war der Dampfomnibus von Amédée Bollée. Das zwölfsitzige Fahrzeug hatte eine Maschinenleistung von 20 PS und erreichte eine Spitzengeschwindigkeit von

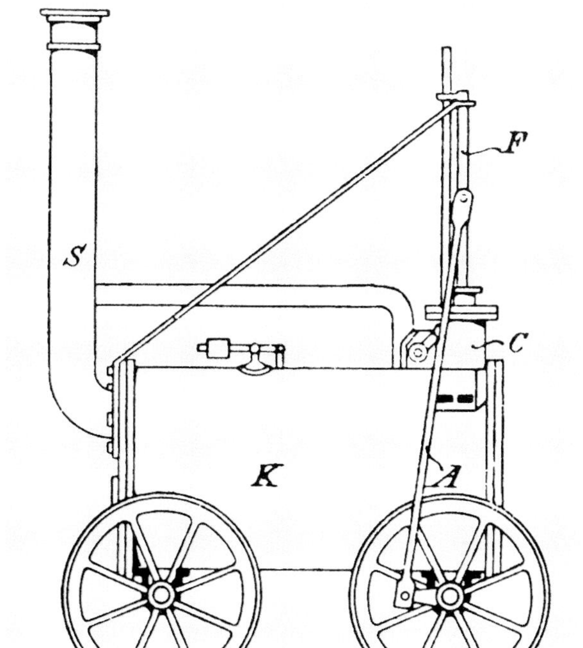

Lokomotive von Richard Threvithick, 1804

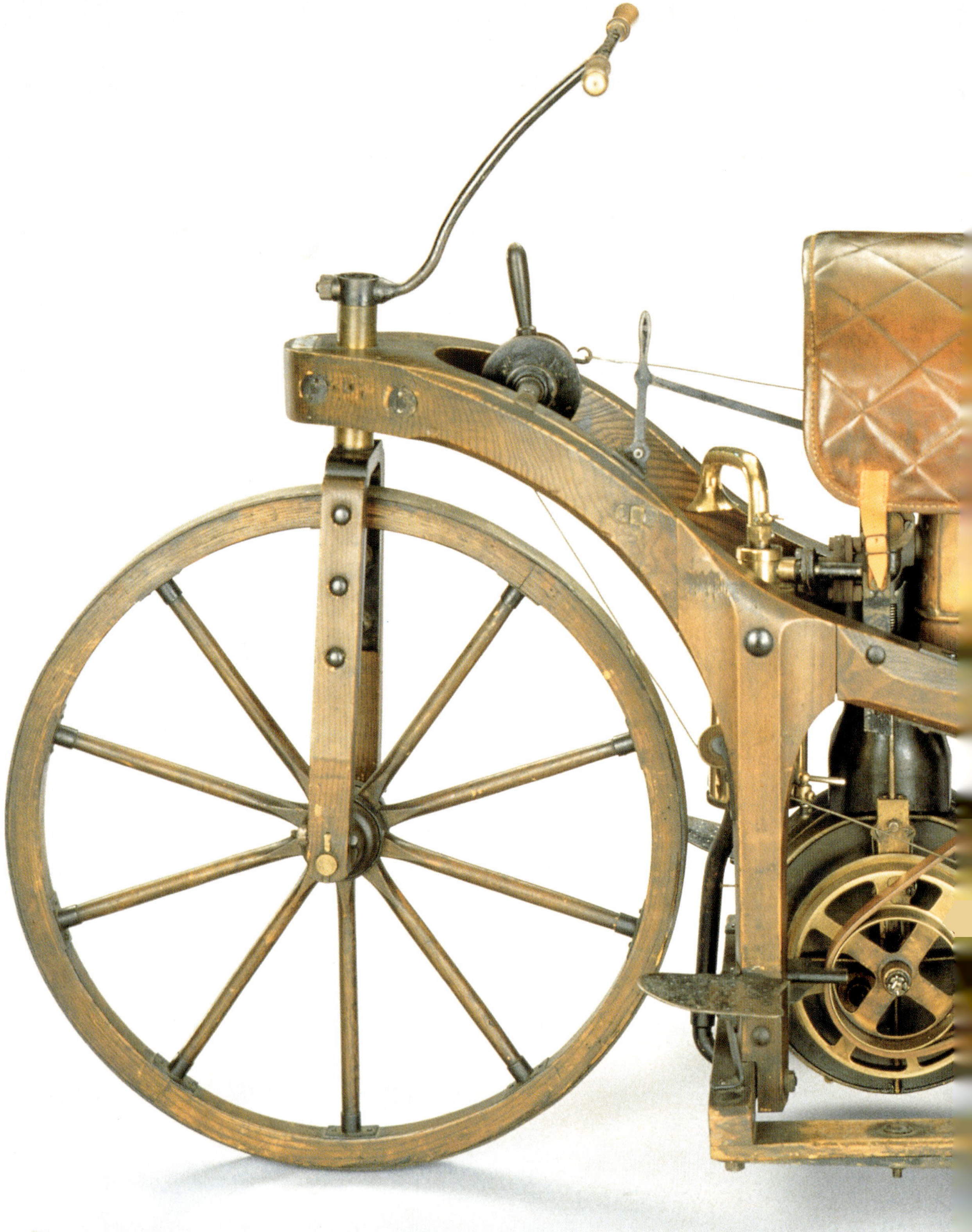

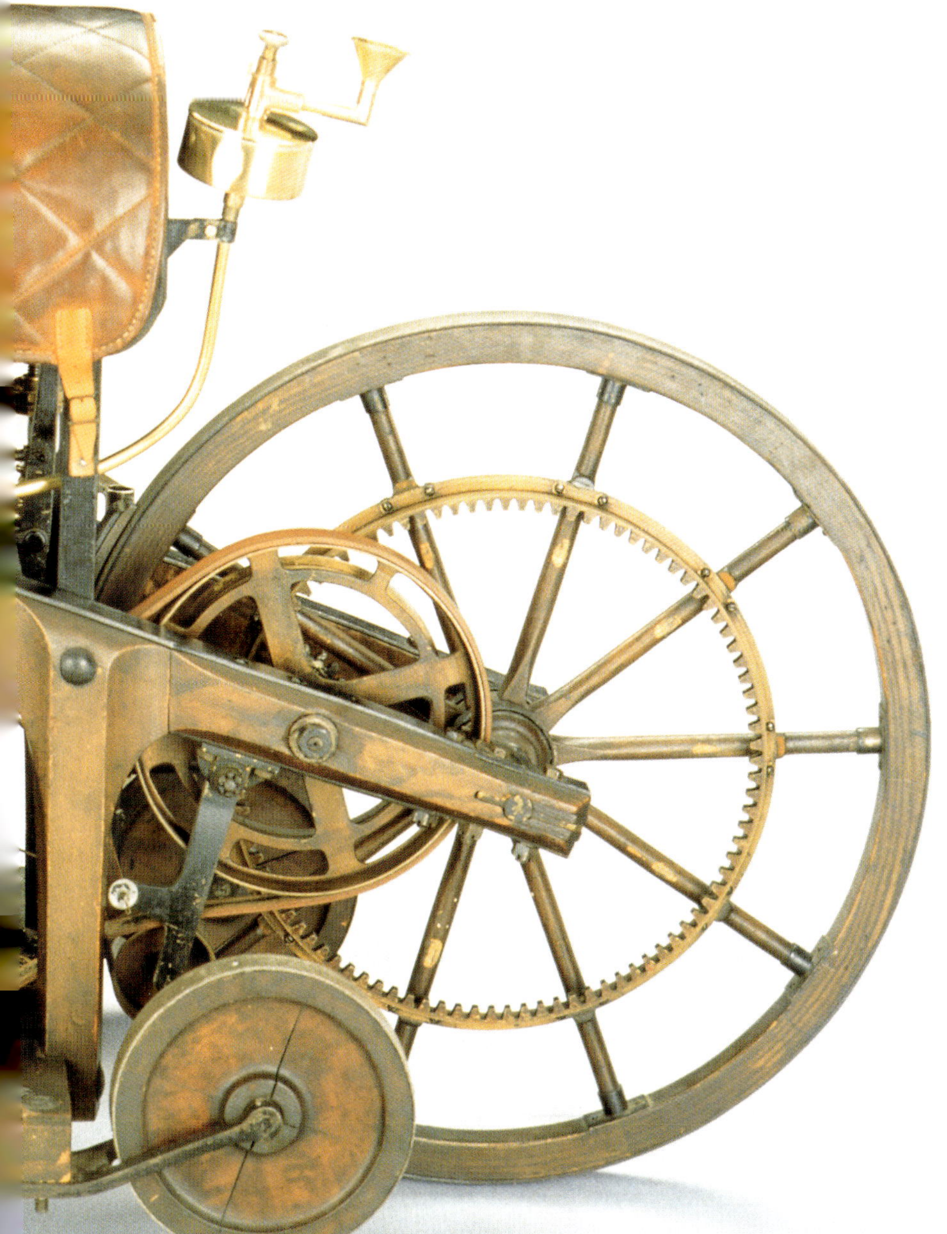

Der Daimler „Reitwagen“, 1885

40 km/h. Ihr hoher technischer Entwicklungsstand machte die Dampfwagen zu ernsthaften Konkurrenten für Fahrzeuge mit Verbrennungsmotoren, obwohl sie auch unter dem Manko der zu schweren Maschinen litten.[19] Der verdichtungslose Gasmotor ließ sich in seiner Leistung nicht weiter steigern. Durch den mit Verdichtung arbeitenden Motor war, im Gegensatz zu den atmosphärischen und verdichtungslosen Motoren, eine Motorenbauart entstanden, die es auch in miniaturisierter Form ermöglichte, genug Leistung zu erzeugen.

Das als „Reitrad" oder später dann als „Reitwagen" titulierte, mit einem hölzernen Rahmen versehene Motorrad war das erste Fahrzeug, in das der neue Motor eingebaut wurde. Es besaß einen luftgekühlten Einzylindermotor, der stehend eingebaut war. Der Hubraum betrug 0,264 Liter bei einer Bohrung von 58 mm und einem Hub von 100 mm. Bei 600 Umdrehungen leistete die Maschine ein halbes PS. Die Kühlung erfolgte mittels Gebläse. Auf dieses „Fahrzeug mit Gas- bzw. Petroleum-Kraftmaschine", wie der Patentanspruch lautete, bekam Daimler am 29. August 1885 das DRP 36423. Der Patentanspruch 1 für dieses Fahrzeug lautete:

„Die Anordnung eines Gas- bzw. Petroleumsmotors unter dem Sitz und zwischen den beiden Fahrzeugachsen eines einspurigen Fahr-

Kolorierte Zeichnung des „Reitwagens" von 1885

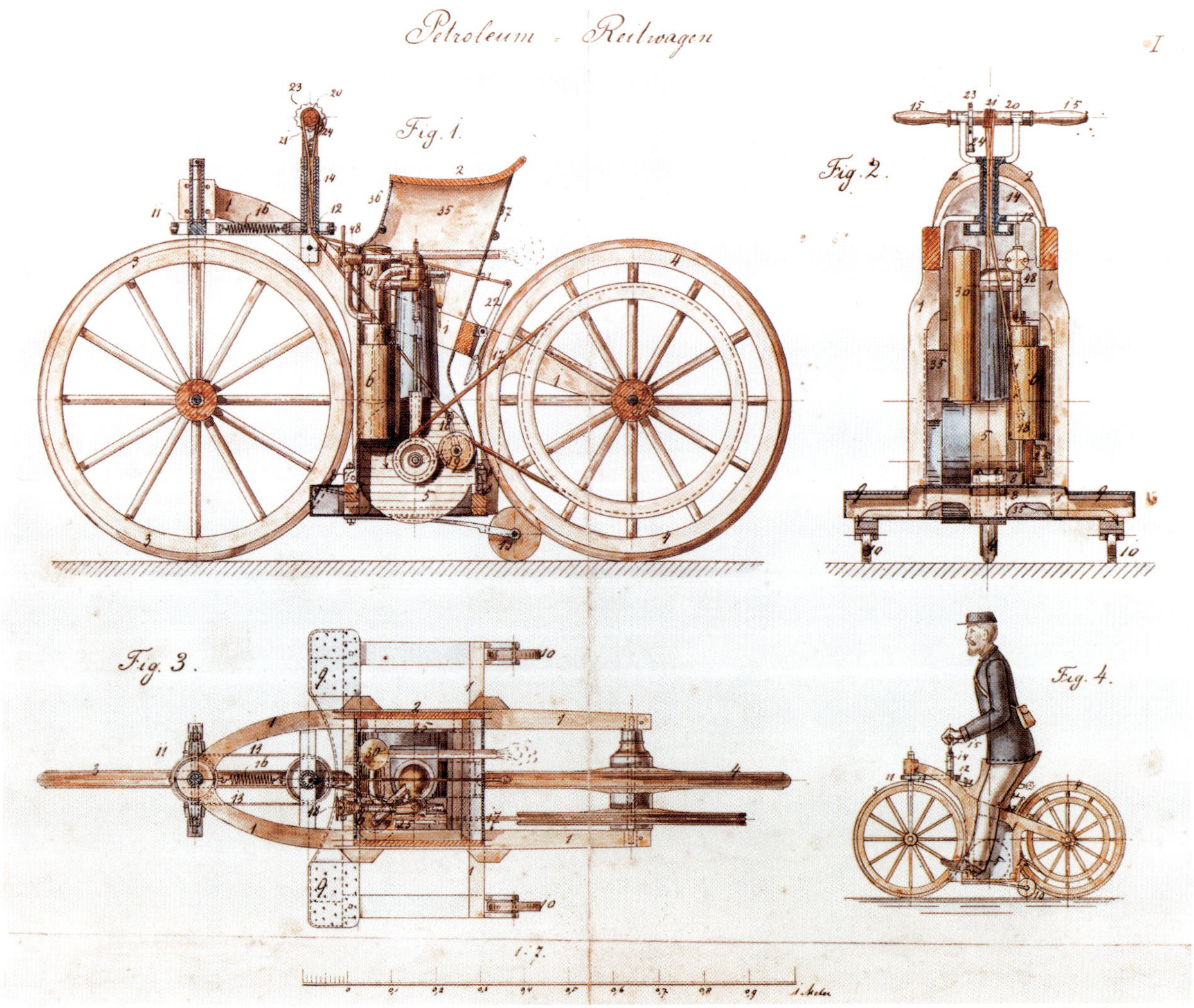

oder Schlittengestelles mit dem Schwerpunkt in der Verticalebene der Spur zum Zweck gleichmäßig verteilter niedriger Aufhängung; die Umschließung des Motors durch einen Kasten, der gleichzeitig als Sitz des Fahrzeuges dient, zum Zweck allseitigen Schutzes desselben, und die Beheizung dieses Kastens durch die überschüssige Wärme des Motors.“[20]

Das Motorrad hatte ein Zweiganggetriebe. Die Gangwahl erfolgte durch Riemenwechsel, was nur bei Stillstand des Fahrzeugs erfolgen konnte. Die zwei Geschwindigkeiten, die erreicht wurden, lagen bei 6 und 12 km/h. Da die eisenbereiften Holzräder kaum Schräglagen zuließen, zudem die Wenigsten damals Fahrraderfahrung hatten, waren zwei abgefederte Balancierrollen am Fahrzeug angebracht. Am 10. November 1885 legte der damals 39jährige Maybach mit diesem Fahrzeug die 3 km lange Strecke zwischen Cannstatt und Untertürkheim ohne Probleme zurück.[21]

Die im ersten Anspruch ebenfalls aufgeführte motorisierte Schlittenkonstruktion beruhte auf dem Zweirad. Das Vorderrad wurde dabei einfach durch eine Kufe ersetzt, das Hinterrad mit einer Verzahnung versehen. Diese Version kann für sich getrost in Anspruch nehmen, der erste Motorschlitten der Welt zu sein. Ebenfalls

Wie aus der Patentschrift des Reitwagens ersichtlich, war auch an eine Ausführung als Motorschlitten gedacht.

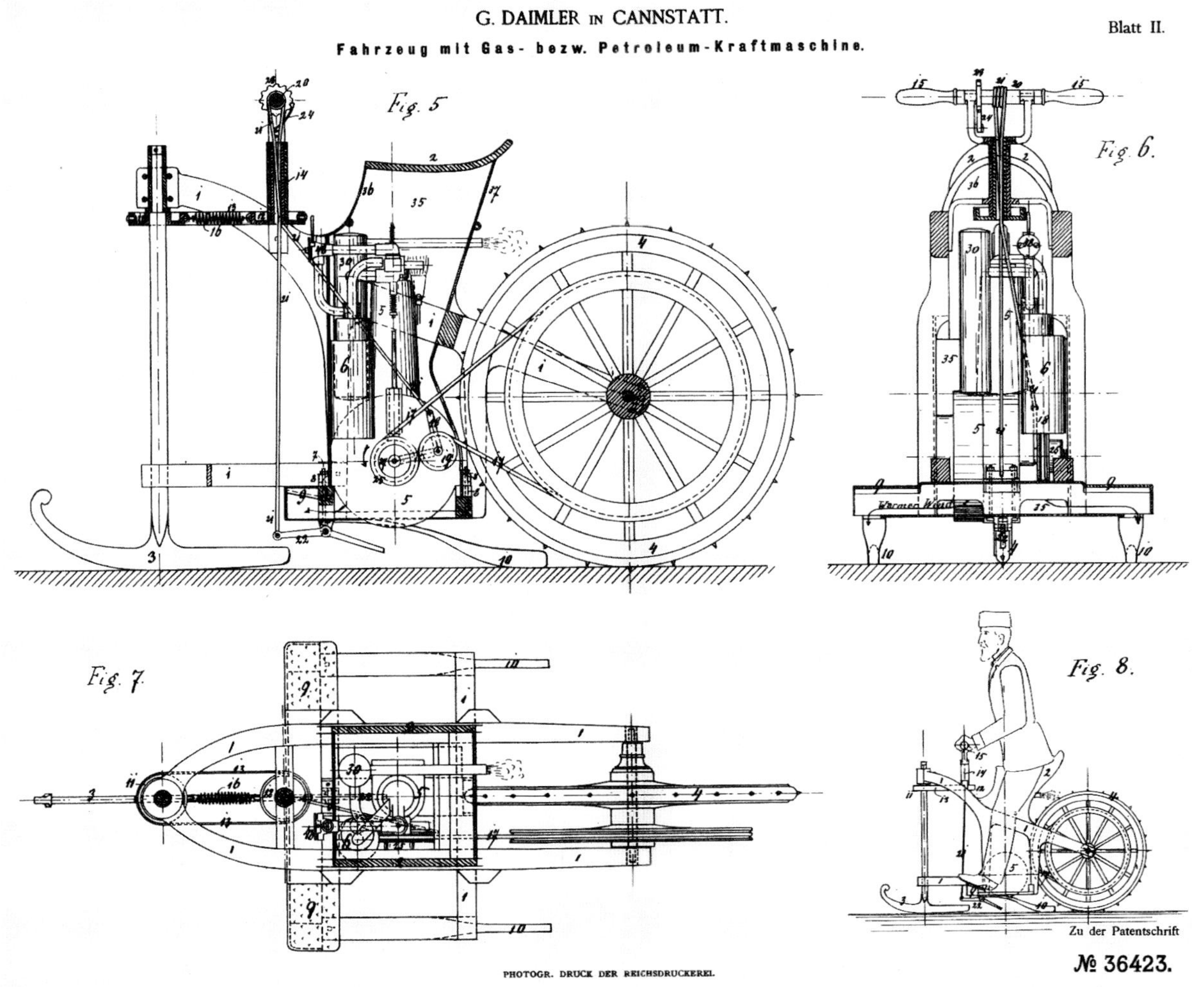

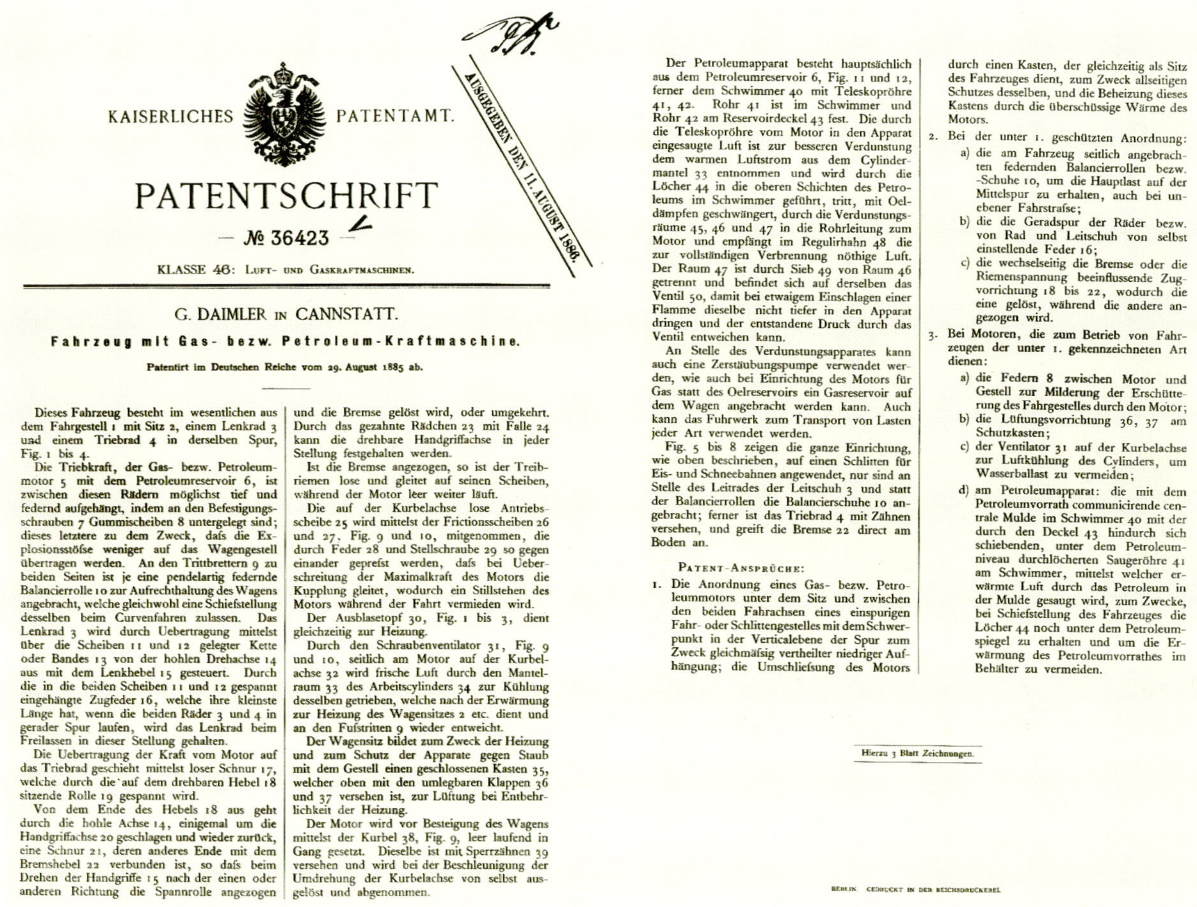

AUSGEGEBEN DEN 11. AUGUST 1886.

KAISERLICHES PATENTAMT.

PATENTSCHRIFT

— № 36423 —

KLASSE 46: LUFT- UND GASKRAFTMASCHINEN.

G. DAIMLER IN CANNSTATT.

Fahrzeug mit Gas- bezw. Petroleum-Kraftmaschine.

Patentirt im Deutschen Reiche vom 29. August 1885 ab.

Dieses Fahrzeug besteht im wesentlichen aus dem Fahrgestell 1 mit Sitz 2, einem Lenkrad 3 und einem Triebrad 4 in derselben Spur, Fig. 1 bis 4.

Die Triebkraft, der Gas- bezw. Petroleummotor 5 mit dem Petroleumreservoir 6, ist zwischen diesen Rädern möglichst tief und federnd aufgehängt, indem an den Befestigungsschrauben 7 Gummischeiben 8 untergelegt sind; dieses letztere zu dem Zweck, dafs die Explosionsstöfse weniger auf das Wagengestell übertragen werden. An den Trittbrettern 9 zu beiden Seiten ist je eine pendelartig federnde Balancierrolle 10 zur Aufrechthaltung des Wagens angebracht, welche gleichwohl eine Schiefstellung desselben beim Curvenfahren zulassen. Das Lenkrad 3 wird durch Uebertragung mittelst über die Scheiben 11 und 12 gelegter Kette oder Bandes 13 von der hohlen Drehachse 14 aus mit dem Lenkhebel 15 gesteuert. Durch die in die beiden Scheiben 11 und 12 gespannt eingehängte Zugfeder 16, welche ihre kleinste Länge hat, wenn die beiden Räder 3 und 4 in gerader Spur laufen, wird das Lenkrad beim Freilassen in dieser Stellung gehalten.

Die Uebertragung der Kraft vom Motor auf das Triebrad geschieht mittelst loser Schnur 17, welche durch die auf dem drehbaren Hebel 18 sitzende Rolle 19 gespannt wird.

Von dem Ende des Hebels 18 aus geht durch die hohle Achse 14, einigemal um die Handgriffachse 20 geschlagen und wieder zurück, eine Schnur 21, deren anderes Ende mit dem Bremshebel 22 verbunden ist, so dafs beim Drehen der Handgriffe 15 nach der einen oder anderen Richtung die Spannrolle angezogen und die Bremse gelöst wird, oder umgekehrt. Durch das gezahnte Rädchen 23 mit Falle 24 kann die drehbare Handgriffachse in jeder Stellung festgehalten werden.

Ist die Bremse angezogen, so ist der Treibriemen lose und gleitet auf seinen Scheiben, während der Motor leer weiter läuft.

Die auf der Kurbelachse lose Antriebsscheibe 25 wird mittelst der Frictionsscheiben 26 und 27, Fig. 9 und 10, mitgenommen, die durch Feder 28 und Stellschraube 29 so gegen einander geprefst werden, dafs bei Ueberschreitung der Maximalkraft des Motors die Kupplung gleitet, wodurch ein Stillstehen des Motors während der Fahrt vermieden wird.

Der Ausblasetopf 30, Fig. 1 bis 3, dient gleichzeitig zur Heizung.

Durch den Schraubenventilator 31, Fig. 9 und 10, seitlich am Motor auf der Kurbelachse 32 wird frische Luft durch den Mantelraum 33 des Arbeitscylinders 34 zur Kühlung desselben getrieben, welche nach der Erwärmung zur Heizung des Wagensitzes 2 etc. dient und an den Fufstritten 9 wieder entweicht.

Der Wagensitz bildet zum Zweck der Heizung und zum Schutz der Apparate gegen Staub mit dem Gestell einen geschlossenen Kasten 35, welcher oben mit den umlegbaren Klappen 36 und 37 versehen ist, zur Lüftung bei Entbehrlichkeit der Heizung.

Der Motor wird vor Besteigung des Wagens mittelst der Kurbel 38, Fig. 9, leer laufend in Gang gesetzt. Dieselbe ist mit Sperrzähnen 39 versehen und wird bei der Beschleunigung der Umdrehung der Kurbelachse von selbst ausgelöst und abgenommen.

Der Petroleumapparat besteht hauptsächlich aus dem Petroleumreservoir 6, Fig. 11 und 12, ferner dem Schwimmer 40 mit Teleskopröhre 41, 42. Rohr 41 ist im Schwimmer und Rohr 42 am Reservoirdeckel 43 fest. Die durch die Teleskopröhre vom Motor in den Apparat eingesaugte Luft ist zur besseren Verdunstung dem warmen Luftstrom aus dem Cylindermantel 33 entnommen und wird durch die Löcher 44 in die oberen Schichten des Petroleums im Schwimmer geführt, tritt, mit Oeldämpfen geschwängert, durch die Verdunstungsräume 45, 46 und 47 in die Rohrleitung zum Motor und empfängt im Regulirhahn 48 die zur vollständigen Verbrennung nöthige Luft. Der Raum 47 ist durch Sieb 49 von Raum 46 getrennt und befindet sich auf derselben das Ventil 50, damit bei etwaigem Einschlagen einer Flamme dieselbe nicht tiefer in den Apparat dringen und der entstandene Druck durch das Ventil entweichen kann.

An Stelle des Verdunstungsapparates kann auch eine Zerstäubungspumpe verwendet werden, wie auch bei Einrichtung des Motors für Gas statt des Oelreservoirs ein Gasreservoir auf dem Wagen angebracht werden kann. Auch kann das Fuhrwerk zum Transport von Lasten jeder Art verwendet werden.

Fig. 5 bis 8 zeigen die ganze Einrichtung, wie oben beschrieben, auf einen Schlitten für Eis- und Schneebahnen angewendet, nur sind an Stelle des Leitrades der Leitschuh 3 und statt der Balancierrollen die Balancierschuhe 10 angebracht; ferner ist das Triebrad 4 mit Zähnen versehen, und greift die Bremse 22 direct am Boden an.

PATENT-ANSPRÜCHE:

1. Die Anordnung eines Gas- bezw. Petroleummotors unter dem Sitz und zwischen den beiden Fahrachsen eines einspurigen Fahr- oder Schlittengestelles mit dem Schwerpunkt in der Verticalebene der Spur zum Zweck gleichmäfsig vertheilter niedriger Aufhängung; die Umschliefsung des Motors durch einen Kasten, der gleichzeitig als Sitz des Fahrzeuges dient, zum Zweck allseitigen Schutzes desselben, und die Beheizung dieses Kastens durch die überschüssige Wärme des Motors.
2. Bei der unter 1. geschützten Anordnung:
   a) die am Fahrzeug seitlich angebrachten federnden Balancierrollen bezw. -Schuhe 10, um die Hauptlast auf der Mittelspur zu erhalten, auch bei unebener Fahrstrafse;
   b) die die Geradspur der Räder bezw. von Rad und Leitschuh von selbst einstellende Feder 16;
   c) die wechselseitig die Bremse oder die Riemenspannung beeinflussende Zugvorrichtung 18 bis 22, wodurch die eine gelöst, während die andere angezogen wird.
3. Bei Motoren, die zum Betrieb von Fahrzeugen der unter 1. gekennzeichneten Art dienen:
   a) die Federn 8 zwischen Motor und Gestell zur Milderung der Erschütterung des Fahrgestelles durch den Motor;
   b) die Lüftungsvorrichtung 36, 37 am Schutzkasten;
   c) der Ventilator 31 auf der Kurbelachse zur Luftkühlung des Cylinders, um Wasserballast zu vermeiden;
   d) am Petroleumapparat: die mit dem Petroleumvorrath communicirende centrale Mulde im Schwimmer 40 mit der durch den Deckel 43 hindurch sich schiebenden, unter dem Petroleumniveau durchlöcherten Saugeröhre 41 am Schwimmer, mittelst welcher erwärmte Luft durch das Petroleum in der Mulde gesaugt wird, zum Zwecke, bei Schiefstellung des Fahrzeuges die Löcher 44 noch unter dem Petroleumspiegel zu erhalten und um die Erwärmung des Petroleumvorrathes im Behälter zu vermeiden.

Hierzu 3 Blatt Zeichnungen.

BERLIN. GEDRUCKT IN DER REICHSDRUCKEREI.

Das Daimler-"Reitwagen"-Patent vom 29. August 1885

Inhalt des Patents ist die Beschreibung einer Benzineinspritzung anstelle eines Vergasers, für die Maybach auch schon eine Skizze ausgeführt hatte. Damit war schon 1885 das Prinzip der Benzineinspritzung in das Ansaugrohr klar formuliert. Auch die Vergaserkonzeption war Bestandteil des Patents. Anstelle des bislang gebräuchlichen Oberflächenvergasers hatte Maybach erstmals einen Schwimmervergaser für das Reitrad entwickelt. Durch die Verwendung eines Schwimmers wurde gewährleistet, daß der Benzinstand auf einem konstanten Niveau blieb, denn nur so konnte ein gleichbleibendes Kraftstoffluftgemisch erzeugt werden. Dieser Verga-

Oberflächenvergaser und Zündvorrichtung des Daimler-Einzylinder-Motors

Dieser Holzschnitt zeigt Wilhelm Maybach auf dem Daimler „Reitwagen" von 1885.

sertyp wurde fast ein Jahrzehnt verwendet, obwohl er extrem groß war (fast so groß wie der ganze Motor). Ebenso wie der Oberflächenvergaser saugte er vorgewärmte Luft an, was eine Volumenreduzierung bedeutete und den Wirkungsgrad verschlechterte.

Nachdem die Erfahrungen mit dem Zweirad erfolgreich verlaufen waren, sollte nun die Erprobung der Motoren in einem zweiachsigen Fahrzeug erfolgen. Warum anfänglich für die Versuche ein Zweirad verwendet wurde, läßt sich wohl am ehesten durch die beschränkten Platzverhältnisse, die das umgebaute Gewächshaus bot, erklären. Zudem hatten Daimler und Maybach herausgefunden, daß Perreaux seinem durch eine Dampfmaschine angetriebenen Dreirad Versuche mit einem Zweirad vorausgehen ließ. Augenfällig ist auch die Ähnlichkeit des Perreauxschen Rades mit der Patentzeichnung des Reitrads. Allerdings stellte sich das Zweirad als entwicklungstechnische Sackgasse heraus. Schnauffer bemerkt hierzu:

„Leider muß festgestellt werden, daß das Motorrad, obwohl es mit viel Mühe und großer Sorgfalt gebaut worden war, ein Fehlschlag wurde. Sehr schnell stellte es sich heraus, daß es bei weitem nicht so entwicklungsfähig war wie ein Wagen. Es steht außer Frage, daß es ein Irrweg war und daß es für die Motorisierung des Straßenverkehrs genau so wenig Bedeutung gehabt hat wie die Fahrzeuge früherer Erfinder. Für die Motoren hingegen war die Entwicklung des Motorrads ein ganz außergewöhnlicher Entwicklungssprung, der den stehenden Zylinder, das geschlossene Kurbelgehäuse, die Schleuderschmierung und den Schnellauf brachte. Denn dadurch, daß sich Daimler und Maybach ihre Aufgabe wesentlich erschwerten und sie die Entwicklung eines Kraftwagenmotores ausließen, wurde dem Motorradmotor die gedrungene und geschlossene Form gegeben, die bis in unsere Tage vorbildlich geblieben ist. Sie wurde außerdem noch richtungsweisend für die Entwicklung der Kraftwagenmotoren auf der ganzen Welt. Bedauerlich ist noch, daß der Umweg über das Motorrad Daimler und Maybach ganz sicher einen Zeitverlust von fast zwei Jahren gebracht hat - von den unnötig aufgewendeten Mitteln ganz zu schweigen. Denn es besteht kein Zweifel darüber, daß, wenn sich Daimler schon im Frühjahr 1884 zum Kauf eines Kutschwagens entschlossen hätte, wir schon von diesem Zeitpunkt an ein brauchbares und entwicklungsfähiges motorisiertes Straßenfahrzeug gehabt hätten."[22]

Unter dem Vorwand, seiner Frau, die am 29. April zu ihrem 43. Geburtstag ein Geschenk machen zu wollen, hatte Daimler, im Frühjahr 1886 bei der Firma W. Wimpff & Sohn in Stuttgart einen „Americaine", so die Bezeichnung des Wagentyps, bestellt. Angefertigt in Hamburg, montiert in Stuttgart, wurde der Wagen am 28. August geliefert und heimlich in der Nacht auf das Daimlersche Anwesen gebracht.

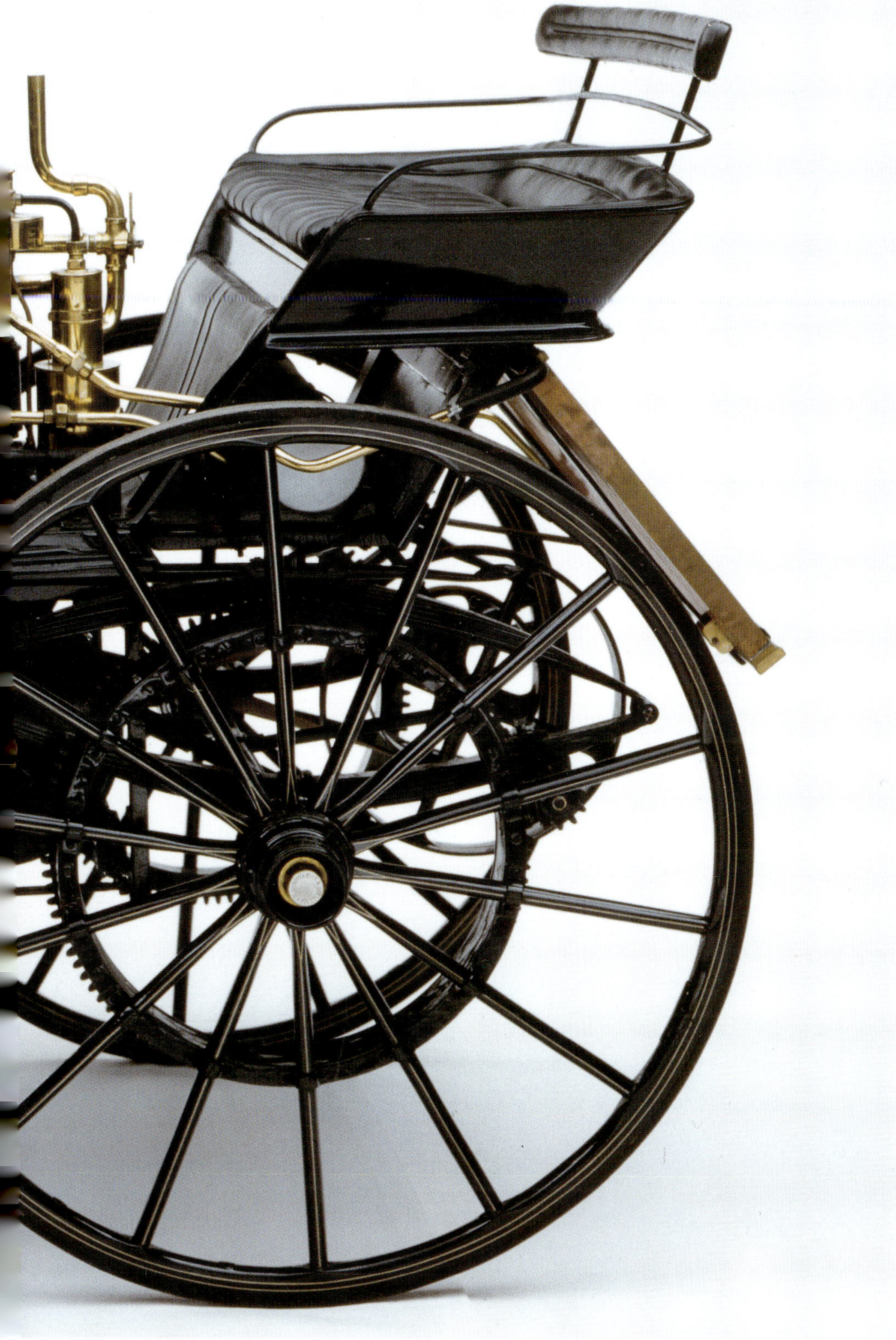

„Daimler Motorkutsche" mit eingebauter „Standuhr", 1886

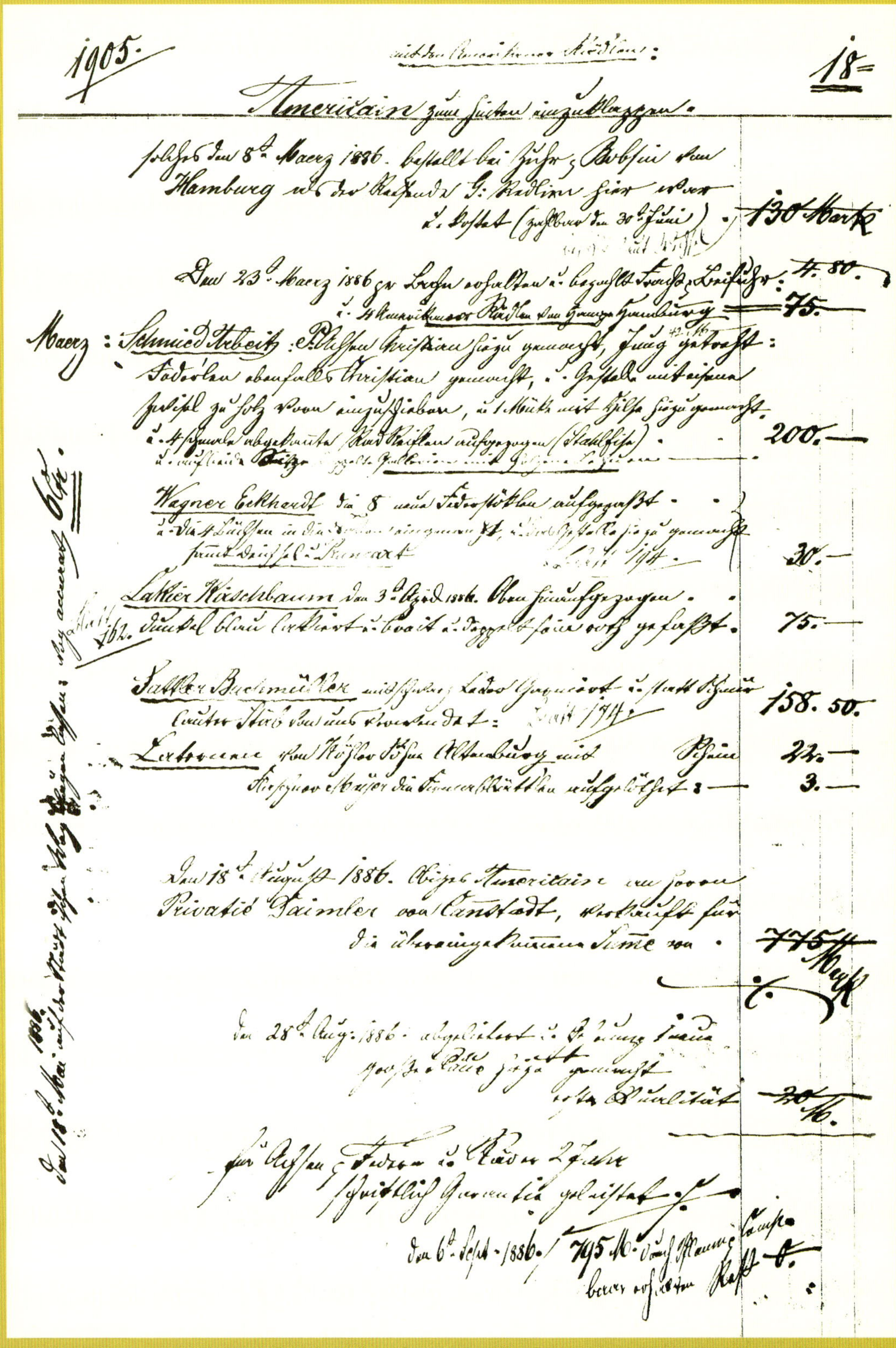

Im März 1886 bestellte Gottlieb Daimler bei der Firma Wimpff & Sohn eine Kutsche Typ „Americaine“; hier die Seite aus dem Auftragsbuch.

Daimler „Motorkutsche", 1886

Einbau des Einzylindermotors in der „Motorkutsche"

Im Jahre 1887 wurde die „Standuhr“ in der „Motorkutsche“ nachträglich auf Wasserkühlung umgerüstet.

Es ist den alten Unterlagen zu entnehmen, daß Daimler 775 Mark für den Kutschwagen bezahlt hat. Der Motor, den man nebst Drehschemellenkung unter Maybachs Anleitung in der Maschinenfabrik Esslingen einbaute, war nach dem Vorbild der Standuhr gebaut. Er hatte eine Bohrung von 70 mm und einen Hub von 120 mm, was einem Gesamthubraum von 462 ccm entspricht. Die Leistung betrug ca. 1,5 PS bei 700 Umdrehungen und ermöglichte eine Höchstgeschwindigkeit von 16 km/h. Die Kraftübertragung erfolgte, für Daimler typisch, über Riemen. Auf der Kurbelwelle waren lose zwei Scheiben angebracht, die eine für schnelle, die andere für gemäßigte Fahrt. Die Riemen konnten während der Fahrt durch Handhebel verschoben werden. Wurden beide Scheiben ausgerückt, blieb der Motor im Leerlauf. Anfangs wurde ein luftgekühlter Motor verwendet, der im Frühjahr 1887 durch einen wassergekühlten ersetzt wurde. Hierzu wurde von Maybach der Arbeitszylinder umkonstruiert und ein Lamellenkühler rückseitig montiert.

Ab Herbst 1886 wurden mit diesem Wagen Fahrversuche zwischen Esslingen und Cannstatt durchgeführt, bezeugt von dem damaligen Leiter der Maschinenfabrik Esslingen Baurat Groß, aber auch von Paul Daimler, Wilhelm Maybach und dessen ältestem Sohn Karl Maybach, der als Siebenjähriger mit diesem Fahrzeug seine erste Autofahrt erlebte. Zeitungsberichte sind neben einer Mel-

Erste Probefahrt des Daimler-Motorbootes „Neckar" mit Wilhelm Maybach (2. v. r.) und Gottlieb Daimler (3. v. r.)

dung in den „Düsseldorfer Nachrichten" vom 4. März 1887 über eine Ausfahrt mit einer motorisierten vierrädrigen Kutsche auch in der „Esslinger Zeitung" vom 11. Dezember 1887 und zwar unter „Stuttgarter Tagesneuigkeiten" zu finden. Dort ist zu lesen, daß

> *„... Seine Hoheit Prinz Hermann zu Sachsen-Weimar, auf der Rückreise von Tübingen nach Stuttgart sich befindend, von Unterboihingen aus auf einem von Maschinenfabrikant Daimler in Cannstatt konstruierten Dampfwagen eine Probefahrt hierher machte."*[23]

Presseberichte sind von dem ebenfalls mit einer „Standuhr" ausgerüsteten Daimler-Boot erhalten, so in der „Cannstatter Zeitung" und dem „Stuttgarter Neuen Tageblatt". Am 5. November 1886 findet sich eine Meldung folgenden Inhalts:

> *„In der letzten Zeit hat ein auf dem Neckar fahrendes, von etwa 8 Personen besetztes Boot, das sich, wie von unsichtbarer Kraft getrieben, mit großer Geschwindigkeit stromauf und -abwärts den Weg durch die Fluten bahnt, bei den Vorübergehenden nicht geringes Aufsehen erregt. Das Schiffchen mit eigenartigem Triebwerk ist von Ingenieur Daimler hier gebaut; die ersten Probefahrten wurden Anfang August gemacht. Seitdem haben mehrere hervorragende Techniker solche Fahrten mitgemacht. Seitens des Ruderers bedarf es nur eines Drucks mit der Hand, um das Boot nach jeder gewünschten Richtung in schnelleren oder langsameren Lauf in Bewegung zu setzen. Den Probefahrten haben bis jetzt angewohnt die Herren Oberregierungsrat Diefenbach, die Bauräte Groß und Günther und Direktor Kessler."*[24]

Ähnlich wie Benz in Mannheim, stellte Daimler an den Gemeinderat Cannstatt 1888 den Antrag:

> *„Der Unterzeichnete bittet hiermit um die Erlaubnis zur Befahrung der hiesigen Straßen mit seiner mechanisch ausgerüsteten viersitzigen leichten Chaise von gewöhnlicher äußerer Bauart ..."* Woraufhin das Stadtschutzamt am 28. Juli 1888 antwortete: *„Gegen die beabsichtigte Verwendung der Dampfchaise innerhalb der Stadt (sei) nichts zu erwidern."*[25]

Damit war die erste Versuchs- und Erprobungsphase des Motors abgeschlossen, und man

Carola Daimler-Prangen, Urenkelin Gottlieb Daimlers, im Daimler-Motorboot „Marie", gebaut 1888.

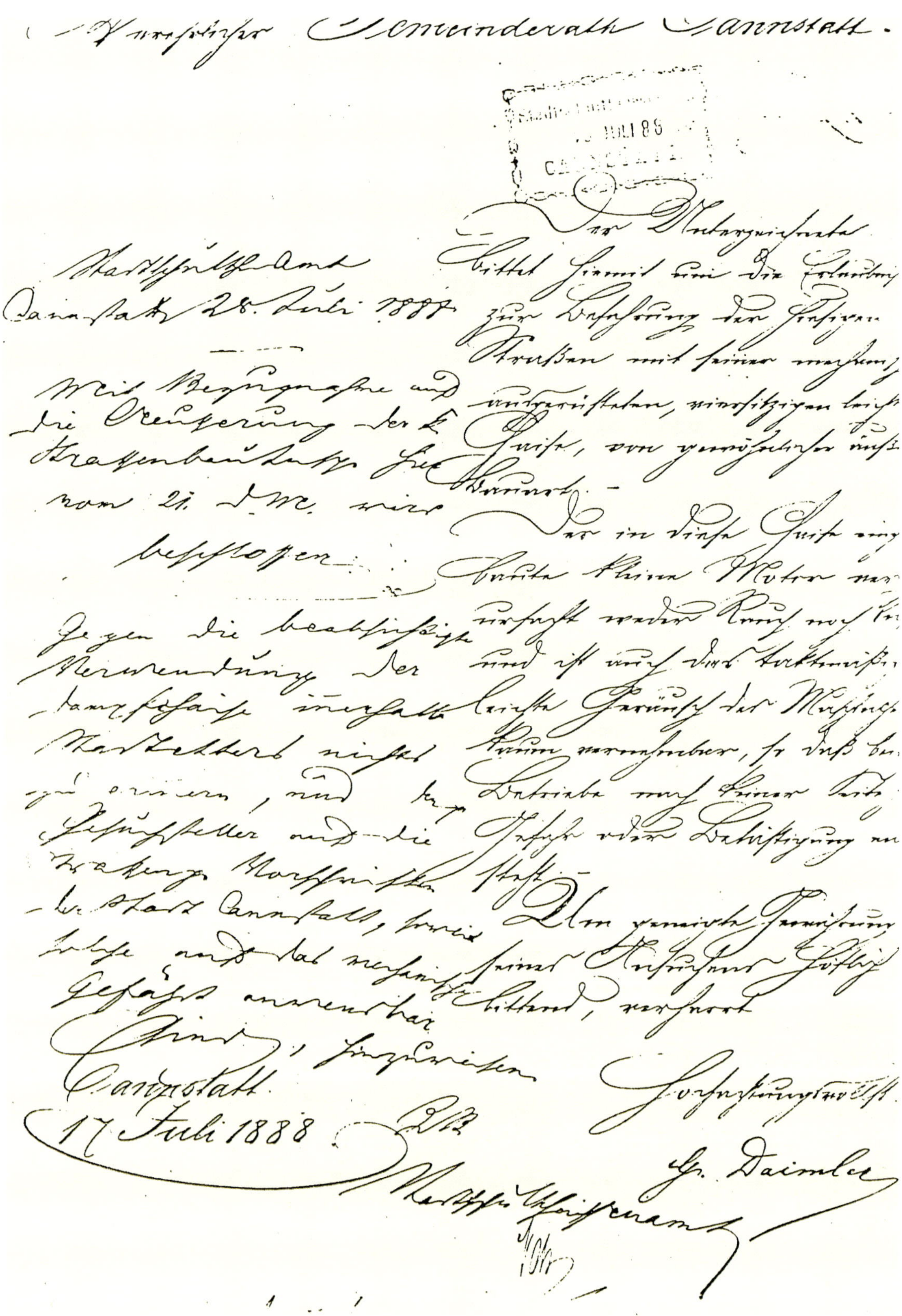
Wohllöblicher Gemeinderath Cannstatt.

Cannstatt 17 Juli 1888

G. Daimler

Stadtschultheißenamt

Fahrerlaubnis für Gottlieb Daimler vom Stadtschutzamt Cannstatt

Karl Linck, Buchhalter bzw. kaufmännischer Assistent von Gottlieb Daimler

konnte daran gehen, eine fabrikationsmäßige Fertigung aufzubauen.

1887 wurde dann aus diesem reinen Versuchsbstrieb eine kleine Fabrikation. Daimler stellte 23 ausgesuchte Arbeiter ein, Buchhaltung und Korrespondenz übernahm sein Sekretär Karl Linck. Das dazu notwendige Grundstück und die Räumlichkeiten erwarb Daimler am 5. Juli 1887 für den Preis von 30 200 Mark. Es handelte sich um ein 2 903 Quadratmeter großes Grundstück und die Werkstätten der ehemaligen Vernicklungsanstalt Zeitler & Missel am Seelberg in der Ludwigstraße 67. Wie es in diesen Anfangstagen zuging, kann der Schilderung von Anton Welt entnommen werden, der mit zu den Männern der ersten Stunde gehörte:

„Als einer der ersten und ältesten Angestellten Gottlieb Daimlers empfinde ich es als besondere Freude, auch in der Oeffentlichkeit einmal Zeugnis von dem Manne ablegen zu dürfen, dem ich die besten und glücklichsten Jahre meines Lebens verdanke, glücklich deshalb, weil ich der Idee des genialen Erfinders von

Betriebsgelände der Daimler-Motoren-Gesellschaft auf dem Seelberg in Cannstatt

Daimler-Miniatur-Straßenbahn in Cannstatt, 1887

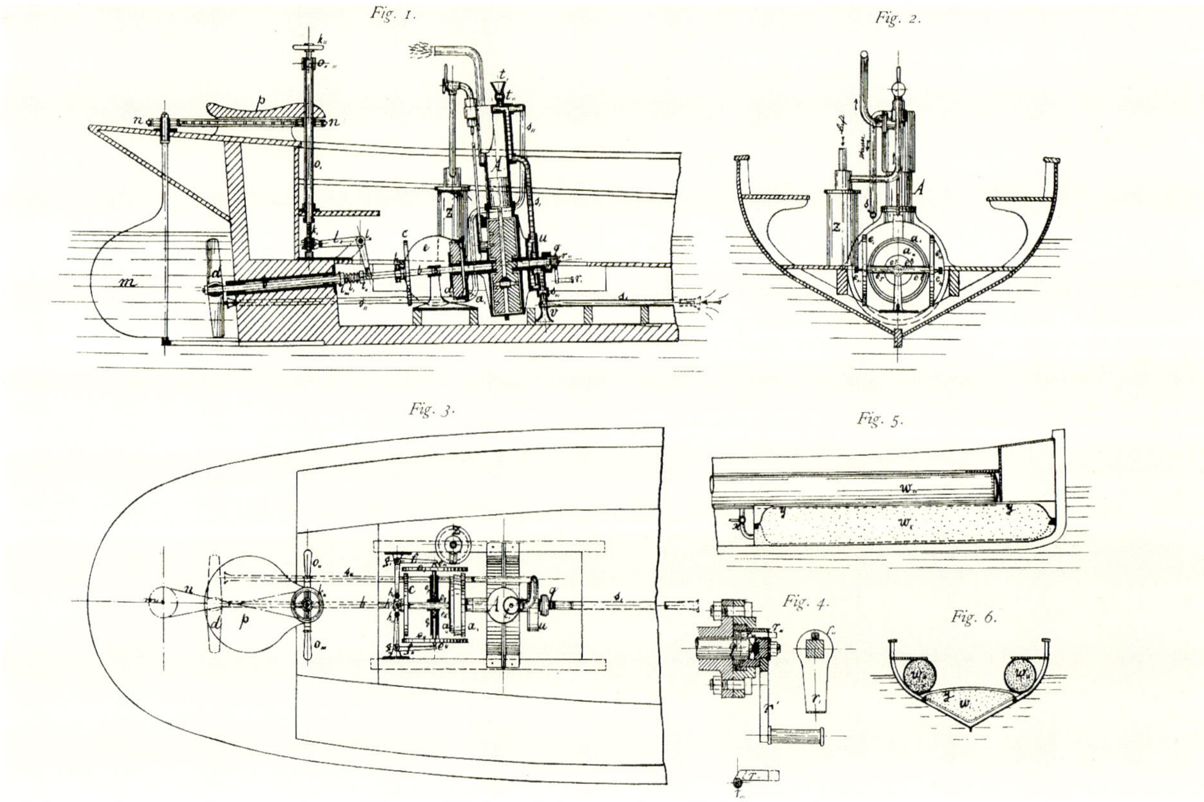

Zeichnung aus der Patentschrift „Einrichtung zum Betriebe der Schraubenwelle eines Schiffes mittelst Gas- oder Petroleum-Kraftmaschine", 1886

Erste Daimler Feuerspritze von 1888 mit 2-Zyl.-V-Motor und 4 PS

Daimler Motordraisine von 1887 mit Gottlieb Daimler und Wilhelm Maybach

Die erste Daimler-Lokomobile aus dem Jahr 1889

beinahe den ersten Anfängen bis zur höchsten Vollendung während 38 Jahren dienen durfte. Es war am 3. Oktober 1887, als ich, von der Maschinenbau-Gesellschaft Karlsruhe kommend, in die damalige, in der Ludwigstrasse in Cannstatt gelegene Versuchswerkstätte Gottlieb Daimlers eintrat. Ich hatte bereits von der Erfindung des schnellaufenden Gasmotors gehört und mich daher am ersten Morgen voll kühner Hoffnungen und in freudiger Erwartung auf den Weg gemacht. Die Enttäuschung war daher gross, als ich, statt in eine wohleingerichtete Werkstätte, in einen Raum geführt wurde, in dem ausser einem Gasmotor nicht viel zu sehen war. Meine erste Arbeit bestand nun darin, dass ich an der Einrichtung der Werkstätte mithalf. Es mussten Transmissionen gelegt, Drehbänke aufgestellt und die übrigen Arbeiten mancherlei Art geleistet werden, bevor meine eigentliche Tätigkeit beginnen konnte. Herr Daimler mochte wohl meine Enttäuschung gemerkt haben, denn in väterlichem Tone sagte er zu mir: 'Zu einem ganzen Mann gehört, dass man auch den Besen führen kann'. Das war die Art Gottlieb Daimlers, mit der er seine Leute anfeuerte und sie für sich begeisterte. Allerdings wurde das Werk von seinem Erfinder streng geheim gehalten, sodass der Oeffentlichkeit nur wenig davon bekannt wurde. Diese Oeffentlichkeit brauchte Herr Daimler vorerst auch nicht, denn er war vom Gelingen so fest und so sehr durchdrungen, dass er, auch in Stunden vollständigen Mißlingens aller Versuche, Mut zusprechen konnte. Und an derartigen Stunden hat es wahrlich nicht gefehlt. Es gab Zeiten, wo es schien, als hätten sich alle Mächte gegen das Gelingen verschworen, wo jeder mißmutig wurde und nur einer den Kopf hochhielt: Gottlieb Daimler. 'Rom ist auch nicht an einem Tage erbaut worden,' pflegte er dann zu sagen. Wie er gesagt, so ist es gekommen."[26]

Wer einen Arbeitsplatz beim „Daimler" ergattern konnte, war schon in der damaligen Zeit gut gestellt, denn mit 4,50 Mark am Tag bzw. einem Jahreslohn von 1760 Mark gehörte man zu den Topverdienern in der Arbeiterschaft.

Daimler begann nun das umzusetzen, was von Anfang an sein Ziel gewesen war: Eine umfassende Motorisierung in allen denkbaren Bereichen. Straßenbahnen, Lokomobile, Motor-Draisinen, Eisenbahnen, Lenkballone, Feuerspritzen, Beleuchtungswagen, Boote, eine Mini-Straßenbahn vom Wilhelmsplatz in Cannstatt bis zum Kurpark und natürlich Automobile wurden mit dem Motor versehen. Der am 9. Juni 1889 patentierte 2-Zylinder-Motor (Patent Nr. 50839), der deutlich leistungsstärker war, erschloß darüber hinaus weitere Anwendungsmöglichkeiten, für die der Einzylinder zu schwach war.[27]

Mit dem von Wilhelm Maybach 1889 konstruierten „Stahlradwagen" war in dieser Phase eine Automobilkonstruktion vorhanden, die maßgeblich, vor allem in Frankreich, die Weiterentwicklung des Automobils prägte.[28]

Wagen der Stuttgarter Pferde-Eisenbahn-Gesellschaft, Vorläuferin der Stuttgarter Straßenbahnen, mit Daimler-Motor, 1888

Mitte: Eisenbahn-Triebwagen der Daimler-Motoren-Gesellschaft mit 10-PS-Motor in der Mitte, 1899

Unten: Triebwagen mit 30-PS-Daimler-Motor, 1900

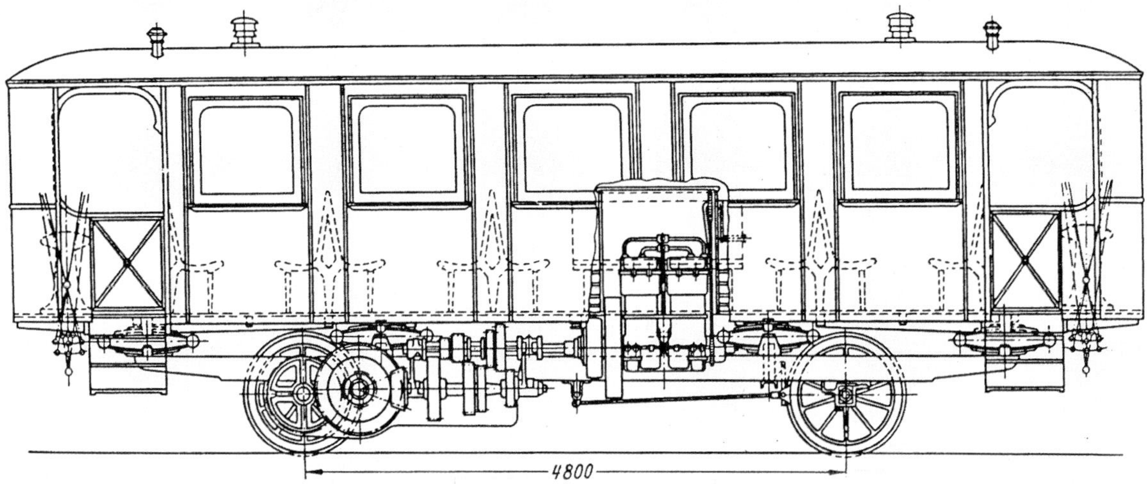

Gondel des Wölfertschen Luftschiffes mit 4 PS-Daimler-Motor, 1888

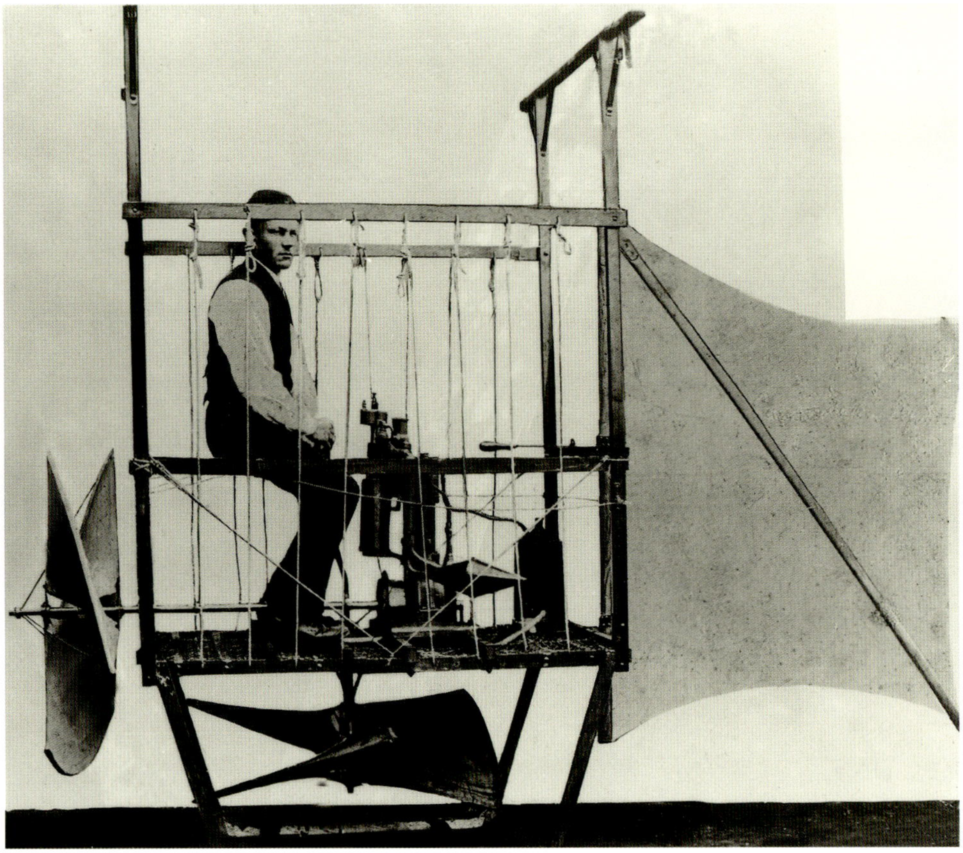

Wölferts Lenkballon 1896 auf einer erfolgreichen Versuchsfahrt mit dem von Maybach konstruierten 2-Zylinder-Phönix-Motor mit Leichtmetallkurbelgehäuse und 7 PS Leistung

Wilhelm Maybach am Steuer des Stahlradwagens, 1889

1 Vgl. Niemann, Harry: „Wilhelm Maybach. König der Konstrukteure", Stuttgart 1996, S. 39.

2 In dem Vertrag vom 18. April 1882 heißt es: „Um die Interessen des Herren Maybach mit denen des Herren Daimler dauernd zu verbinden, setzt Herr Daimler eine Summe von Mark 30 000, in Worten dreißigtausend Mark, aus, zu dem besonderen Zwecke der Beteiligung des Herrn Maybach an einem aus den obigen Problemen resultierenden Fabrikationsgeschäfte in der Weise, daß Herr Maybach vorerst, während seiner ersten Dienstzeit, jährlich 4 % Zinsen aus obiger Summe von 30 000 Mark, das ist 1 200 Mark, erhält, bis die Beteiligung mit dieser Summe, je nach der Entwicklung des zu errichtenden Geschäfts teilweise oder ganz ermöglicht ist." DaimlerChrysler Konzernarchiv, Bestand „Maybach - Biographisches", 3.

3 Zitiert nach Siebertz, Paul: „Gottlieb Daimler. Ein Revolutionär der Technik", München 1940, S. 108.

4 DaimlerChrysler Konzernarchiv, Bestand „Daimler - Biographisches", 18.

5 Vgl. Niemann, Harry: „Wilhelm Maybach. König der Konstrukteure", Stuttgart 1996, S. 43.

6 Maybach selbst sagte dazu: „Die von Herrn Daimler zum Patent angemeldete Gasmaschine D.R.P. 28022, wurde, da praktisch nicht verwendbar, nicht ausgeführt." Zitiert nach Sass, Friedrich: „Geschichte des deutschen Verbrennungsmotorenbaus von 1860 bis 1918", Berlin, Göttingen, Heidelberg 1962, S. 84.

7 Schnauffer bemerkt zu diesem Rechtsstreit: „Bei dem Erfolg der neuen Glührohrzündung blieb es nicht aus, daß Patentverletzungen vorkamen - und daß gegen Daimler Nichtigkeitsklagen angestrengt wurden. Es ist eine hochanzuerkennende persönliche Leistung Daimlers, daß er, trotz des schlechten Standes seines Patents und trotzdem praktisch alles vorbekannt war, in allen Prozessen, die dreizehn Jahre lang dauerten, nicht unterlag. Zum Schluß mußten seine Gegner, die viele Jahre lang das Patent unberechtigt benutzt hatten, sehr hohe Entschädigungen bezahlen. [...] Wir können daher annehmen, daß die weitschweifigen und unsachlichen Behauptungen Daimlers in seiner Erwiderungschrift vom April 1894 nur dazu dienen sollten, die ihm sehr wohl bekannten Schwächen seiner eigenen Anmeldung zu vertuschen. Sie war nach allem nur eine außerordentlich geschickte Täuschung des Patentamtes, mehr nicht. Selbstverständlich war es sein gutes Recht, die ihm entgegengehaltene Patentschrift Watsons als Utopie und nicht ausführbar hinzustellen. Leider sind die Entscheidungsgründe des Reichsgerichts vom 1.12.1897 bzw. des Oberlandesgerichts Dresden vom 1.3.1898 nicht mehr vorhanden, so daß man nicht überprüfen kann, was die beiden Gerichte veranlaßte, trotz dieser wohl einwandfreien Sachlage der Nichtigkeitsklage nicht stattzugeben." Zitiert nach Schnauffer, Kurt: „Die Entwicklung des raschlaufenden Viertaktmotors durch Daimler und Maybach 1882-1887" (Hrsg.: Arbeitsgemeinschaft für die Geschichte des Deutschen Verbrennungsmotorenbaus), Teil I: Text, unveröffentlichtes Manuskript 1953, Archiv der mtu, Bestand „Wilhelm Maybach", S. 27ff. Bei dieser Argumentation übersieht Schnauffer freilich die in der Tat notwendige praxisgerechte Umsetzung, die Daimler/Maybach gelang. Es ist davon auszugehen, dafür sprechen auch die Versuche, daß die Zündung, wie von Watson beschrieben, eben nicht funktionierte. Das läßt sich sehr anschaulich der Erwiderung von Daimler gegen die Nichtigkeitsklage der Gasmotorenfabrik Deutz vom April 1894 entnehmen.

8 Daimler-Benz AG (Hrsg.): „Gottlieb Daimler zum Gedächtnis", Stuttgart 1950, S. 55.

9 Ebd., S. 57.

10 Schnauffer, Kurt: „Die Entwicklung des raschlaufenden Viertaktmotors durch Daimler und Maybach 1882-1887" (Hrsg.: Arbeitsgemeinschaft für die Geschichte des Deutschen Verbrennungsmotorenbaus), Teil I: Text, unveröffentlichtes Manuskript 1953, Archiv der mtu, Bestand „Wilhelm Maybach", S. 10f.

11 Vgl. ebd., S. 46f.

12 Einem Zweitaktmotor nicht unähnlich wurde bei dieser Bauart das Gemisch unterhalb des Kolbens, bei dessen Aufwärtsbewegung, angesaugt, um erst bei der Abwärtsbewegung des Kolbens durch das Kolbenventil in den Brennraum zu gelangen. Bei dieser Bauart wurde das Kurbelgehäuse als Spül- und Ladepumpe verwendet und mußte deshalb auch geschlossen ausgeführt werden. Dieses Konzept hatte die konstruktionsbedingte Schwäche, daß das Ventil recht schnell verkokste und so Kompressionsverluste entstanden. In der Tat war Maybach, durch ein Zweitaktmotorenpatent von Konrad Angele aus dem Jahr 1878, zu dieser Konstruktion inspiriert worden. Siehe ebd., S. 55f.

13 Siebertz, Paul: „Gottlieb Daimler zum Gedächtnis" (Hrsg.: Daimler-Benz AG), Stuttgart 1950, S. 31.

14 Schnauffer bemerkt zu dieser Konstruktion: „Bei der Besprechung des liegenden Modellmotors war bereits auf die bei diesem Motor neu durchgebildeten scheibenförmigen Kurbelwangen hingewiesen worden. Die Weiterentwicklung dieser Scheiben zu Schwungrädern

lag verhältnismäßig nahe. Denn die großen Schwungräder der beiden ersten Motoren erschwerten den Einbau in die damaligen verhältnismäßig kleinen Fahrzeuge sehr und mußten unbedingt entweder ganz verschwinden oder wesentlich verkleinert werden. Das so umgestaltete Triebwerk hat dann Maybach in ein geschlossenes Gehäuse eingebaut. Es war eine überragende schöpferische Leistung, die die gesamte Motorenentwicklung maßgebend beeinflußte." Schnauffer, Kurt: „Die Entwicklung des raschlaufenden Viertaktmotors durch Daimler und Maybach 1882–1887" (Hrsg.: Arbeitsgemeinschaft für die Geschichte des Deutschen Verbrennungsmotorenbaus), Teil I: Text, unveröffentlichtes Manuskript 1953, Archiv der mtu, Bestand „Wilhelm Maybach", S. 51.

15 Vgl. ebd., S. 57.

16 Verrechtlichung war ein wesentlicher Faktor für die soziale Akzeptanz der Motorisierung. Die Gesetzgebung paßte sich erst langsam der rasch voranschreitenden Technik an. Vgl. Niemann, Harry: „Zum Interaktionsverhältnis Mensch – Technik", in: Niemann, Harry/Hermann, Armin (Hrsg.): „Die Entwicklung der Motorisierung im Deutschen Reich und den Nachfolgestaaten", Stuttgart 1995, S. 127ff.

17 Vgl. Krebs, Rudolf: „5 Jahrtausende Radfahrzeuge – Über 100 Jahre Automobil", Berlin, Heidelberg 1994.

18 Vgl. Hardenberg, Horst: „The Middle Ages of the Internal-Combustion Engine 1794–1886", Society of Automotive Engineers, Warrendale, U.S.A. 1999.

19 Vgl. Schildberger, Friedrich: „Entwicklungen der Daimler- und Benz-Arbeit bis um die Jahrhundertwende", Hrsg. Daimler-Benz AG, o. J., S. 1.

20 Zitiert nach ebd., S. 62.

21 Zur Datierung der ersten Fahrt vgl. ebd., S. 61ff. Wer denn nun die Fahrt unternommen hat, ist widersprüchlich in der Literatur dargestellt. Bei Siebertz ist es der zu diesem Zeitpunkt 24 Jahre alte Paul Daimler. Vgl. Siebertz, Paul: „Gottlieb Daimler. Ein Revolutionär der Technik", München 1940, S. 122.

22 Ebd., S. 69f.

23 „Esslinger Zeitung" vom 11. Dezember 1887 unter „Stuttgarter Tagesneuigkeiten".

24 „Stuttgarter Neues Tageblatt", 5. November 1886.

25 DaimlerChrysler Konzernarchiv, Bestand „Daimler – Biographisches", 20.

26 DaimlerChrysler Konzernarchiv, Bestand „Werksangehörige", 51.

27 Vgl. Niemann, Harry: „Wilhelm Maybach. König der Konstrukteure", Stuttgart 1996, S. 69ff.

28 Vgl. Schildberger, Friedrich: „Die Entstehung der Automobilindustrie in Frankreich", Stuttgart 1974, unveröffentlichtes Manuskript.

5

12

Emile-Levassor-Denkmal in Paris

Wien, Paris, New York

Die Auslandsaktivitäten Gottlieb Daimlers

Schon während seiner Deutzer Zeit hatte Gottlieb Daimler Gelegenheit, Kontakte im Ausland zu knüpfen, und er nutzte diesen Umstand klug. In Paris war es Edouard Sarazin gewesen, der den Vertrieb für die Deutzer-Gasmotoren innehatte. 1879 gründete die Gasmotorenfabrik Deutz eine eigene Tochtergesellschaft, die „Compagnie Francaise des Moteurs à Gaz“. Sarazin schied daraufhin aus dem Unternehmen aus, auch wenn er noch, genau wie Daimler, Aktienbesitz an dieser neuen Gesellschaft hatte. Sarazin war es dann auch, der am 26. Oktober 1886 das französische Patent für den Motor mit der Glührohrzündung (DRP 28022 vom 16. Dezember 1883) übernahm, sowie das DRP 28243 vom 16.Dezember 1883, das die Regulierung des Motors betrifft, sowie das den Schiffsantrieb betreffende DRP 39367 vom 9. Oktober 1886. Weitere Partner und Lizenznehmer fand Daimler später mit Hilfe von Sarazin in René Panhard und Emile Levassor, die in Paris eine Fabrik für Holzbearbeitungsmaschinen leiteten. Dieses ursprünglich von Perin, dem Erfinder der Bandsäge, 1855 gegründete Unternehmen war durch den Eintritt von René Panhard 1867 in die Firma Perin & Panhard und in Folge dann 1872 in Perin, Panhard und Cie. umgewandelt worden. Levassor war 1872 in das Unternehmen eingetreten und hatte nach Perins Tod 1886 dessen Stelle eingenommen. Von da an hieß die Firma „Société Panhard & Levassor“. Aus ihr ging später die Automobilfirma „Panhard & Levassor“ hervor.

In dieser Fabrik waren die besten Voraussetzungen für die Produktion des kleinen Schnelläufers gegeben. Als Edouard Sarazin am 24. Dezember 1887 in Folge eines Nierenleidens im Alter von nur 47 Jahren starb, übernahm seine Frau Louise die vertraglichen Rechte aus der Abmachung mit Daimler. Allerdings, am Anfang war sie recht zögerlich, ob dies überhaupt gewünscht war. In dem Brief, in dem sie Daimler über den Tod ihres Gatten informiert, schreibt sie:

Titelblatt eines Prospektes von Panhard & Levassor aus dem Jahre 1892

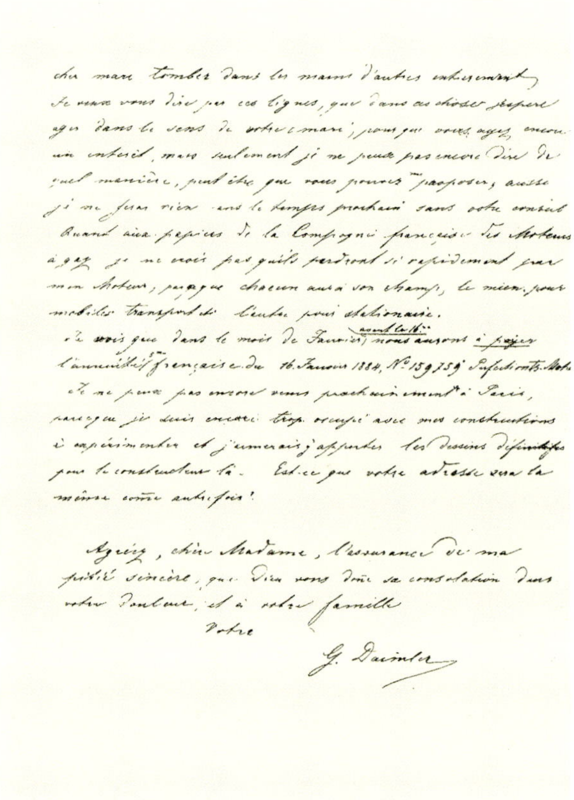

Agréez, chère Madame, l'assurance de ma pitié sincère, que Dieu vous donne sa consolation dans votre douleur, et à votre famille

Votre

G. Daimler

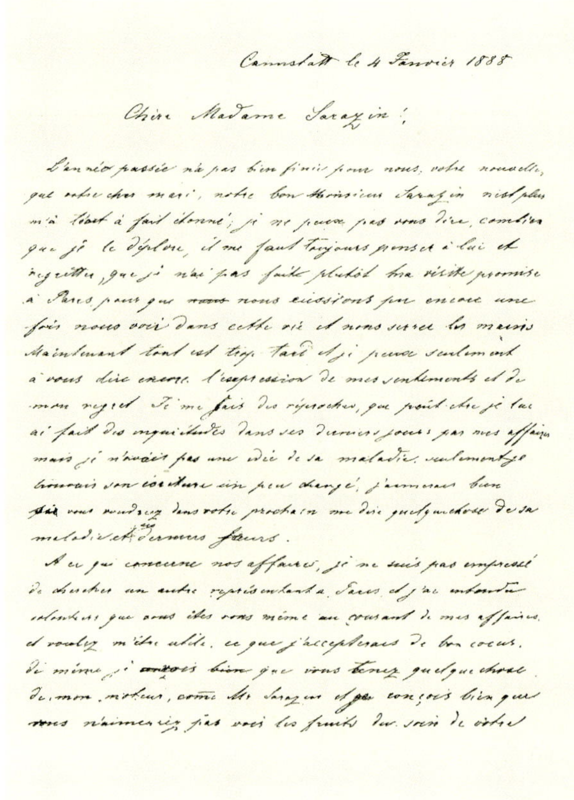

Cannstatt le 4 Janvier 1888

Chère Madame Sarazin;

Kondolenzbrief Gottlieb Daimlers an Louise Sarazin vom 4. Januar 1888

Louise Sarazin

„... Sie werden nun einen neuen Vertreter für Frankreich nehmen wollen; aber weil ich von allen vorausgegangenen Verhandlungen weiß und bis auf den heutigen Tag über die Einzelheiten informiert bin, so stehe auch ich Ihnen so lange für Ihre Arbeiten zur Verfügung, bis Sie einen passenden Ersatz für meinen Mann gefunden haben ...“ [1]

Daimler antwortet ihr umgehend am 4. Januar 1888:

„Liebe Frau Sarazin!
Das vergangene Jahr hat nicht glücklich für uns geendet. Ihre Nachricht, daß Ihr lieber Gatte, unser guter Monsieur Sarazin, nicht mehr ist, hat mich sehr betroffen. Ich kann Ihnen nicht sagen, wie sehr ich ihn beklage. Ich muß immer an ihn denken und bedauern, nicht früher

meinen versprochenen Besuch in Paris gemacht zu haben, damit wir uns noch einmal in diesem Leben hätten wiedersehen können, um uns die Hände zu drücken. Jetzt ist es zu spät, und ich kann nur noch Ihnen den Ausdruck meiner Gefühle und meines Bedauerns übermitteln.

Ich mache mir Vorwürfe, daß ich ihm vielleicht in den letzten Tagen durch meine Geschäfte Sorgen bereitet habe; aber ich hatte keine Ahnung von seiner Krankheit, nur seine Schrift fand ich etwas verändert. Ich möchte wohl gern, daß Sie mir in Ihrem nächsten Briefe über seine Krankheit und die letzten Tage erzählen wollten.

Was nun unsere Geschäfte anbelangt, so eilt es mir nicht, einen neuen Vertreter für Paris zu suchen, und ich höre gern, daß Sie auf dem laufenden über unsere Geschäfte sind und mir nützlich sein wollen, was ich von Herzen gern annehme. Ferner sehe ich auch, daß Sie etwas

Emile Levassor

Gottlieb Daimler in Frankreich vor einem der ersten Benzinwagen, die mit Luftreifen ausgestattet wurden. Am Steuer Chevalier René de Knyff.

Daimler 2-Zyl.-V-Motor mit einer Leistung von 1,5 PS, 1889

MOTEUR A PÉTROLE

SYSTÈME DAIMLER, BREVETÉ S. G. D. G.

PANHARD & LEVASSOR, CONSTRUCTEURS

19, Avenue d'Ivry. — PARIS

Ce moteur se distingue des autres de même espèce connus jusqu'ici;

1° Par l'emploi d'un mélange gazeux plus pur et plus puissant;

2° Par une grande vitesse de rotation.

En conséquence, avec un même poids, la force de ce moteur est beaucoup plus grande, ou bien, avec une même force, le poids est beaucoup moindre que celui des autres moteurs.

Cette particularité du moteur Daimler est très importante parce que, outre que le moteur peut s'employer à poste fixe et se loger dans un espace très restreint, il peut être également employé à actionner des véhicules de différentes sortes (bateaux, tramways, quadricycles, etc.).

L'essence de pétrole ou gazoline destinée à fournir le mélange gazeux est contenue dans un carburateur placé sur le côté du moteur; ce carburateur est figuré, sur la gravure ci-contre, à droite du cylindre.

Le règlement de la vitesse se fait avec un régulateur très sensible agissant sur la soupape d'échappement et réglant le nombre des explosions en raison de la force à produire.

L'inflammation se fait pneumatiquement par une compression rapide du mélange gazeux dans l'intérieur d'une capsule chauffée au rouge par une flamme extérieure; donc, pas de tiroir, ni d'électricité.

Prospektblatt von Panhard & Levassor aus dem Jahre 1890

von meinem Motor halten, ebenso wie M. Sarazin, und ich begreife gut, daß Sie ungern die Früchte der Arbeit Ihres Gatten in anderen Händen sehen möchten. Ich möchte Ihnen durch diese Zeilen sagen, daß ich hoffe, im Sinne Ihres Gatten zu handeln, wenn ich Ihnen zusichere, daß Sie auch fernerhin an den Geschäften beteiligt bleiben, nur kann ich jetzt noch nicht sagen, in welcher Weise. Jedenfalls werde ich in der nächsten Zeit nichts ohne Ihren Rat unternehmen.

Was die Papiere der Compagnie Francaise à Gaz anbelangt, glaube ich nicht, daß sie so rasch durch meinen Motor fallen werden; jeder wird seinen Arbeitsbereich haben, der meine für die beweglichen Objekte, der andere als stationärer Motor.
Ich kann demnächst noch nicht nach Paris kommen; denn ich bin noch zu sehr mit der Ausarbeitung meiner Konstruktion beschäftigt, und ich möchte doch die endgültigen Pläne für den dortigen Konstrukteur mitbringen. Wird Ihre Adresse dieselbe sein wie bisher?
Genehmigen Sie, liebe Frau Sarazin, die Versicherung meiner herzlichsten Teilnahme. Möchte Gott Ihnen seinen Trost geben für Ihren Schmerz, auch Ihrer Familie." [2]

Vor seinem Tod hatte Sarazin Motoren bei der Firma „Société Panhard & Levassor" in Auftrag gegeben, und von dort kam nun die Frage, ob dieser Auftrag noch ausgeführt werden sollte. Zur Klärung des weiteren Vorgehens und um sich

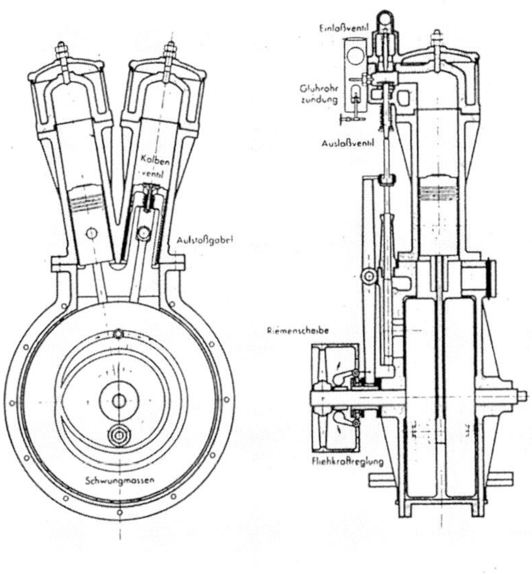

Schnitt- und Aufrißzeichnung des Daimler V-Motors

ein Bild von der Sache zu machen, fuhr Madame Sarazin im Februar des Jahres 1888 nach Cannstatt. Dort war sie, ihren eigenen Berichten zu Folge, sehr beeindruckt. Nach Probefahrten mit dem Motorwagen und intensiven Gesprächen mit Daimler hinsichtlich des weiteren Verlaufs in der technischen Entwicklung, fuhr sie, einen Einzylindermotor im Gepäck, zurück nach Paris. Im weiteren Verlauf der Ereignisse gelang es der engagierten Frau, den etwas zögerlichen Emile Levassor zu einer gemeinsamen Reise nach Cannstatt zu überreden, diese fand im Oktober 1888, also knapp sieben Monate nach der ersten statt. Auch zu Levassor gelang es Daimler einen über das rein Geschäftliche hinaus gehenden, freundschaftlichen Kontakt aufzubauen, so daß dieser schon wieder im Dezember nach Cannstatt kam,

Panhard und Levassor auf dem ersten nach Frankreich gelieferten Daimler Stahlradwagen, 1890

Panhard & Levassor-Wagen mit Daimler 2-Zyl.-V-Motor, mit 4 PS Leistung, 1893/94

Panhard & Levassor-Wagen mit 4-PS-2-Zyl.-V-Motor Lizenz Daimler, Sieger im ersten Automobilrennen der Welt, Paris–Rouen, 1894

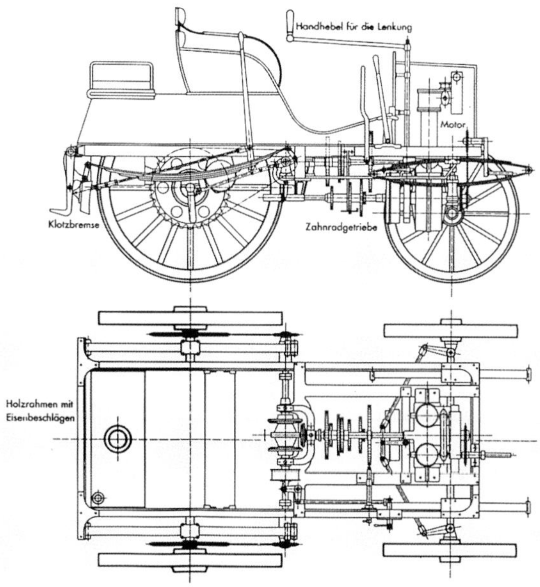

Durchsichtszeichnung des Panhard & Levassor-Wagen mit 4 PS-Daimler-V-Motor, 1894.

um sich über den Bau des Stahlradwagens bzw. den Bau des Zweizylinder-V-Motors (patentiert unter DRP 50839 vom 9. Juni 1889) zu informieren. Nun war Levassor Feuer und Flamme. Wie bei Daimler war sein Grundgedanke der einer breiten, nicht nur auf das Automobil begrenzten Motorisierung.

Schon am 5. Februar 1889 kam es zum Abschluß eines Vertrags zwischen Daimler und Louise Sarazin, der besagt, daß Daimler 12% vom Kaufpreis eines jeden Motors, den die Konzessionsinhaberin herstellt oder herstellen läßt, erhält. Diese schloß nun ihrerseits einen Untervertrag mit der „Société Panhard & Levassor“, der ihr 20% pro Motor garantierte, so daß ihr nach der Abgabe an Daimler 8% verblieben. Jährlich sollten 30 Motoren produziert werden, eine Stückzahl, die aber erst 1891 erreicht wurde. Eine Forderung Daimlers war es, daß alle Motoren auch den Namen „Daimler“ tragen mußten; dieser wurde entsprochen. Schon am 29. Oktober wurde der erste Motor von Panhard & Levassor an Bonet in Barcelona geliefert.

Die geschäftlichen Beziehungen zwischen Madame Sarazin und der „Société Panhard & Levassor“ hatten allerdings auch private Konsequenzen. Am 4. Mai 1890 heiratete Emile Levassor Louise Sarazin. Diese Heirat sollte sich für den weiteren Verlauf der Geschehnisse als günstig erweisen.

Peugeot-Wagen mit Daimler 2-Zyl.-V-Motor, 1892

Heckansicht des Peugeot-Wagens mit Daimler 2-Zyl.-V-Motor, 1892 mit geöffnetem Kästchen, in dem die beiden Glührohre für den jeweiligen Zylinder zu erkennen sind.

Anläßlich der Pariser Weltausstellung 1889 war Daimler Mitte Oktober mit seinem Sohn Paul und Wilhelm Maybach nach Paris gekommen, um die Präsentation seiner Motoren auf der Ausstellung zu überwachen. Maybachs Tagebucheintragungen ist zu entnehmen, daß er am 29. Oktober 1889 neben anderen Personen auch eine Probefahrt im Stahlradwagen mit Louis Rigoulot, dem maßgebenden Ingenieur und technischen Leiter von Peugeot durchführte. Dies führte in der Folge dazu, daß Peugeot den Automobilbau mit „Daimler-Lizenz-Motoren" aus der Produktion von Panhard & Levassor aufnahm. Die ersten Daimler-Zweizylinder-V-Lizenz-Motoren, mit einer Leistung von 1,6 PS, wurden am 15. und 17. März und am 19. April 1890 an Peugeot geliefert.

In einer der ersten Veröffentlichungen über den mit einem Daimler-Zweizylinder-V-Motor ausgerüsteten Peugeot-Wagen ist in der französischen Zeitschrift „Le Cycliste" vom 2. Juli 1890 zu lesen:

„Unter den an dieser Stelle veröffentlichten Nachrichten findet man einige Artikel über das Fahren mit Dampf oder Elektrizität. Aber die meisten Leser wissen nicht, daß man wirklich bereits mit Erdöl fährt. Der bedeutendste Veloziped-Hersteller, die Firma Peugeot, befaßt sich mit dem Bau dieser Veloziped-Art. [...]

Von dieser Firma stammten bereits die Serpollet'schen Velozipede, die man auf der Weltausstellung sehen konnte, aber die mit diesem Motorsystem erzielten Ergebnisse sind sozusagen gleich Null gewesen.

Das Erdöl-Veloziped ist besser. Der verwendete Motor ist Daimler'sche Bauart und kommt aus den Werkstätten Panhard & Levassor. Er

Die Glührohrzündung des Peugeot-Wagens mit Daimler 2-Zyl.-V-Motor in Betrieb

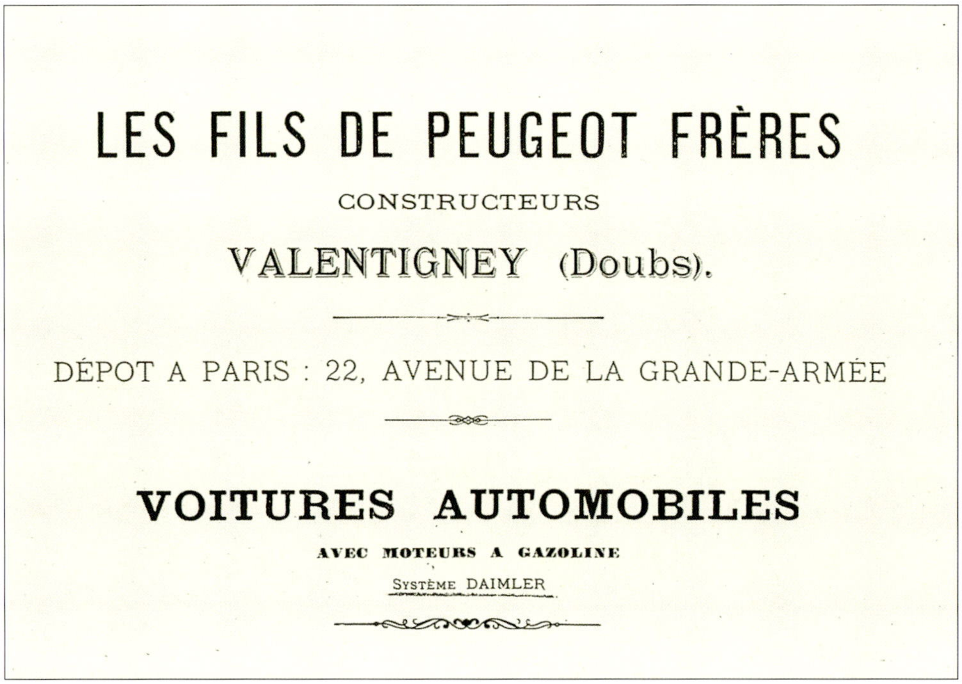
LES FILS DE PEUGEOT FRÈRES

CONSTRUCTEURS

VALENTIGNEY (Doubs).

DÉPOT A PARIS : 22, AVENUE DE LA GRANDE-ARMÉE

VOITURES AUTOMOBILES

AVEC MOTEURS A GAZOLINE

SYSTÈME DAIMLER

Titelblatt eines Prospekts der Gebrüder Peugeot, in dem Fahrzeuge mit in Lizenz gebauten Daimler-Motoren angeboten werden

hat die Kraft eines Pferdes und wiegt ca. 60 kg. Er besteht aus Zylinder und Kolben, durch die ein und dieselbe Kurbelwelle mit einer Geschwindigkeit von 600 U/min betrieben wird; alle Bewegungen der Maschine werden wie bei einer gewöhnlichen Gasmaschine ausgeführt; die innere Zündung erfolgt durch zwei Platinenröhren, die durch zwei Bunsenbrenner bis zur Rotglut erhitzt werden. Die Bunsenbrenner werden ebenfalls mit Erdöl gespeist.

Die Bewegung der Maschine wird auf die Achse übertragen durch Zahnräder verschiedener Größe, die dem Veloziped verschiedene Geschwindigkeiten je nach Straßenneigung verleihen. Es ist vierrädrig und wiegt ca. 250 kg. (Das Serpollet'sche Veloziped wiegt 500 kg.) Seine Höchstgeschwindigkeit in der Ebene beträgt 20 km in der Stunde; sein Steigvermögen beträgt 10%, doch beträgt dann seine Geschwindigkeit nur 5 km.

Die komplizierte Bauweise und die Sorgfalt, mit der bei der Konstruktion dieses Vierrad-Fahrzeuges vorgegangen wurde, rechtfertigen seinen außergewöhnlich hohen Preis von 3 000 bis 4 000 Francs ...“[3]

Die ersten bebilderten Veröffentlichungen über Peugeot-Wagen mit dem Zweizylinder-V-Motor erschienen am 24. Oktober 1891. Die Fahrzeuge lehnten sich konzeptionell stark an den Stahlradwagen an.

Ein großes Medienecho erreichte Peugeot mit der Teilnahme dieses Wagens bei dem Radrennen Paris – Brest am 6. September 1891, bei der er die Strecke Valentigney – Brest, die über 2047 km ging, in einer effektiven Fahrzeit von 139 Stunden zurücklegte. Das war die erste von einer Fabrikmannschaft planmäßig durchgeführte Fernfahrt in der Geschichte des Automobils.

Auch Panhard & Levassor begann mit der Produktion von Automobilen. In dem ersten Katalog der Firma vom Mai 1891 werden neben Daimler Motoren für die verschiedensten Anwendungsgebiete auch Autos angeboten. Dort heißt es:

„Die Daimler Benzin-Motoren eignen sich vorzüglich zum Antrieb von Fahrzeugen: ihr geringes Gewicht, ihre Einfachheit, der Fortfall von

Erstes von Panhard & Levassor konstruiertes Automobil mit in Lizenz gefertigtem Daimler 2-Zyl.-Motor, 1891

Peugeot Vis-à-Vis von 1892, ausgerüstet mit einem bei Panhard & Levassor gebauten Daimler-Motor

Peugeot Modell 2 ½ HP, 1894.

Kessel und Kohlen geben ihnen den Vorrang gegenüber den Dampfmotoren, die bekanntlich große Sorgsamkeit und Bedienung erfordern. Der 1 PS-Stahlradwagen mit 2 Plätzen wiegt ungefähr 230 kg und kostet 3300 Frs. Mit 2 PS und 4 Plätzen kostet der Wagen 4600 Frs. Als Dog Car mit 2 PS und 4 Plätzen beträgt der Preis ebenfalls 4600 Frs. Die erzielten Geschwindigkeiten betragen 18 km auf einer schönen Straße. Unter dieser Bedingung sind bei einem Stahlradwagen von 1 PS und zwei Plätzen die Kosten für den Benzinverbrauch drei Centime je Kilometer."[4]

1894 fand auf der Strecke Paris – Rouen die erste große Vergleichsfahrt, von einem Rennen im heutigen Sinn kann nicht gesprochen werden, statt. Die ersten Plätze erzielten Fahrzeuge mit Daimler-Motoren, aus der Lizenzfertigung von Panhard & Levassor; von den 15 Fahrzeugen, die das Ziel erreichten waren neun mit diesen Moto ren ausgerüstet. Der Rennsport trug nachhaltig zur Popularisierung des Automobils bei.[5]

Bedauerlicherweise wurde Levassor eines der ersten Opfer des Rennsports. Auf der Veranstaltung Paris–Marseille 1897 verunglückte er und erlag seinen Verletzungen.

Von der Umwandlung seines Unternehmens in eine Aktiengesellschaft hat Daimler Panhard & Levassor am 1. März 1891 verständigt. Er schreibt:

„Ich beehre mich, Ihnen mitzuteilen, daß die Firma G. Daimler in Cannstatt, Herstellung und Vertrieb von Gas- und Benzin-Motoren, Motorbooten usw., in eine Gesellschaft umgewandelt wurde, welche ihren Sitz in Cannstatt hat unter dem Namen 'Daimler-Motoren-Gesellschaft'. Diese Umwandlung ist die Folge der bedeutenden Erhöhung der Umsätze, welche es notwendig gemacht hat, das Unternehmen auf eine breitere Grundlage zu stellen.

Rennen Paris-Bordeaux-Paris 1895: Begeisterungsausbruch des Publikums bei der Ankunft von Emile Levassor an der Porte Maillot. Mit einem Panhard-Levassor-Wagen, der mit einem Daimler-Motor ausgerüstet war, siegte er als Schnellster mit 25 km/h Durchschnittsgeschwindigkeit.

Die Aktiva und Passiva der alten Firma sind mit Wirkung vom 1. März 1890 von der obengenannten Gesellschaft übernommen worden, an welcher ich nach wie vor beteiligt bin.
Der Geschäftsbetrieb geht unter meiner Mitwirkung als Beauftragtem des Aufsichtsrats der neuen Gesellschaft weiter.
Ich bitte Sie, hiervon Kenntnis zu nehmen...“[6]

Emile Levasor beim Rennen Paris-Bordeaux-Paris 1895, das er als Sieger beendete.

Der engen Verbindung Daimlers zu seinen französischen Freunden und Geschäftspartnern tat dies allerdings keinen Abbruch. Im Syndikatsvertrag von 1890 ließ er sich die Unantastbarkeit der Abmachungen mit Frankreich bestätigen und auch die Zusage geben, weiterhin in „direktem Verkehr“ den geschäftlichen Kontakt zu halten.

Ähnlich alt wie Daimlers Kontakte nach Frankreich waren die zu Amerika. Als Wilhelm Maybach 1876 im Auftrag der Gasmotorenfabrik Deutz die Weltausstellung in Philadephia besuchte, nutzte er dies, um seinen Bruder Karl, der in leitender Stellung bei der Klavierfabrik Steinway & Sons beschäftigt war, zu besuchen.

Die Familie Steinway stammte aus Seesen im Harz, von wo aus der Vater von William, Heinrich Engelhard Steinway (1797-1871), 1850 nach Amerika ausgewandert war. Ursprünglich Kunsttischler, hatte er auf Instrumentenbau umgesattelt und nannte sich ab diesem Zeitpunkt Instrumentenmacher. Seit 1871 existierte die Firma Steinway & Sons in New York im Stadteil Queens. Ein anderer Familienteil hatte mit der Klavierproduktion in Hamburg begonnen.

Natürlich kam Maybach auch mit William Steinway (1836-1896) ins Gespräch, und als dieser ihn während eines Deutschlandaufent-

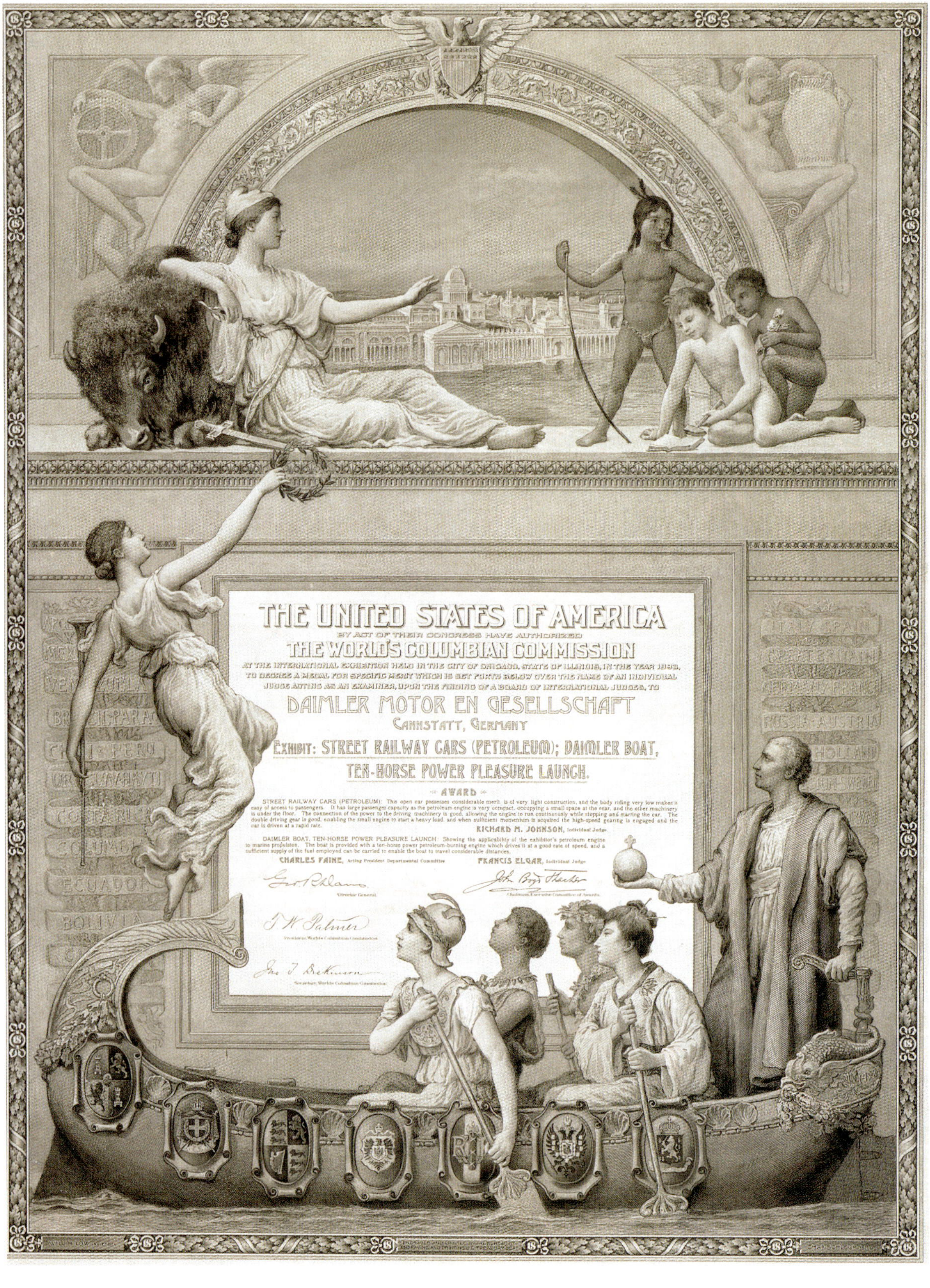
THE UNITED STATES OF AMERICA
BY ACT OF THEIR CONGRESS HAVE AUTHORIZED
THE WORLD'S COLUMBIAN COMMISSION
AT THE INTERNATIONAL EXHIBITION HELD IN THE CITY OF CHICAGO, STATE OF ILLINOIS, IN THE YEAR 1893, TO DECREE A MEDAL FOR SPECIFIC MERIT WHICH IS SET FORTH BELOW OVER THE NAME OF AN INDIVIDUAL JUDGE ACTING AS AN EXAMINER, UPON THE FINDING OF A BOARD OF INTERNATIONAL JUDGES, TO
DAIMLER MOTOR EN GESELLSCHAFT
CANNSTATT, GERMANY
EXHIBIT: STREET RAILWAY CARS (PETROLEUM); DAIMLER BOAT, TEN-HORSE POWER PLEASURE LAUNCH.
AWARD
STREET RAILWAY CARS (PETROLEUM): This open car possesses considerable merit, is of very light construction, and the body riding very low makes it easy of access to passengers. It has large passenger capacity as the petroleum engine is very compact, occupying a small space at the rear, and the other machinery is under the floor. The connection of the power to the driving machinery is good, allowing the engine to run continuously while stopping and starting the car. The double driving gear is good, enabling the small engine to start a heavy load, and when sufficient momentum is acquired the high-speed gearing is engaged and the car is driven at a rapid rate.
RICHARD M. JOHNSON, Individual Judge.
DAIMLER BOAT, TEN-HORSE POWER PLEASURE LAUNCH: Showing the applicability of the exhibitor's petroleum engine to marine propulsion. The boat is provided with a ten-horse power petroleum-burning engine which drives it at a good rate of speed, and a sufficient supply of the fuel employed can be carried to enable the boat to travel considerable distances.
CHARLES FAINE, Acting President Departmental Committee
FRANCIS ELGAR, Individual Judge
Director General
Chairman Executive Committee of Awards
President, World's Columbian Commission
Secretary, World's Columbian Commission

William Steinway

halts besuchte, lernte er auch Daimler und dessen Erfindungen kennen. In einem Brief vom 3. September 1888 faßte Daimler noch einmal alle Gesprächspunkte zusammen:

„Auf Ihre werte Karte vom 28. August muss ich Ihnen von hier aus erwidern, da ich durch einen schnell eingetretenen Krankheitsfall in meiner Familie genötigt bin, hier zu verweilen.
Es freut mich, dass auch Ihr Neffe, Herr Candidus, sich für meine Sache interessiert, eine so junge Kraft kann ein schönes Arbeitsfeld darin finden.
Wenn Sie sich von der Nützlichkeit überzeugt haben und geneigt sind, das Geschäft für Amerika mit mir zu machen, so möchte ich Sie bitten, den Vertrag nach den amerikanischen Vorschriften und in dem von Ihnen vorgeschlagenen Sinn abzufassen, nämlich, dass eine Gesellschaft mit Anteilen gebildet wird, bei welcher meine jetzigen und zukünftigen Patente meinen Anteil repräsentieren und das Übrige von der Gesellschaft geleistet wird, wobei auch Herr Maybach mit einem Teil mittun könnte.
Alle künftigen Erfindungen und Verbesserungen in der Branche müssten gegenseitig kostenfrei ausgetauscht werden. Meine Konstruktionszeichnungen sowie auf Wunsch Maschinen oder Modelle, soweit ich solche hier ausgeführt habe, ebenso meine Erfahrungen im Fach würden Ihnen zu Gebote stehen.
Zu der von Ihnen gewünschten Anfertigung zweier Motoren und Getriebe für Trambahnen müsste ich Konstruktionszeichnungen, Gewicht und Belastung des betreffenden Wagens haben.
Ich stelle mich Ihnen zur eventuellen Vollziehung des Vertrages zur Verfügung und sehe Ihren weiteren Nachrichten (nach Cannstatt) gern entgegen.“[7]

Links: Auszeichnung für die Produkte der Daimler-Motoren-Gesellschaft, die auf der Weltausstellung 1893 in Chicago gezeigt wurden.

Steinway erkannte sofort, daß Amerika als Markt für diese Produkte bestens geeignet war, und er überzeugte Daimler von einer gemeinsamen geschäftlichen Initiative. Die „Daimler Motor Co.“ wurde mit einem Kapital von 10000 Dollar, am 29. September 1888, gegründet. Ihr Sitz war Long Island, New York. Daimlers Beitrag war die Einbringung seiner Patentrechte für Amerika und Kanada. Der Vertrag lautete:

„Allen hiermit zu Kund und Wissen, dass ich, Gottlieb Daimler, aus Cannstatt, Württemberg, Kaiserreich Deutschland, kraft dieser Urkunde Mr. William Steinway aus New York zu meinem rechtmässigen und gesetzlichen Bevollmächtigten erkläre und ernenne und ihm die Berechtigung erteile, für mich, in meinem Namen und an meiner Stelle bei der Gründung der geplanten, entsprechend den Gesetzen des Staates New York einzutragenden 'The Daimler Motor Company' zu handeln und mitzuwirken; für mich sechsundsechzig, oder mehr

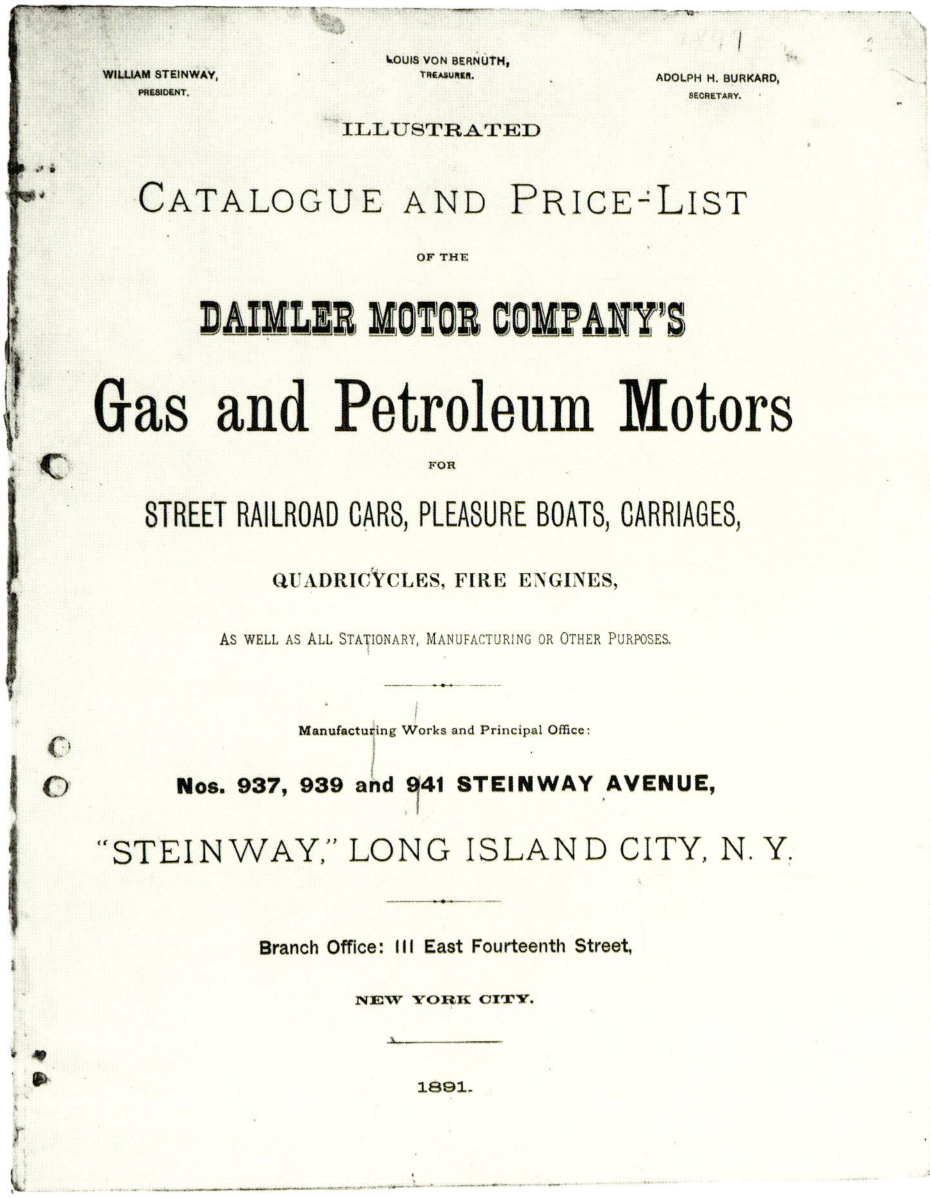

WILLIAM STEINWAY, PRESIDENT. LOUIS VON BERNUTH, TREASURER. ADOLPH H. BURKARD, SECRETARY.

ILLUSTRATED

CATALOGUE AND PRICE-LIST

OF THE

DAIMLER MOTOR COMPANY'S

Gas and Petroleum Motors

FOR

STREET RAILROAD CARS, PLEASURE BOATS, CARRIAGES,

QUADRICYCLES, FIRE ENGINES,

AS WELL AS ALL STATIONARY, MANUFACTURING OR OTHER PURPOSES.

Manufacturing Works and Principal Office:

Nos. 937, 939 and 941 STEINWAY AVENUE,

"STEINWAY," LONG ISLAND CITY, N. Y.

Branch Office: 111 East Fourteenth Street,

NEW YORK CITY.

1891.

Titelseite des Prospekts der „Daimler Motor Company" von 1891: Steinway bietet das Daimler-Programm in den USA an.

oder weniger, Anteile des Aktienkapitals oder, im Falle einer künftigen Erhöhung des Aktienkapitals des genannten Unternehmens, weitere Anteile an demselben zu zeichnen; für mich bei der Aushändigung dieser Aktien an mich in voller Höhe dafür in den Büchern des genannten Unternehmens Quittungen zu leisten; auf Grund aller meiner Aktienanteile in jeder Aktionärsversammlung oder bei der Wahl eines Treuhänder-Ausschusses abzustimmen; für mich, in meinem Namen und an meiner Stelle für oder gegen jede vorgeschlagene Erhöhung oder Herabsetzung des Aktienkapitals des genannten Unternehmens zu stimmen; ebenso für mich alle Gelder oder Schuldbeweise entgegenzunehmen und dafür Quittung zu leisten; ebenso für mich und an meiner Stelle alle Schecks, Wechsel, Schuldscheine oder fällige Rechnungen, die an meine Order zahlbar gemacht wurden, zu indossieren; solche Gelder oder Schuldbeweise an mich nach Cannstatt oder an einen anderen Ort zu überweisen;

Gesamtansicht der „Daimler Motor Company“

ebenso in meinem Namen für meine Zeichnung des Aktienkapitals der genannten 'The Daimler Motor Company' oder jeder Erhöhung desselben Zahlung zu leisten oder meine Zeichnung zu erweitern; ebenso in meinem Namen und an meiner Stelle alle geldlichen Zahlungen zu leisten, die nach seiner Meinung im Zusammenhang mit meinen geschäftlichen Transaktionen in den Vereinigten Staaten von Amerika oder an einem anderen Ort billigerweise von mir zu erwarten sind; ebenso in meinem Namen und an meiner Stelle der genannten ,The Daimler Motor Company' so bald wie möglich nach ihrer gesetzlichen Eintragung alle und jede mir von dem Patentamt der Vereinigten Staaten vor dem Datum dieser Übereinkunft zuerkannten Patente zuzuweisen, zu verkaufen und zu übertragen, desgleichen alle Neuausstellungen, Erneuerungen solcher Patente oder Patenturkunden, die mir von den Vereinigten Staaten hiernach gewährt werden sollten - womit ich meinen vorgenannten Bevollmächtigten die absolute Vollmacht und Berechtigung erteile, alle und jede Handlung vorzunehmen, die in bezug auf das Vorerwähnte für erforderlich und notwendig befunden werden sollte, für alle Absichten und Zwecke in demselben Umfang, wie ich dies tun würde oder könnte, falls ich persönlich anwesend wäre, und mit dem vollen Recht der Ersetzung oder Aufhebung, wobei ich alles anerkenne und bestätige, was mein vorgenannter Bevollmächtigter oder sein Stellvertreter kraft dieser Urkunde gesetzlich tun oder veranlassen mag.“[8]

Damit war formell die Gründung der Daimler Motor Company vollzogen.

Nach der Gründung der Gesellschaft 1888 wurden Gas- und Petroleummotoren, als stationäre oder Schiffsmotoren, von der Daimler Motor Company hergestellt und vertrieben. Produziert wurde bei der National Machine Company in Hartford, Connecticut ab 1891. Bei der Columbian Exhibition in Chicago wurden eine verbesserte Ausführung des Maybachschen

Bürogebäude der „Daimler Motor Company“ in der Steinway Avenue, Long Island City, New York, 1903

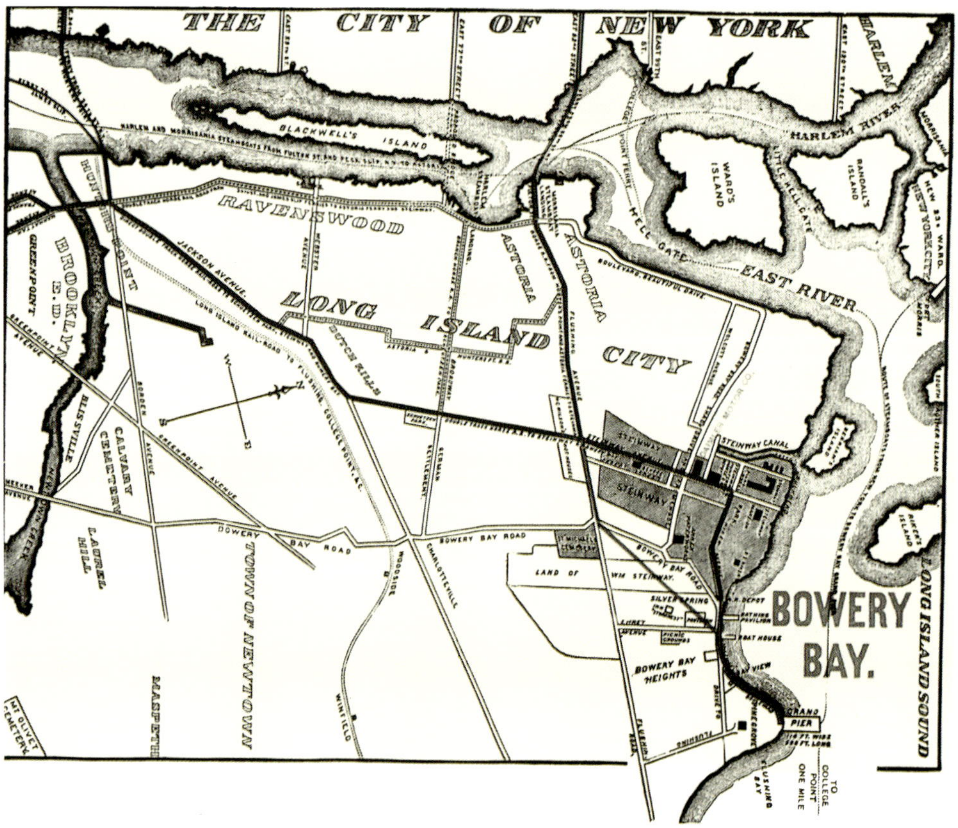

„How to get there…“: Karte von Long Island City, eingezeichnet die Lage der „Daimler Motor Company“ in direkter Nähe der „Bowery Bay“

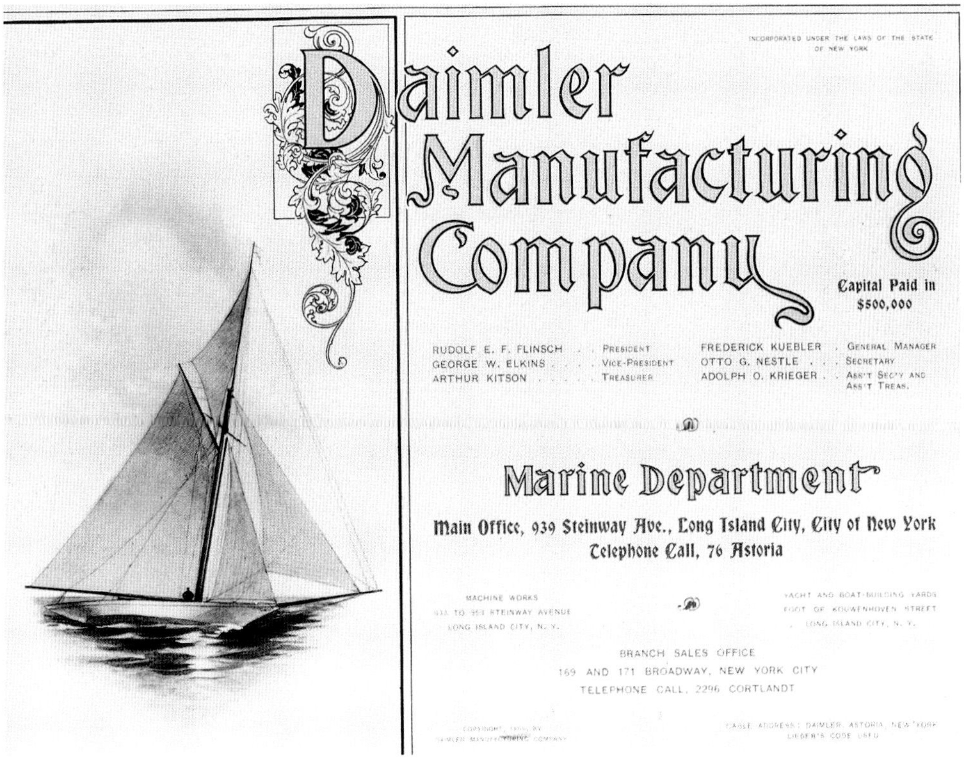

Werbeanzeige des „Marine Department“ der „Daimler Manufacturing Company“, 1899

Stahlradwagens sowie eine Feuerspritze, ein Boot und eine kleine Bahn präsentiert. Die Fahrzeuge wurden aus Deutschland importiert; mit der Idee eines eigenen, in Amerika produzierten Automobils kam man nicht weiter. Im Jahre 1891 wurde eine Kapitalerhöhung durchgeführt, hierbei zahlte Daimler widerwillig 5000 Dollar. Bei einer erneuten Erhöhung 1895, im Wert von 200000 Dollar, an denen sich Daimler und Steinway je zur Hälfte beteiligen sollten, wollte Daimler seinen Anteil von 95000 Dollar nicht aufbringen, so übernahm Steinway auch diesen Teil; dies trug allerdings auch zu einer Verstimmung zwischen beiden Männern bei. Zwei Jahre zuvor hatte Daimler Steinway während seiner Hochzeitsreise besucht. Er blieb mit seiner Frau elf Tage in New York und reiste erst am 1. August 1893 nach Chicago, dem eigentlichen Ziel der Reise. Auch dort war er wieder zusammen mit Steinway. Ausführliche Notizen zur Reise, allerdings mehr das Private denn das Berufliche betreffend, finden sich in den Tagebuchaufzeichnungen von Lina Daimler.[9] Auf der Weltausstellung in Chicago wurden ein Beleuchtungswagen mit 10-PS-Benzinmotor, drei Wagonnets mit 2-PS-Motoren, ein Riemenwagen mit 2,5 PS, eine Feuerspritze mit 6 PS, ein Fichtenholzboot mit 10 PS, eine vollständige Gleisanlage mit Drehscheibe und Miniatur-Trambahn sowie ein 2-PS-Gas- und 3-PS-Benzinmotor ausgestellt. Die Ausstellung war, wie sich aus Briefen Steinways ersehen läßt, ein großer Erfolg.

Wie auch Daimler, so zeigte die Daimler-Motoren-Gesellschaft, als dessen Rechtsnachfolger, wenig Interesse daran, die amerikanische Gesellschaft finanziell zu unterstützen. Dennoch konnte die Daimler Motor Co. ab 1895 ständig wachsende Auftragseingänge verzeichnen, für die sie allerdings Lizenzgebühren nach Cannstatt abzuführen hatte. Es ist aus heutiger Sicht nur durch das Selden-Patent[10] zu erklären, warum sich die Motorisierung in Amerika durch die Daimler Motor Co. nicht stärker vorantreiben ließ. In einem Interview vom 31. August 1895 in der „New York World“ legt Steinway seine Vorstellungen zur Motorisierung wie folgt dar:

TO ABOLISH THE HORSE.

William Steinway Building a Factory for the Construction of Horseless Carriages.

LARGE DEMAND FOR THE MACHINES.

Many Will Be Seen in Our Streets Soon After the Manufacture of Them Is Begun Here.

Here is more bad news for the horse. They are slaughtering the animal in the West and making him into canned corned beef, and now he is attacked in another way in the East. William Steinway, the piano-maker, has begun the erection of a factory at the little town on Long Island that bears his name, and here the motors for horseless carriages will be made. It is likely that the plant will be increased so that the entire carriage, motor and all, will be completed on the spot.

The factory is to be three stories high and 50 feet wide by 100 feet deep. The corporation that will operate the establishment is the Daimler Motor Company, and this Mr. Steinway controls.

Zeitgenössischer Zeitungsartikel über die Gründung einer Fabrik zur Produktion pferdeloser Kutschen durch William Steinway: die „Daimler Motor Company“

Gottlieb Daimler
of
Canstatt,
Germany
TO
William Steinway
of
New York

POWER OF ATTORNEY.

Dated September 1888.

G. Daimler
Cannstatt.

Oben und rechts: Vertrag zwischen Daimler und Steinway vom 6. Oktober 1888

giving and granting unto my said attorney full power and authority to do and perform all and every act and thing whatsoever requisite and necessary to be done in and about the premises, as fully to all intents and purposes, as I might or could do if personally present, with full power of substitution and revocation, hereby ratifying and confirming all that my said attorney or his substitute shall lawfully do or cause to be done by virtue hereof.

In Witness whereof, I have hereunto set my hand and seal

T. A. the 6th day of ~~September~~ October in the year one thousand eight hundred and eighty eight

Sealed and delivered in the presence of:

Gottlieb Daimler

Jacob Ziegler.

U. S. Consulate,

~~State of New-York,~~

~~COUNTY OF~~

Stuttgart, Germany

} ss. **Be it known,** That on the sixth day of ~~September~~ October in the year one thousand eight hundred and eighty eight before me personally came Gottlieb Daimler, the person described in and who executed the within instrument T. A.

and acknowledged the above Letter of Attorney to be his act and deed.

In Testimony whereof, I have hereunto subscribed my name the day and year last above written.

Theodore Abenheim

U. S. Vice Consul.

Notarial

Rec'd $2.00

Figure 1.

How to run a Daimler Motor.

When Petroleum is used, slowly open thumb screw *F* (which supplies the burner with oil), at the same time applying a wax taper or a match to burner *D* (Fig. 2), which, after heating for a few seconds, will burn with a blue pressure flame; when cap *C* (Fig. 2) is heated red, press in wedge *T*, give handle *S* 2 or 3 turns while opening valve *H*, (which supplies vapor for the charge) until the motor runs at full speed. All this can be comfortably accomplished in ½ minute's time.

The grade of Petroleum we use for power and fuel is known as stove gasoline, but the apparatus *A*, containing the oil, is so constructed that there is not the slightest danger or possibility of accident.

The tank *I* (Fig. 2) is an extra attachment for stationary purposes to feed the petroleum apparatus *A*.

To charge motor with Petroleum, fill in through opening *X* whether tank *I* (Fig. 2) is used or not. Care should be taken when filling apparatus *A* that needle *E* does not rise above mark "FULL."

When apparatus *A* is completely charged the supply will last about 5 hours, and when used in connection with reserve tank *I* (Fig. 2), it will be necessary to only charge the motor once a day for 10 hours running.

When ordinary illuminating gas is used, the motor is started in exactly the same manner as with petroleum, except that it is not necessary to heat the burner *D*, as the gas will instantly burn. All that is necessary is to see that the burner *D* and valve *H* have a good supply of gas.

The Pump or Pulsometer *2* (Fig. 1) circulates the cooling water from tank *1* through the cylinder jacket *Q*, as indicated by the arrows. Direct connection can, however, be made with any water faucet through pipe *R*, in which case of course the pump and tank (Nos. *1* and *2*, Fig. 1,) are not needed.

A Petroleum motor with this Pulsometer and tank attachment is entirely independent and can be used for agricultural and other purposes in places where there are neither gas nor water mains.

(6)

Bedienungsanleitung für eine bei der „Daimler Motor Company" hergestellte „Standuhr", sowohl für Benzin- als auch Leuchtgasbetrieb

Figure 9.

Motor Quadricycle.

Fig. 9 represents the 1 HP. Daimler Steel Quadricycle to carry 2 Persons, with 4 different speeds, 4, 6, 8 and 12 miles per hour, and will take grades up to 10%; weight complete about 400 lbs.

As will be seen from illustration, the motor is located under the seat and the machinery is so arranged that by moving a small lever the speeds can be changed without stopping. By drawing the lever, which is on the left side, backward, the gearing is connected with the motor and the quadricycle brought into motion. By placing it in the central position, the machinery is thrown out of gear, and by pressing it forward the brake is brought into operation, bringing the quadricycle instantaneously to a standstill, the motor still running.

Sufficient Petroleum can comfortably be carried for a whole day's use, as only about 1¾ gallons are required for 12 hours, thus bringing the cost per mile to a mere nothing.

Figure 10.

Figure 11.

Motor Carriage.

Fig. 10 represents the Daimler Motor Carriage.

Seats 4 Persons.—Motor, 2 HP. (indicated.)

The general arrangements of this carriage are similar to those of the quadricycle; it runs at the general carriage speed and takes the usual occurring grades.

These vehicles have been in successful use since 1887, in and about Cannstatt and Stuttgart, Germany, and experience shows that horses do not shy either at this or any of our street conveyances, propelled by a Daimler Motor.

Our motors can also be attached to ordinary Buggies and Coaches of every description.

Fig. 11 represents a German "Fahrrad" (Bicycle) fitted up with 1 HP. Daimler Motor.

(15)

Werbeanzeige der „Daimler Motor Company" für den Daimler „Stahlradwagen" mit Hinweisen über den bewährten Gebrauch früherer Modelle

Werbegraphik über das Daimler-Motorboot mit dem Original-Bildtext: „View of 21 ft. Boat, equipped with a 2 HP. Daimler Motor, Same as now in successful operation on Bowery Bay, North Shore of Long Island City, N. Y., and also on Rivers Rhine, Neckar and Lake of Constanz (Bodensee), Germany and other European Lakes and Rivers".

„Die Wagen, die wir für den amerikanischen Markt herzustellen beabsichtigen, werden 2–4 Personen befördern können und von einem Motor von 2½–3½ PS angetrieben werden. Jeder Wagen wird vier verschiedene Geschwindigkeitsgänge aufweisen: 3½, 6, 9 und 14 Meilen pro Stunde. Der Treibstoff, nämlich Petroleum, kostet etwa einen Cent pro PS und Stunde, was erheblich billiger als Pferdekraft ist. Die Treibkraft des Motors sind in regelmäßigen Abständen erfolgende Gasexplosionen. Selbstverständlich gibt es keinen Kessel und keinen Dampf.
Wir hatten bereits im Jahre 1893 hier einen pferdelosen Wagen, der jedoch für das hiesige Kopfsteinpflaster und die unebenen Straßen zu leicht gebaut war. Wir werden daher ein Modell herausbringen, das den amerikanischen Verhältnissen angepasst ist. In Paris kann man pferdelose Wagen in großer Zahl auf den Boulevards sehen, und in London sind sie ebenfalls nichts Ungewöhnliches. Ich erwarte je-

Prospektblatt der Daimler Motor Company über die Daimler 1-PS-"Standuhr" als dynamoantreibender Industriemotor

Bei dem einzigen überhaupt in Chicago auf der Weltausstellung ausgestellten Wagen handelt es sich um einen modifizierten Daimler-Stahlradwagen (Schroedter-Wagen).

Gottlieb Daimler als Besucher der Weltausstellung 1893 in Chicago: Tageskarte mit Foto

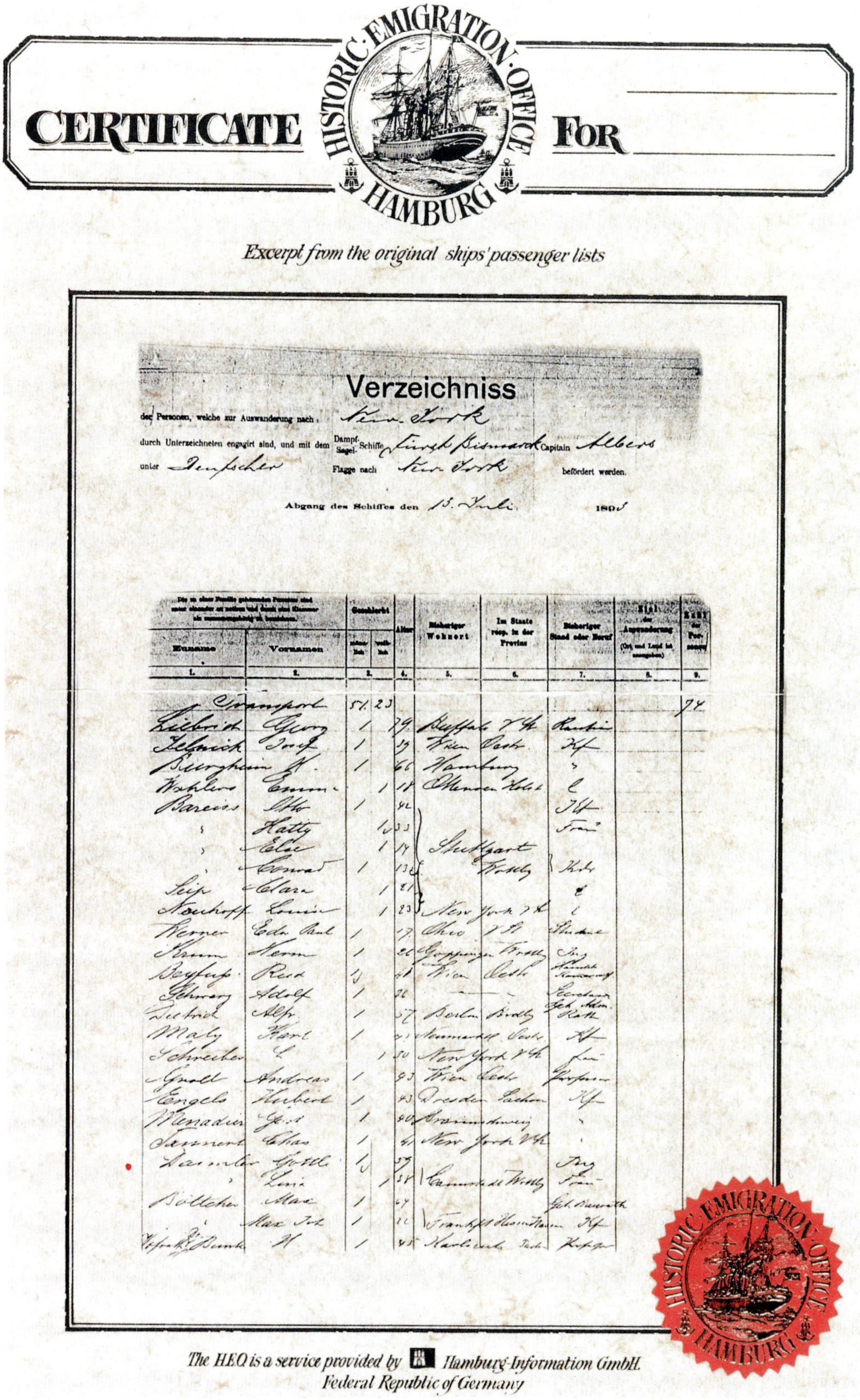

Passagierliste des Dampfschiffes „Fürst Bismarck" vom 13. Juli 1893, mit den Namen Lina und Gottlieb Daimlers, die die Hochzeitsreise und den Besuch der Weltausstellung miteinander verbanden.

Daimler Motor-Feuerspritze

doch, dass, sobald die Amerikaner einmal begonnen haben, sie zu benutzen, wir sie hier in Mengen sehen werden, da sie soviel preiswerter als Pferde sind und leichter gehandhabt werden können.
Wir haben bereits so viele Anfragen danach, dass wir ein Rundschreiben herausgeben mussten, das in großen Zügen die Auskünfte enthält, die ich Ihnen eben gegeben habe, und weitere Tatsachen und Zahlen ankündigt, sobald wir sie erhalten haben."[11]

Aus diesem Schreiben geht klar hervor, daß es in Amerika, im Vergleich zu Europa, um die Motorisierung schlecht bestellt war. Steinway wäre sicher der Mann gewesen, der trotz der bestehenden Schwierigkeiten hinsichtlich des Selden-Patents dem Auto zum Durchbruch in Amerika verholfen hätte, wäre nicht sein plötzlicher Tod dazwischen gekommen.

Als Steinway im November 1896 starb, verkauften die Erben diesen Anteil an die General Electric Company. 1898, im Zuge einer Neustrukturierung, nach der die Gesellschaft dann Daimler Manufacturing Company hieß, wurden auch die Vertragsverhältnisse mit der Daimler-Motoren-Gesellschaft neu geregelt. Die Aktivitäten der Gesellschaft gingen jedoch, unter wechselnden Vorzeichen, bis ins Jahr 1912.[12]

Wiederum aus seiner Deutzer Zeit resultieren die Kontakte Daimlers zu Josef Eduard Bierenz (19.3.1853–27.3.1919), Wien.[13] Noch in

William Steinway (li.) überreicht 1996 dem Leiter des DaimlerChrysler Konzernarchivs, Dr. Harry Niemann, Dokumente aus dem Nachlaß seines Großvaters. Im Hintergrund ein bei der Daimler Motor Company hergestellter „American Mercedes".

der Phase der Konstituierung der Daimler-Motoren-Gesellschaft erfolgte der Beschluß, sich an der vom 14. Mai bis zum 30. Oktober stattfindenden Land- und Forstwirtschaftlichen Ausstellung in Wien zu beteiligen. Dabei sollte eine motorgetriebene Kleinbahn als Werbung für die Daimler-Erzeugnisse dienen. Die Präsentation der Daimler-Produkte auf der Ausstellung oblag Bierenz. Dieser war ein Kaufmann, der von der Idee der Motorisierung begeistert war, aber über nur wenig Mittel zum Aufbau eines effektiven Vertriebsnetzes verfügte. Werbewirksam hatte er mit einem Daimler-Motorboot eine Fahrt von Passau nach Wien auf der Donau durchgeführt und eine Vertretung für die Daimler-Motoren-Gesellschaft in Wien I in der damaligen Giselastraße eingerichtet. Daimler hatte den Patentschutz für seine 1883 in Deutschland patentierten Erfindungen (DRP 28022 und 28243) am 3. und 7. Oktober 1884 in Österreich beantragt. Zwischen 1884 und 1890 wurden 8 weitere, wichtige Patente angemeldet.[14] In den Jahren 1890 bis 1895 wurden von den insgesamt 819 produzierten Daimler-Motoren 16 nach Wien geliefert. Angesichts dieser doch eher bescheidenen Zahlen verwundert es, daß Bierenz versuchte, eine eigene Produktion in Österreich ins Leben zu rufen. Er setzte wohl große Erwartungen in die Einführung des Kraftfahrzeugs und gründete am 3. September 1897 die offene Handelsgesellschaft „Bierenz & Hermann". Ein erster Erfolg dieser Gesellschaft war der Auftrag für einen 5-Tonnen-Daimler-Lastwagen, der für die militärische Schießversuchs-Kommision in Felixdorf bestimmt war. Dieser unter der Bezeichnung „Dromedar" laufende Lastwagen verfügte über einen 10-PS-Motor und gilt

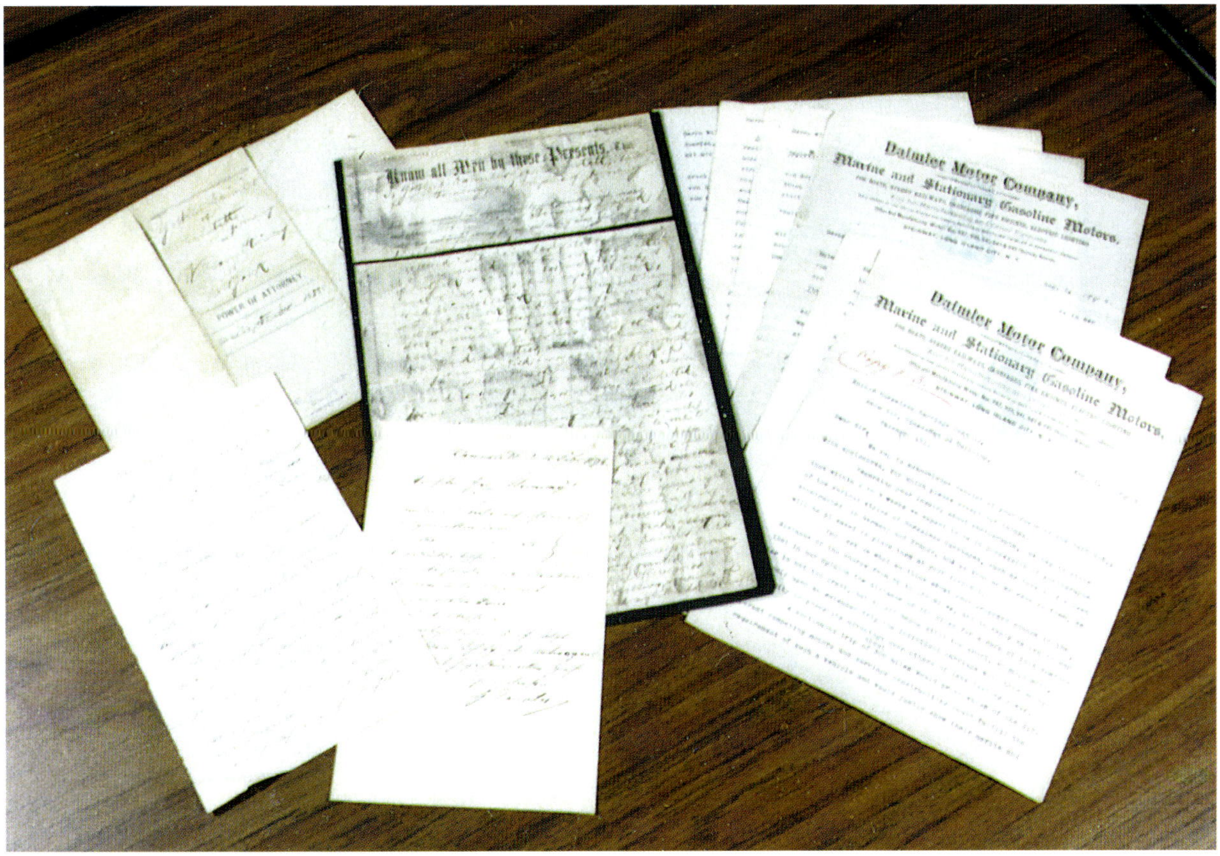

Die Dokumente aus dem Besitz Steinways sind heute im Konzernarchiv der DaimlerChrysler AG sicher verwahrt.

als der erste Militärlastwagen in Österreich-Ungarn. 1899 konnte Bierenz, angestachelt durch die Erfolge von Nesselsdorf und Lohner,[15] seine Vorstellungen von einer eigenen Automobilproduktion realisieren. Am 11. August wurde die erste „Österreichische Daimler-Motoren-Kommanditgesellschaft Bierenz, Fischer & Co." gegründet. Der Sitz der Gesellschaft war Wiener Neustadt und das Stadtbüro in Wien I, Giselastraße 4. Es war Bierenz gelungen, den österreichischen Industriellen Eduard Fischer für sein Projekt zu begeistern. Dieser übernahm nicht nur die Daimler-Patente, sondern stellte auch als Inhaber der „K. u. K. priv. Maschinenfabrik, Eisen- und Metallgießerei Brüder Fischer" die zu diesem Unterfangen notwendigen Produktionsanlagen zur Verfügung. Die Gesellschaft, mit zehn Kommanditisten, die je 200 000 Gulden Einlagekapital eingebracht hatten, betrieb die erste Auslandsfertigung der Daimler-Motoren-Gesellschaft und war eine Keimzelle der Österreichischen Automobilindustrie.

Goldmedaille für Gottlieb Daimler auf der Internationalen Fahrradausstellung mit Sonderwettbewerb für motorbetriebene Fahrzeuge in Turin 1895

Auszeichnung für ein mit Daimler-Motor angetriebenes viersitziges Fahrzeug, Holland 1893

Bronzene Ausstellungsmedaille auf der Thüringer Gewerbe- und Industrieausstellung, Erfurt 1894

Ehrenpreis der Deutschen Kaiserin Auguste Victoria und goldene Medaille für die Leistungen der Daimler-Motoren-Gesellschaft auf der Internationalen Ausstellung in Leipzig, 1892

Urkunde über Zuerkennung der silbernen Medaille an Gottlieb Daimler „ ... für vorzügliche Leistung in Gruppe Maschinenwesen“ anläßlich der Nordwestdeutschen Gewerbe- und Industrieausstellung in Bremen, 1890

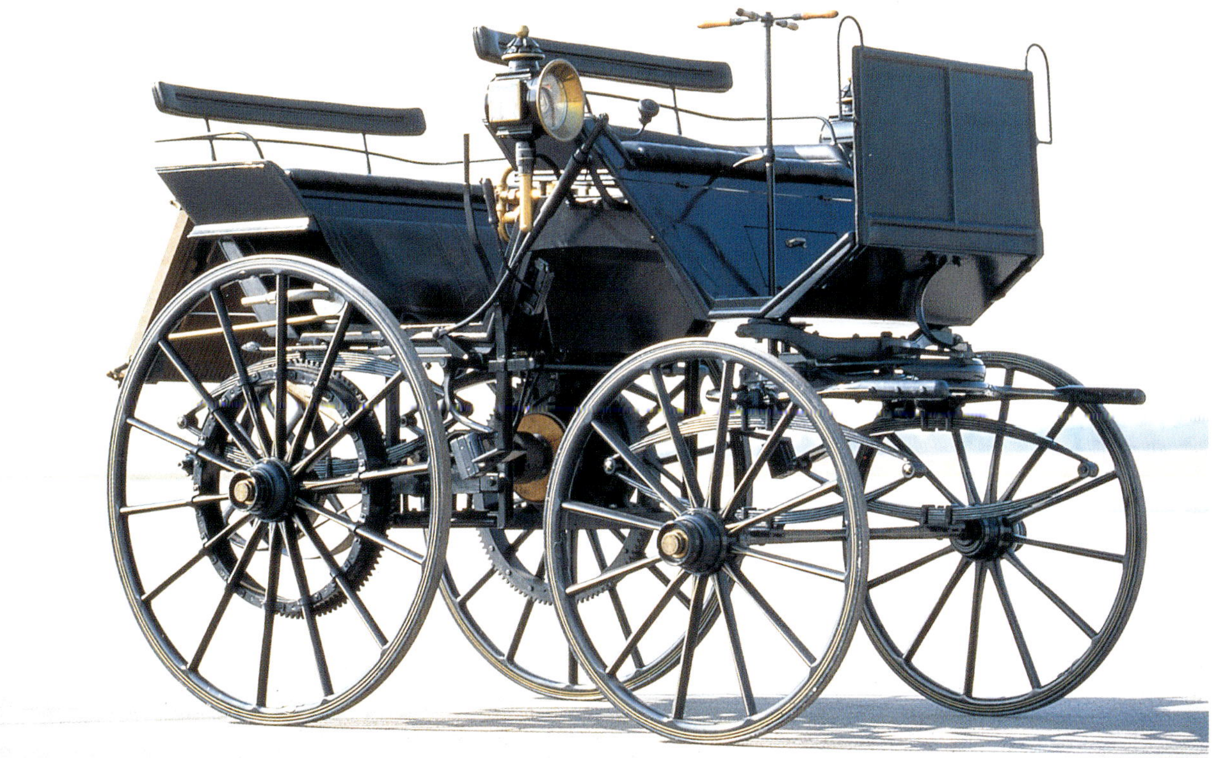

Daimler-Motoren-

Gründungs-Bilanz

Activa:

Einlage des Herrn G. Daimler in Cannstatt

bestehend in Immobilien, Mobilien, Maschinen u. Vorräthen wie folgt

			Soll	Haben
1)	**Immobilien-Conto**			
	Bestand laut Inventar	f. 51 M	41800.–	
2)	**Werkzeugmaschinen-Conto**			
	Bestand laut Inventar	f. "	12573.76	
3)	**Werkzeug-Conto**			
	Bestand laut Inventar	f. "	5039.76	
4)	**Werkstatt-Einrichtungs-Conto**			
	Bestand laut Inventar	f. "	625.–	
5)	**Mobilien u. Utensilien-Conto**			
	Bestand laut Inventar	f. "	4086.08	
6)	**Modelle-Conto**			
	Bestand laut Inventar	f. "	3500.–	
7)	**Betriebsmaterial-Conto**			
	Bestand laut Inventar	f. "	8467.07	
8)	**Brennmaterial-Conto**			
	Bestand laut Inventar	"	208.50	
9)	**Petrol-Conto**			
	Bestand laut Inventar	"	241.20	
10)	**Baumaterial-Conto**			
	Bestand laut Inventar	"	250.–	
11)	**Waaren u. Fabrikations-Conto**			
	Bestand laut Inventar	M 110202.20		
	÷ 20%	÷ 22002.20	88200.–	
			164991.37	
12)	**Patente-Conto**			
	hierauf treffende		35008.63	200000.–

Herrn Aktien-Einzahlungs-Conto

		Soll	Haben
an noch nicht einbezahltes Aktienkapital von			
v. Herrn Geh. Comm. Rath Duttenhofer-Rottweil	M	200000.–	
" Herrn Ingenieur W. Lorenz-Karlsruhe		200000.–	400000.–
		M	600000.–

	Soll	Haben
Gesellschaft in Cannstatt.		
pro 1 März 1890		
Passiva		
Aktien-Grundcapital-Conto		
voller eingezahltes Grundcapital		M 600,000.–
		M 600,000.–

Vorhergehende Doppelseite:
Gründungsbilanz der Daimler-Motoren-Gesellschaft, 1890

Daimler Rennwagen „Phönix" mit 4-Zyl.-Motor und einer effektiven Motorleistung von 27 PS (nominell 23 PS), Höchstgeschwindigkeit 80 km/h

„Ich war beim Abschluß der Verträge zu vertrauensselig“

Die Gründung der Daimler-Motoren-Gesellschaft 1890 und die Jahre bis zu Daimlers Tod

Es ist nicht ohne eine gewisse Ironie, was im folgenden zu zeigen ist, wenn Manfred Pohl in seiner „Baden-Württembergischen Bankgeschichte“ schreibt: *„Das Schaffen von Gottlieb Daimler und Wilhelm Maybach (1846–1929) wurde nicht unwesentlich von Kilian Steiner und der Württembergischen Vereinsbank unterstützt ...“*[1]. Daß dieser an der Arbeit Daimlers durchaus Interesse bewies, zeigt sich in einem Schreiben von Emil Kessler, dem Direktor der Maschinenfabrik Esslingen an seinen Aufsichtsratsvorsitzenden, besagten Kilian Steiner. Darin berichtet Kessler:

> *„... ich glaube Herr Daimler hat sich überzeugt, daß Sie [gemeint ist Kilian Steiner, d. Verf.] ein warmes Interesse daran nehmen, daß die Maschinenfabrik zur Weiterentwicklung und guten Durchführung wesentlich beitragen kann und daß ich persönlich gern bereit bin nach besten Kräften thätig zu sein, er weiß auch daß wir sein Interesse und seinen um die Sache verdienten Namen vor Allem zur Geltung kommen lassen. Will aber Herr Duttenhofer aus irgendwelchem Grund mit uns oder der Maschinenfabrik nichts zu thun haben und glaubt Herr Daimler auch so den Zweck zu erreichen, so bin ich weit entfernt mich aufdrängen zu wollen. [...] Der jetzige Zustand ist, wie Sie von Anfang an richtig erkannt für Herrn Daimler und die Sache selbst jedenfalls das denkbar Schlimmste.“*[2]

Dieser Brief vom 3. März 1886 spricht von einem Übereinkommen mit Daimler *„... auf der von Ihnen [gemeint ist Kilian Steiner, d. Verf.] proportionierten logischen Grundlage...“*[3] und zeigt, neben der Tatsache, daß scheinbar ein Zusammengehen der Maschinenfabrik Esslingen mit Daimler ins Auge gefaßt worden war, daß Steiner schon 1886 seine Pläne mit Daimler und dessen Arbeit hatte.

Als sich Daimler Verbündete suchte, fand er sie durch seinen langjährigen Weggefährten Adolf Groß unter bereits Bekannten, so den Generaldirektor der Köln-Rottweiler Pulverfabrik, den Geheimen Kommerzienrat Max Duttenhofer und dessen Geschäftsfreund Wilhelm Lorenz. Daß diese in engem Kontakt zu Steiner standen, veranlaßte Siebertz, eine „Verschwörung des jüdischen Finanzkapitals“ zu konstruieren, deren

Emil Kessler

Die Fabrikanlagen der Maschinenfabrik Esslingen zur Zeit der Gründung

Darstellung vor plattem Antisemitismus strotzt.[4] In der Unternehmensgeschichte der Daimler-Benz AG von 1986 bemerkt Lingnau dazu:

> *„Nach 1933 ist aus allzu durchsichtigen Gründen versucht worden, Gottlieb Daimler als Opfer einer Verschwörung unter Führung des Bankiers Steiner darzustellen. Das verdreht die Tatsachen in unerträglicher Weise."*

Dennoch kommt auch Lingnau zu dem Schluß:

> *„Der vorsichtige Bankier wurde allerdings nicht selbst aktiv, sondern ließ zwei Männer an Daimler herantreten, die fest in den Interessensbereich seines Instituts [der Württembergischen Vereinsbank, d. Verf.] eingebunden waren und denen er schon deshalb vertrauen konnte, weil sie von ihm anhängig waren: Max Duttenhofer [...] und Wilhelm Lorenz, Gründer der Deutschen Metallpatronenfabrik Lorenz in Karlsruhe".*[5]

Es ist allerdings fraglich, ob sich daraus der Schluß ziehen läßt, wie von Deutelmoser gezogen:

> *„Da ist sie wieder die Verschwörungstheorie. Das ist Siebertz – ohne Hinweis auf 'Steiners Judentum' und kann nicht aus den Studien stammen, die den Autor ,tief in die Archive geführt' haben."*[6]

Die Belege, daß zumindest Daimler dies so, wie von Lingnau dargestellt, gesehen hat, finden sich in der Tat im Archiv. So schreibt er in einem Brief vom 6. November 1894 an seinen Freund Voith:

> *„Es ist meinen edlen Compagnone Duttenh. u. Lorenz nach des Judenkönigs Steiners Praktiken und Rezepten, trotz meiner Verträge gelungen, mich aus meiner Sache hinauszutreiben..."*[7]

Am 28. November 1890 konstituierte sich die Aktiengesellschaft unter dem Namen Daimler-Motoren-Gesellschaft mit dem Ziel, die Aktivitäten auf dem Seelberg fortzuführen. Die Daimler-Motoren-Gesellschaft wurde als Aktiengesellschaft mit Sacheinlagen gegründet. Daimler brachte neben den Maschinen und Fabrikationsstätten natürlich auch seine Erfindungen und Patente sowie eine fast dreißigjährige Erfahrung in das neue Unternehmen ein. Dieser Komplex wurde mit 200000 Mark bewertet, wobei die immateriellen Werte gänzlich unberücksichtigt blieben. Dafür erhielt Daimler 200 Aktien; Lorenz und Duttenhofer erhielten ebenfalls ein Aktienpaket in gleicher Höhe gegen Barzahlung.

Die Begründung, warum sich Daimler zur Gründung einer Aktiengesellschaft entschloß, gab er in einem Schreiben an die Daimler-Motoren-Gesellschaft vom 30. März 1892 wie folgt:

„Als ich mit den jetzigen Mitgliedern der Gesellschaft zusammentrat, war es eigentlich kein pekuniäres Interesse, welches mich diesen Schritt tun ließ, sondern ich war noch von der Ansicht geleitet, daß durch die Mitwirkung der betreffenden Herren innerhalb gewisser Grenzen vermöge ihrer allgemeinen geschäftlichen Routine und von mir vorausgesehener sonstiger erforderlicher Verbindungen, eine weitere Grundlage zu rascher und gedeihlicher Weiterentwicklung des bereits mit den besten Aussichten eingeleiteten Geschäftes geschaffen sei. Besonders aber durfte ich bei einer Verbindung mit diesen Herren auf Grund der mir durch dieselben schon früher gemachten persönlichen und schriftlichen Zusicherungen voraussehen, daß ich im Rahmen der Gesellschaft nach meiner ganzen Vergangenheit - namentlich in der Entwicklungsperiode der Gesellschaft - im Geschäft als maßgebender oberster Leiter ganz von selbst Geltung und Förderung finden würde, in Übereinstimmung mit den diesbezüglichen, schon am 8. Juli 1886 zwischen mir und Herrn Geheimrat Duttenhofer aufgestellten, grundsätzlichen Bestimmungen, welche besagen, daß es zur gedeihlichen Entwicklung des Geschäftes unbedingt erforderlich sei, mich nach allen Richtungen hin in einer zu gründenden Gesellschaft entfalten und bewegen zu können; dies sei nur dann möglich, wenn ich von jeder Fessel los meinen eigenen Erfahrungen folgen könne. Dasselbe besagt auch mein Schreiben an Obengenannten vom 18. Oktober 1890."[8]

Treibende Kraft, die Daimler zu diesem Schritt veranlaßte, war nicht zuletzt seine erste Frau Emma, die am 28. Juli 1889 starb und die wohl aus Sorge um die Gesundheit ihres Gatten ihn dahingehend beeinflußte, sich nach Partnern umzuschauen. Duttenhofer hatte bei Daimler schon seit längerer Zeit Überzeugungsarbeit geleistet, um ihn zu veranlassen, sein Unternehmen um der Sache Willen auf eine breitere Basis zu stellen; vor allem, als nach der Entscheidung des Stuttgarter Landgerichts vom 7. Dezember 1888 klar war, daß Daimler uneingeschränkter Eigentümer all seiner Erfindungen und Patente war und keine Ansprüche von dritter Seite seine Unternehmung finanziell gefährdeten. 1890 wurde deshalb das Unternehmen in eine Aktiengesellschaft umgewandelt, die „Daimler-Motoren-Gesellschaft" (DMG). Der Gesellschaftsvertrag ist der Schlüssel zu Daimlers Verhängnis. Wie eine gut gebaute Falle, die das zappelnde Wild immer fester umschließt, bildet dieser Vertrag den Ausgangspunkt zahlreicher weiterer Vereinbarungen, die Daimler nimmermehr aus der Abhängigkeit von seinen Kapitalgebern entläßt. Es ist über die Jahre so viel Widersprüchliches zu diesem Thema geschrieben worden, daß es unumgänglich scheint, die Originaldokumente in aller Ausführlichkeit zu zitieren. Das gilt sowohl für den eigentlichen Vertrag, den Syndikatsvertrag, als auch für Daimlers Erwiderungen. In den wesentlichen Punkten besagt der Vertrag, der zwischen Lorenz, Duttenhofer und Daimler geschlossen wurde:

„§ 2.

Gottlieb Daimler legt in die Gesellschaft ein seine sämtlichen in dem genannten Gebiet gemachten und während der Dauer der Gesellschaft zu machenden Erfindungen mit allen Verbesserungen und Vervollkommnungen, mögen dieselben patentiert oder patentfähig oder nicht sein, ferner das in Cannstatt auf dem Seelberg neben der vormals Deckerschen Fabrik gelegene, auf den Namen des Herrn Daimler in die öffentlichen Bücher eingetragene Fabrikanwesen, nebst allem Inventar, Maschinen und Utensilien, fertigen und halbfertigen Waren und sonstigen Vorräten; auch räumt Herr Daimler der Gesellschaft das Recht ein, in alle von ihm zur Ausbeutung seiner Erfindungen abgeschlossenen Verträge unentgeltlich einzutreten. Der Gesamtwert der gesamten vorgenannten Daimlerschen Einlagen wird der Gesellschaft gegenüber zu M 200 000 fixiert.

Die beiden anderen Gesellschafter machen eine Einlage von je M 200 000 welche nach Bedürfnis einzuzahlen sind.

Das gesamte Gesellschaftsvermögen ist daher vorläufig auf den Betrag von M 600 000.– festgesetzt.

§ 3.

Der Beginn der Gesellschaft wird festgesetzt auf den 15. März 1890. Über die Art und Ausführung der Geschäftsführung, die Anstellung weiterer geschäftsleitender Kräfte, die Errichtung neuer und die Erweiterung der bestehenden Fabrikgebäude und über die Form der Gesellschaft, in welcher sich dieselbe nach außen konstituieren wird, behalten sich die Kontrahenten spezielle Vereinbarungen vor.

Einstweilen wird in dieser Richtung nur so viel festgelegt; G. Daimler und W. Lorenz haben, soweit möglich, ihre Tätigkeit, ersterer dem technischen, letzterer dem technischen und kaufmännischen Betrieb der Gesellschaft zur Verfügung zu stellen; Herr Duttenhofer beteiligt sich in der Hauptsache nur beratend an der Führung der Geschäfte, jedoch mit der Maßgabe, daß kein Geschäft, welches den Rahmen des gewöhnlichen Geschäftsbetriebes übersteigt, ohne seine ausdrückliche Zustimmung vorgenommen werden darf.

§ 4.

Solange sich nicht die Gesellschaft in einer dem Handelsgesetzbuch entsprechenden, vorbehaltenen Form konstituiert hat, gilt für das Rechtsverhältnis der Gesellschafter folgendes:

a) Nach außen werden sämtliche Geschäfte auf den Namen des G. Daimler abgeschlossen.
b) Die Gesellschafter Lorenz und Duttenhofer sind jederzeit berechtigt, zu verlangen, daß die von Daimler in die Gesellschaft eingeworfene Liegenschaft nebst Zubehör zu rd. 1/3 auf ihren Namen in die öffentlichen Bücher eingetragen wird.
c) Die Gesellschafter haben, soweit dieser Vertrag nicht etwas anderes bestimmt, unter sich die Rechte und Verpflichtungen, welche des Handelsgesetzbuch für die offene Handelsgesellschaft unter sich vorsieht.
d) Kein Gesellschafter darf ohne Zustimmung der anderen eine dritte Person an seinem Anteil beteiligen; eine Ausnahme hiervon bildet die Herrn Duttenhofer eingeräumte Berechtigung, Herrn Dr. Kilian Steiner, Stuttgart, an seinem Anteil in beliebiger Höhe und in der Weise zu beteiligen, daß dieser entweder Unterbeteiligter des Herrn Duttenhofer oder direkter Gesellschaftsteilhaber pro rata der ihm abgetretenen Gesellschaftsbeteiligung wird.

§ 5.

Herr Daimler erhält als weiteres Äquivalent für seine Einlagen und seine fortzusetzende erfinderische Tätigkeit einen Genußschein über M 100 000.–, welcher mit Zustimmung der übrigen Gesellschaft vor oder bei der vorgesehenen Konstituierung der Gesellschaft nach außen in Anteile à M 10.000.– zerlegt werden kann. Dieser Genußschein verleiht dem Inhaber desselben keine Rechte an dem Vermögen der Gesellschaft, sondern nur einen Anspruch auf einen entsprechenden Anteil an dem jeweils erzielten Gewinn nach Maßgabe des § 6.

§ 6.

Alljährlich auf den ersten April wird nach den Vorschriften des Handelsgesetzbuches die Bilanz gezogen:
an Gebäuden und Grundstücken 5%
an Inventar, Maschinen, Utensilien sind 10%
alljährlich abzuschreiben. - Ferner sind einem zu bildenden Reservefond alljährlich 10% des Reingewinns zuzuweisen, bis derselbe die Hälfte des Gesellschaftskapitals erreicht hat.

Die Einlagen der Gesellschafter, zu welchen der Genußschein nicht gerechnet wird, werden vorab mit jährlich 5% verzinst. Der nach Vornahme der Abschreibungen, Verzinsung der Einlagen und Datierung des Reservefonds übrig bleibende Reingewinn wird unter die Gesellschafter pro rate ihrer Einlagen, wobei jedoch der Einlage des Herrn Daimler der Genußschein von M 100 000.– zugerechnet wird, verteilt. Desgleichen partizipiert jeder Gesellschafter am Verlust pro rate seiner Einlage, wobei jedoch selbstverständlich der Genußschein unberücksichtigt bleibt.

Bei einer Vermehrung des Gesellschaftskapitals ist der Genußschein des Herrn Daimler an dem Gewinnerträgnis immer erst beteiligt nach vorgängiger Abschreibung, Datierung des Reservefonds und 5% Verzinsung des gesamten Gesellschafter-Kapitals.

§ 7.

Herr Lorenz ist bis Ende des nächsten Jahres verpflichtet, der Gesellschaft von seinem Grundstück in Ettlingen auf Verlangen bis zu 20 Morgen zu dem von ihm bezahlten Anschaffungspreis käuflich zu überlassen. Auch verpflichtet sich derselbe, die von ihm künftig zu machenden Erfindungen - mögen dieselben patentiert, patentfähig oder nicht sein - nebst allen Verbesserungen und Vervollkommnungen der Gesellschaft gegen Erstattung der Patentgebühren und Taxen insoweit unentgeltlich zu übertragen, als sie für die Verwertung in dem Handelsgang derselben, wie dieser in § 1 fixiert ist, käuflich sind.
Auch wird Herr Lorenz seine bisher gemachten Erfindungen, soweit er nicht durch die über dieselben abgeschlossenen Verträge hieran gehindert ist und soweit dieselben in dem Geschäftsgang der Gesellschaft verwertbar sind, letzterer unentgeltlich zur Verfügung stellen.

§ 8.

Unbeschadet der Bestimmung des § 3 über Konstituierung der Gesellschaft nach außen, mit welcher eine definitive Bestimmung über die Gesellschaftsdauer getroffen werden wird, soll dieselbe vorerst festgelegt sein auf die feste Zeit bis zum 31. Dezember 1892; erfolgt nicht spätestens 6 Monate vor die-

sem Termin eine Kündigung, so gilt die Gesellschaft je auf weitere drei Jahre unter denselben Bestimmungen stillschweigend als fortgesetzt.

§ 9.

Wenn sich während der Dauer der Gesellschaft herausstellt, daß das Gesellschaftsvermögen eine Minderung von 25% erlitten, so steht jedem Gesellschafter das Recht zu, mit dreimonatlicher Kündigung die Auflösung der Gesellschaft zu erlangen.

§ 10.

Im Todesfall eines der Gesellschafter sind dessen Erben nach ihrer Wahl berechtigt, entweder an Stelle derselben in der Gesellschaft zu verbleiben oder auszutreten. Sie haben die Wahl innerhalb dreier Monate nach dem Tode der Erblassers schriftlich auszuüben, anderntalls angenommen wird, daß sie austreten wollen.

Wollen die Erben austreten, so haben dieselben nur ein Recht auf Auszahlung des buchmäßigen Anteils des Verstorbenen am Gesellschaftsvermögen in Geld. Bezüglich der Höhe desselben ist die letzte Bilanz maßgebend für die Zeit von der letzten Bilanz bis zum Todestag die künftige Bilanz des laufenden Jahres. Der sich ergebende Geschäftsanteil wird in drei gleichen, zu 4% verzinslichen und auf Verlangen sicher zu stellender Halbjahresraten, beginnend 3 Monate nach dem Tode des Verstorbenen, ausbezahlt.

gez. Wilhelm Lorenz M. Duttenhofer G. Daimler

Stuttgart, den 14. März 1890

Notariell beglaubigt am 28. November 1890 durch Notariat Wilhelm in Stuttgart"[9]

Daimler wähnte sich in dem Trio als Primus inter pares. Doch schaut man sich den Vertrag genau an, vor allem § 3 und § 4 d, so zeigt sich, daß nicht er diese Rolle einnimmt, sondern Duttenhofer. Er ist es nämlich, der bei wichtigen Entscheidungen das vertraglich zugesicherte Recht der letzten Entscheidung hat. Dazu kam noch die Unterbewertung der von Daimler eingebrachten Leistungen. Man hatte Daimler bei Vertragsabschluß zu rascher Entscheidung gedrängt, indem man drohte, wenn er jetzt nicht unterschriebe, die Verhandlungen auf der Stelle abzubrechen. Dadurch ließ er sich einschüchtern, und erst im Verlauf des Sommers 1890 wurde ihm klar, daß er nicht nur die Macht, sondern auch eine nicht unerhebliche Geldmenge verloren hatte. Das für Daimler wohl Wesentliche war die unternehmerisch-strategische Planung in Händen zu behalten, um den weiteren Auf- und Ausbau des Unternehmens, so wie er dies von vornherein geplant hatte, umsetzen zu können. Vielleicht hätte Daimler den anstehenden „unfriendly takeover" noch verhindern können, wäre er nicht erneut der Beredtsamkeit der Herren erlegen. Eine Erklärung für sein Verhalten findet sich in einer Tagebucheintragung aus dem Jahr 1893, dort schreibt Daimler:

„Im Vertrauen auf die guten Versprechungen der Freunde habe unterschrieben und ihnen die Macht gelassen jetzt sehe ich, daß ich getäuscht bin.“[10]

Gute Versprechungen von Freunden heißt, daß Daimler scheinbar in einer Atmosphäre von fast familiärer Vertrautheit blind war für die weitreichenden Konsequenzen, die den strategischen Zielen Duttenhofers zugrunde lagen. Der Syndikats-Vertrag Daimler-Lorenz-Duttenhofer vom 28. November 1890, zu dem man sich bereit fand, nachdem Daimler drohte, die ganze Sache platzen zu lassen, besagt:

„Zwischen den unterzeichneten drei ersten Zeichnern der Aktien der Aktiengesellschaft: 'Daimler Motoren-Gesellschaft in Cannstatt' wird hiedurch folgender Vertrag abgeschlossen:

1. *Die Kontrahenten verpflichten sich, die gesamten von ihnen nach dem heute geschlossenen Gesellschaftsvertrag gezeichneten Aktien sowie die von ihnen etwa weiter zu erwerbenden Aktien der Aktiengesellschaft: 'Daimler Motoren-Gesellschaft in Cannstatt' auf die Dauer von 5 Jahren, d. h. bis Oktober 1895, ohne einstimmige Einwilligung je der beiden anderen Kontrahenten nicht zu veräußern.*

2. *Die Veräußerung der Aktien seitens des einen an den anderen Kontrahenten bedarf einer vorherigen Zustimmung nicht.*

3. *Zur Sicherung vorstehender Bestimmung deponieren die Kontrahenten ihre Aktien bei der Württemb. Vereinsbank auf den gemeinschaftlichen Namen des Syndikats der Daimler Motoren-Gesellschaft und ermächtigen zu diesem Behufe durch separates Schreiben den Vorstand der D.M.G. die genannten Aktien alsbald nach deren Creirung der Württ. Vereinsbank auszuliefern.*

4. *Die Herren Geh. Kommerzienrat Duttenhofer und Ingenieur Lorenz verpflichten sich, solange sie selbst und Herr Daimler im Besitze der Aktien bezw. Genußscheine sind, für eine Erhöhung des Grundkapitals nur in Gemeinschaft mit Herrn G. Daimler zu stimmen; jedoch soll die Verpflichtung nur dem Herrn G. Daimler gegenüber bestehen und auf dessen Rechtsnachfolger nicht ausgedehnt werden.*

5. *Weiter verpflichten sich die Herren Geh. Rat Duttenhofer und Ing. Lorenz auf die Dauer von fünf Jahren ihren Einfluß und ihr Stimmrecht innerhalb der Gesellschaft dafür einzusetzen, daß Herr Daimler während dieser Zeit in den Aufsichtsrat gewählt und von diesem zum Delegierten desselben mit dem einem solchen üblicherweise zukommenden Befugnissen bestellt wird. Herr Daimler soll in dieser Eigenschaft das Recht haben den gesamten Geschäftsbereich zu überwachen und gilt dem Vorstand gegenüber als Vertreter des Aufsichtsrats-Kollegiums, sofern der Aufsichtsrat nicht versammelt ist und solange er sich nicht in einem Widerspruch zu einem vom Aufsichtsrat ordnungsgemäß gefaßten Beschluß befindet.*
   Herr Daimler wird in dieser Eigenschaft dem Vorstand gegenüber legitimiert und eingeführt werden. Die Fabrikbauten und Einrichtungen, Maschinen-Konstruktionen und Personal-Einstellungen oder Änderungen sollen gegen einen begründeten Einspruch des Herrn Daimler nicht gemacht werden, und hierbei soll demselben vorbehalten sein, diesen Widerspruch bis zu einer weiter anzube-

raumenden Sitzung des Aufsichtsrats schriftlich zu begründen und zu Protokoll zu geben. Insbesondere soll in allen Fragen der inneren Einrichtung den Ansichten und Vorschlägen des Herrn G. Daimler die weiteste Berücksichtigung zugesichert werden.

Die dem Herrn Daimler für seine besondere persönliche Tätigkeit zu gewährende Vergütung bleibt einer speziellen Beschlußfassung des Aufsichtrates vorbehalten.

6. *Bezüglich der Ausführung der Bestimmung § 6 Ziffer 4 der Statuten betreffend das Recht der Aktiengesellschaft in alle von Herrn Daimler zur Ausbeutung seiner Erfindungen bereits abgeschlossenen Verträge an Stelle des Herrn Daimler ohne weiteres Entgelt einzutreten, verpflichten sich die Herren Geh. Kommerzienrat Duttenhofer und Ingenieur Lorenz, ihren Einfluß und ihre Stimme innerhalb der Gesellschaft dafür geltend zu machen, daß an den zwischen Herrn G. Daimler einerseits und Herrn William Steinway in New York und Frau Louise Sarazin We. nun Louise Levassor in Paris andererseits für die Vereinigten Staaten von Nordamerika nebst Kanada und Frankreich nebst Belgien bestehenden Vertragsverhältnissen ohne Zustimmung des Herrn G. Daimler keine Abänderung getroffen wird und Herrn Daimler der direkte Verkehr mit den genannten dritten Kontrahenten vorbehalten bleibt; diese Verpflichtung besteht insolange, als Herr Daimler seine Mitwirkung in der Gesellschaft nicht ausdrücklich oder tatsächlich aufgibt. Selbstverständlich ist Herr Daimler verpflichtet, gegenüber den genannten auswärtigen Kontrahenten nichts zu unternehmen oder einzuräumen, wodurch die der Gesellschaft gegenüber jenen Personen zustehenden Rechte beeinträchtigt werden und sämtliche aus den genannten Vertragsverhältnissen bereits erworbenen und noch zu erwerbenden Vermögensstücke, Rechte und laufende Einkünfte der Gesellschaft zu überweisen und demgemäß die ihm für die Abtretung seiner Patentrechte von Herrn W. Steinway und Frau Levassor s. Zt. zugesagten Kaufpreise von 6 600 Dollar bezw. 10 000 Franken nach Eingang der Daimler Motoren-Gesellschaft auszufolgen. Herr Daimler übernimmt die Verpflichtung dafür zu sorgen, daß Herr Wm. Steinway und Frau Levassor gegen dieselbe Verpflichtung der 'Daimler Motoren-Gesellschaft' in Cannstatt sich verbindlich machen:*

a) *während der Dauer ihres Vertragsverhältnisses in den übrigen, oben nicht genannten Staaten, der Daimler Motoren-Gesellschaft keinerlei Konkurrenz zu machen*
b) *während der vorgenannten Zeit alle von ihnen bezw. in ihren Geschäften gemachten Erfindungen und Verbesserungen in Gas- und Petroleum-Motoren und deren Anwendung, sowie in den Fabrikationsmethoden mögen sie patentiert sein oder nicht, der DMG unentgeltlich zur Benützung und Verfügung zu überlassen.*

7. *Die Kontrahenten verpflichten sich gegenseitig, außer der Daimler Motoren-Gesellschaft keine Konkurrenz-Geschäfte zu errichten und zu unterstützen, und die Herren Geh. K. Rat Duttenhofer und Ing. Lorenz übernehmen die Verpflichtung, alle von ihnen gemachten bezw. zu machenden Erfindungen und Verbesserungen in Gas- und Petroleummotoren und deren Anwendung der Daimler Motoren-Gesellschaft unentgeltlich und zur eventuellen Patentierung zu überlassen, auch die ihnen auf dem genannten Gebiet zur Kenntnis gelangenden Erfindungen und Verbesserungen der Daimler Motoren-Gesellschaft mitzuteilen.*

8. *Herr Ingenieur Lorenz verpflichtet sich, bis 31. Dezember 1891 der Daimler Motoren-Gesellschaft auf Verlangen an seinem Grundstück in Ettlingen bis zu 20 Morgen zu dem von ihm bezahlten Anschaffungspreis zu überlassen.*

Stuttgart, den 28. November 1890 *G. Daimler*
Wilh. Lorenz
M. Duttenhofer

Zur Beglaubigung: Pro copia R.A. Steiner

Rechtsanwalt Haußmann"[11]

Am 26. Oktober 1892 wurde zu diesem Syndikatsvertrag noch ein Nachtrags-Vertrag abgeschlossen.

Die notarielle Urkunde über die Konstituierende Generalversammlung, die Gründungs-Generalversammlung vom 28. November 1890, unterschrieben von den Gründern Daimler, Lorenz, Duttenhofer, Groß und Steiner, besagt:

„Wir geben hiemit zunächst den zwischen uns vereinbarten Gesellschafts-Vertrag zu Protokoll, wie folgt:

I.

Wir haben unter der Firma Daimler-Motoren-Gesellschaft mit dem Sitz in Cannstatt eine Aktiengesellschaft unter uns abgeschlossenen und zu diesem Zweck von dem mitbeteiligten Herrn Gottlieb Wilhelm Daimler in Cannstatt dessen in Cannstatt gelegenes Fabrikanwesen mit Zubehörden, dessen Geschäftsinventar nach dem Stande vom 1. März 1890 sowie dessen Patente und Erfinderrechte übernommen [...].

II.

Nach § 5 unseres Statuts ist das Grundkapital auf sechsmal hunderttausend Mark festgelegt und in sechshundert Aktien à eintausend Mark zerlegt, welche sämtlich von den Gründern zum Parikurs übernommen worden sind und zwar von den Herren:

1.	*Heinrich Emil Wilhelm Lorenz, Ingenieur, von Arnsberg*	*180 Stück*	*180 000 M*
2.	*Max Wilh. Heinr. Duttenhofer, Geh. Kommerzienrat, von Rottweil*	*150 Stück*	*150 000 M*
3.	*Adolf Groß, Baurat, Direktor der Maschinenfabrik in Eßlingen*	*20 Stück*	*20 000 M*
4.	*Dr. Kilian Steiner, Geh. Kommerzienrat in Stuttgart*	*50 Stück*	*50 000 M*
5.	*Gottlieb Wilhelm Daimler, Ingenieur, von Cannstatt, für seine Einlage*	*200 Stück*	*200 000 M*
	zusammen	*600 Stück*	*600 000 M*

III.

Auf die von den Gründern Ziffer 1–4 übernommenen Aktien ist der eingeforderte Betrag von fünfundzwanzig Prozent bar einbezahlt worden, während die Aktien des Gründers Ziffer 5, Herrn Gottlieb Daimler, wie aus dem Statut hervorgeht, voll einbezahlt sind.

Memorandum

für den

Aufsichtsrath der Daimler-Motoren-Gesellschaft in Cannstatt.

Um die Gründe der Differenz zwischen mir und den andern Herren der Daimler-Motoren-Gesellschaft näher darzulegen, stelle ich dem Gründungsbericht vom 28. November 1890 meine Auffassung gegenüber wie folgt:

	Meine Leistung	Dafür empfing ich	Leistung der 3 neuen Theilhaber an mich
	M	M	M
a) Durch Ueberlassung meines Fabrik-Grundstückes (Areal und Gebäude) auf dem Seelberg hier, nach fachmännischer besonderer Einschätzung	68200.	—	—
b) Durch Ueberlassung meiner Fabrik-Einrichtung, Maschinen und Vorräthe laut Inventar	123191.	—	—
c) Durch Ueberlassung, resp. Beanspruchung meiner liquiden Forderungen für Verkauf			
a. meiner amer. Patente Doll. 6600	27700.	—	—
b. meiner franz. Patente Frs. 10000	8000.	—	—
Sofort realisirbare Werthe M	227091.	200000. in Aktien der	—

neuen Gesellschaft und außer der Uebernahme eines Conto-Corrent-Creditoren-Saldos von ca. M. 10,000 weiter Nichts.

Nach dem Vorausgange meiner Einlage der vorstehend bezeichneten Realwerthe von Mk. 227091. — in die Gesellschaft, wofür ich, wie be-

Memorandum von Gottlieb Daimler an den Aufsichtsrat, 1890

Nach dem Vorausgange meiner Einlage der vorstehend näher bezeichneten Realwerte von Mk. 227 091 in die Gesellschaft, wofür ich, wie bemerkt, lediglich nur M 200 000 in Aktien der neuen Gesellschaft erhielt, haben die übrigen Teilnehmer zur Ausdehnung des Geschäftes und zu Neuanschaffungen M 400 000 ihrerseits eingelegt, wofür sie M 400 000 in Aktien zum Nominalwert erhielten; damit sind dieselben ohne jede Vergütung an mich, überhaupt ohne jedes Entgelt, in den Genuß aller meiner Vorarbeiten seit acht Jahren, meiner wertvollen Patente in Deutschland, Oesterreich-Ungarn, England und Kolonien, Italien, Spanien, Rußland, Schweiz und in den skandinavischen Ländern getreten in gleicher Weise, ebenfalls ohne Entschädigung, an den Resultaten meiner während acht Jahren geleisteten Patentauslagen, Personal- und Geschäfts-Organisationskosten gratis teilnehmend. Diese beziffere ich wie folgt:

	Meine Leistung	*Dafür empfangen*	*Direkte Leistung der neuen Teilh.*
	M	*M*	*M*
Gesamtaufwand f.d. Patente Experimente, Gesch.Organ. und sonstige Unkosten	*181 470*	–	–
hierauf entfallende Zinsen	*37 500*	–	–
Meine persönliche Arbeit in diesen vorausgegangenen 8 Jahren a.M. 25000 ist anzuschlagen auf	*200 000*	–	–
Meine durch das Gesellschaftsstatut § 6 Ziff. 4 mir auferlegte zukünftige Tätigkeit und die Inanspruchnahme meiner weiteren evtl. Erfindungen, auf welche nicht verzichtet werden will, ist anzuschlagen für die nächsten acht Jahre auf	*200 000*	–	–
	618 970	–	–

Als Äquivalent für diese M 618 970 hat man einen sogenannten Genußschein für mich kreiert mit der pompösen Ziffer von M 100 000, welcher jedoch nach den Bestimmungen des § 7 Ziff. 2 der Statuten keinen vollen Wert haben, sondern nur an einer etwaigen Superdividende partizipieren soll, sofern nach § 17 Ziffer 4 der Gewinnrest, anstatt zur Superdividende zu, nicht zu besonderen Abschreibungen verwendet, auf neue Rechnung vorgetragen oder einem außergewöhnlichen Reservefond überschrieben wird.

Da somit der erwähnte Genußschein erst dann zu einem Ertrag kommen kann, wenn der Gewinnrest die Verteilung einer Superdividende überhaupt gestattet, und wenn dann die Generalvertretung, auf Antrag des Aufsichtsrates, nach seinem Betreiben dieser Superdividende nicht etwa in der oben erwähnten Weise eine andere Verwendung gibt, so hängt der Vorteil dieses Genußscheines und des Erträgnisses hieraus für mich gänzlich in der Luft; derselbe kann daher nur als ein Scheingenuß bezeichnet werden.

Zudem haben sich die übrigen Teilnehmer in den Statuten das Recht vorbehalten, mir den Genußschein jederzeit ablösen zu dürfen, wovon natürlich unfehlbar Gebrauch gemacht wird, sobald der Genußschein zu einiger Bedeutung gelangen sollte.

Um übrigens die angeführte Summe, resp. meine ungedeckte jetzige und künftige Forderung durch eine Superdividende aus dem Genußschein gedeckt zu sehen, - angenommen innerhalb acht Jahren - so müßte diese Superdividende im ganzen jedes Jahr ca. M 540 000 betragen. Da mir dann hiervon nur der siebente Teil zufließen würde, so würde ich auch in diesem ganz undenkbaren Falle nur erst meinen Aufwand und mein Nebenanspruch von M 618 970 (umgerechnet an Zeit) ersetzt erhalten. Jedermann wird aber begreifen, daß dies bei einem Gesamtaktienkapital von nur M 600 000 unmöglich ist.

Auch in diesem günstigsten Falle wäre nach acht Jahren nur mein Aufwand und mein Nebenanspruch getilgt, ohne daß die neuen Teilhaber auch nur einen Pfennig dazu beigetragen haben. Außerdem ist in § 7 der Gesellschafts-Statuten gesagt, daß bei einem künftig etwa erhöhten Grundkapital es für mich lediglich bei M 1000 000 Genußscheinziffern verbleiben soll, wodurch für mich die Perspektive einer gründlichen Verwässerung meiner ohnehin problematischen Vorteile aus dem Genußschein geschaffen ist. Es war niemals mein Wille, um einen solchen Preis meine Sache und meine Selbständigkeit zu verkaufen bezw. geradezu wegzuwerfen.

Ich habe, das Bedürfnis der Zeit ins Auge fassend, mit allen meinen früheren Erfahrungen acht Jahre hindurch gearbeitet, mit der nachpfuschenden Konkurrenz gekämpft, prozessiert, mein Familienleben hintan gesetzt und mit durchweg eigenen Mitteln gänzlich neuartige Gebrauchsgegenstände geschaffen, in vorerst 5 Branchen, von denen jede in den sämtlichen Industriestaaten mindestens eine große Fabrik beschäftigen kann, dazu Patente in allen diesen Staaten genommen, in Cannstatt ein blühendes, schuldenfreies Etablissement mit großer Kundschaft, mit vorläufig 90 Arbeitern als Mutterwerkstätte ins Leben gerufen, welche jetzt schon nach kurzer Inbetriebsetzung, auch ohne daß Sie Ihre Einlage geleistet haben, monatlich für M. 20 000 Waren abliefert, wozu die Kräfte erst geschult und herangezogen werden mußten. Ich habe gleichzeitig für ein größeres, auf breiterer Basis zu erstellendes internationales Unternehmen vorgearbeitet; es kann dabei nicht erwartet werden, daß ich auch jetzt schon in sämtlichen Branchen rentable Fabriken hergestellt habe, aber zum Anfang ist alles bereit, und die Aufträge kommen von allen Ländern in solchen Mengen, daß das Komptoir kaum die Korrespondenz, die Werkstatt den Bedarf gar nicht bewältigen kann. Siehe die Beispiele. Ich kann sagen, ich habe für das Geschäft bisher über eine halbe Million aus eigenen Mitteln aufgewendet und soll nun in einer Gesellschaft, welche nur M 400 000 einlegt und dafür Aktien in gleicher Betragsziffer erhält, für meine Realwertbeibringung von M 227 091 nur M 200 000 in Aktien empfangen und für meinen übrigen Aufwand und meine Nebenansprüche von weiteren M 618 970 nur mit M 100 000 in einem Genußschein abgefertigt sein, der erst dann am Gewinn teil-

nimmt, wenn mehr als 30 % verdient würden, dazu meine Selbständigkeit preisgeben und zusehen, wie andere laborieren.

Mit Aufwendung von weiteren M 100 000 und Verwertung der ausländischen Patente wäre ich Herr im Hause geblieben, ohne Zurückschraubung meines aufgewendeten Kapitals. Man arbeitet gewöhnlich, um den Wert seiner Arbeit mit Gewinn zurückzubekommen; so aber hätte ich bloß gearbeitet, um nur 1/4 davon zurückzuerhalten. Dafür darf ich jetzt meine ersparten Staats- und anderen Papiere verkaufen, um entstehende Schulden zu decken und ein mit Rücksicht auf unsere Fabrikation in meiner Vaterstadt Schorndorf schon früher zu M 25 000 erworbenes Anwesen an der Bahn wieder verkaufen, weil dessen Übernahme den anderen Herren nicht paßt.

Durch die Erfindung meines kompendiösen Motors und dessen spezielle Anwendungen habe ich eine ganz neue Industrie geschaffen, namentlich jene der Automobile, Kleinfahrzeuge, ein Deviderium in aller Welt.

Die Notwendigkeit lag nicht vor, trotz Meinung meiner seligen Frau, Teilhaber zu suchen, die mich retteten, sondern solche, die mich unterstützen. Ich gab den Herren den Vorzug wegen des Interesses, das sie für meine Sache kundgegeben haben und weil ich eine so ausdehnungsfähige Sache nicht auf eine Person allein stellen wollte.

Der erste Gesellschaftsvertrag war ein übereiltes Hetzprodukt, wobei es hieß: 'bis 5 Uhr fertig oder wir reisen ab', der zweite, mir ebenso schnell gekommene Aktiengesellschaft-Vertrag ist für mich in einer Beziehung vielleicht weniger nachteilig, gibt mir aber trotzdem in meinem Lieblingsfach nicht die zu erfolgreichem Schaffen nötige Aktionsfreiheit, noch die ausschlaggebende Stimme.

Wenn Sie nach diesen Vorstellungen den Syndikats-Vertrag nicht so stellen können, wie ich ihn brauche, so gibt es für mich nichts anderes als: Abschied nehmen. Den Kampf um Gerechtigkeit und Billigkeit werde ich dann nicht weiter führen."[13]

Legt man den Verbraucherindex von 1995 und 1886 zugrunde, sehen die Zahlen weitaus beeindruckender aus. Nach heutigem Geldwert berechnete Daimler die Differenz zwischen seinem Hauptanspruch und dem tatsächlich gezahlten Geld mit 2,75 Millionen Mark und seine nicht erhaltenen Nebenansprüche, in Form der immateriellen Werte wie z.B. den Patenten, mit ca. 60 Millionen Mark. Der Genußschein, der ihm stattdessen geboten wurde, betrug nach heutigem Geldwert 10 Millionen Mark. In einem decouvrierenden Wortdreher, der aus dem „Genußschein" den „Scheingenuß" macht, hält Daimler fest, was von dieser Zusage zu halten war, und er hat damit Recht behalten.

Die Eintragung der Daimler-Motoren-Gesellschaft in das Handelsregister, die Daimler erfolglos versucht hatte zu verhindern, war am 2. März 1891 beim Amtsgericht in Cannstatt erfolgt. Dieses Anmeldungsdokument wurde, aus nicht mehr feststellbarer Ursache, erst am 2. Januar 1891 beim Amtsgericht Cannstatt eingereicht, obwohl schon am 28. November 1890 verfaßt. Der Wortlaut:

„An das K. Amtsgericht Cannstatt
Hiedurch beehren sich die Unterzeichneten die neugegründete Aktiengesellschaft 'Daimler Motorengesellschaft' in Cannstatt zum Eintrag in das Handelsregister des K. Amtsgerichtes

Cannstatt anzumelden und zwar:
I.) die Gründer der genannten Gesellschaft:
1) Gottlieb Wilhelm Daimler, Ingenieur in Cannstatt,
2) Heinr. Emil Wilhelm Lorenz, Ingenieur von Arnsberg (Westfalen),
3) Max Wilh. Heinr. Duttenhofer, Geh. Kommerzienrat von Rottweil,
4) Adolf Groß, Baurat, Direktor der Maschinenfabrik Esslingen,
5) Dr. Kil. Steiner, Geh. Kommerzienrat in Stuttgart,

II.) der Aufsichtsrat der Gesellschaft, nämlich die unter
Ziff. I 1-5
genannten Herren und

III.) der Vorstand der Gesellschaft, nämlich die Herren
1) Max Georg Schroedter, Ingenieur von Düsseldorf,
2) Wilhelm August Maybach, Ingenieur von Löwenstein,
3) Karl J.C. Linck von Stuttgart.“[14]

„Der eingeforderte Betrag von 25% ist bar einbezahlt und im Besitze des Vorstandes“, heißt es in der Eingabe; diese 25% sind M 100 000.– aus den 400 Aktien des Herrn Duttenhofer und Herrn Lorenz.

§ 6 besagt:

„Der erste Aufsichtsrat wurde sofort in der konstituierenden Generalversammlung gewählt und hat seinerseits sofort kraft der ihm in § 22 der Statuten eingeräumten Befugnis die Mitglieder des Vorstandes ernannt. Die eingangs unter Ziff. III aufgeführten Herren haben das ihnen übertragene Amt als Mitglieder des Vorstandes angenommen und sofort vor dem der konstituierenden Versammlung anwesenden Notar die Firmenzeichnung abgegeben.“[15]

Gustav Vischer

Daimler war darüber anscheinend stutzig geworden, denn am 29. Januar 1891 ersuchte er das Amtsgericht um beglaubigte Abschrift *„von sämtlichen beim K. Amtsgericht Cannstatt eingereichten Schriftstücken betr. Aufnahme ins Handelsregister der neugegründeten DMG AG“.*

Daß bereits Unstimmigkeiten in der erst gegründeten Gesellschaft bestanden, geht aus den Eingaben betreffs Abstellung des Vorstandes hervor, die am 11. und 12. Februar 1891 als Nachträge zur Anmeldung beim Amtsgericht eingereicht wurden.

Mit der Eintragung ins Handelsregister waren Fakten geschaffen, an denen auch Daimler nichts mehr ändern konnte, als er begriff, wie man ihn über den Tisch gezogen hatte. Diese

Rechts: Offizielle Berufung Gustav Vischers in den Vorstand als kaufmännischer Direktor, 1891

Daimler-Motoren-Gesellschaft Cannstatt.

Cannstatt, 23. Oktober 1891.

P. P.

Hiemit beehren wir uns, Ihnen mitzutheilen, daß Herr C. Linck, seither Mitglied des Vorstandes unserer Gesellschaft, zu unserem lebhaften Bedauern einen andern Wirkungskreis erwählt hat und aus unserem Geschäfte ausgetreten ist.

Die ihm ertheilte Unterschrift ist hiemit erloschen.

An seiner Stelle haben wir zum Mitglied des Vorstandes und kaufmännischen Direktor unserer Gesellschaft Herrn G. Vischer ernannt, dessen nachstehende Unterschrift, von der wir Vormerkung zu nehmen bitten, in Gemeinschaft mit der Ihnen bekannten Handzeichnung unseres technischen Direktors Herrn Max Schroedter, die Gesellschaft verpflichtet.

Hochachtungsvoll

Der Aufsichtsrath der Daimler-Motoren-Gesellschaft

M. Duttenhofer

Vorsitzender.

Unterschrift des Herrn G. Vischer: Daimler-Motoren-Gesellschaft

G. Vischer.

Einsicht mag sich dadurch verstärkt haben, daß Daimler nun erkannte, daß der eigentliche Sinn der Gesellschaft seine Entmündigung auf der geschäftlichen Entscheidungsebene war. Nach dem Ausscheiden Maybachs wurde auch Daimlers zweiter Vertrauter Karl Linck nicht in den ihm zugedachten Posten eingesetzt, sondern mit der Prokura abgespeist. Als kaufmännischer Direktor wurde Gustav Vischer[16] eingestellt, der keinerlei Kontakt zu Daimler oder zum Motorenbau hatte. Am 22. Oktober 1891 erfolgte die Ummeldung im Handelsregister von Linck auf Vischer. Damit waren alle Daimlerschen Vertrauensleute aus den Schlüsselpositionen verdrängt.

Vor allem beunruhigten Daimler die Aktivitäten Duttenhofers und Steiners, die, wie er selbst schreibt,

„... in souveräner Unterschätzung meiner eigenen Arbeit und nur das eigene Kapital gelten lassend, sofort die Gewalt an sich zu reißen begannen, kostspielige und unzweckmäßige Bauten ausführten, in schülerhafter Weise experimentierten, ein ganzes Heer von persönlichen Günstlingen mit hohen Gehältern, absoluter Geschäftsuntüchtigkeit, aber um so größerer Unterwürfigkeit gegen sie selbst, als Beamte der Gesellschaft anstellten und diese Schulden machen ließen, die in gar keinem Verhältnis zum Aktienkapital und zu dem Zwecke des auf eine stetige Weiterentwicklung berechneten Unternehmens standen."[17]

Wurde in dieser Art und Weise gewirtschaftet, so wurde dadurch neues Kapital benötigt, was wiederum die Abhängigkeit von der Württembergischen Vereinsbank vergrößerte.

Was nun die Produktentwicklung betraf, so gehörte zur neuen Unternehmenspolitik die Maßnahme, Techniker neu anzustellen, die, wie Daimler bemerkt,

„... ohne praktische Erfahrung in Motorenfabrikation und ohne tiefere Kenntnis der Grundidee meiner Erfindung waren, jetzt in völliger Verkennung des für die Ausführung und den Bau meiner Motoren erforderlichen Prinzipes eines Festhaltens an den von mir nach

Gartensaal des ehemaligen Hotels Hermann in Cannstatt

langjährigen Erfahrungen als richtig empfohlenen einfachen Typen, - anstatt diese geduldig zu vervollkommnen und in solider Weise zu erproben -, sich auf ein ebenso unsinniges als kostspieliges System des Experimentierens mit anderen Typen und die Herstellung von großen Quantitäten unerprobter Typen stürzten.“[18]

Weder Wilhelm Lorenz noch die Gebrüder Spiel, die man als Techniker engagierte, hatten Erfahrungen im Bau von schnellaufenden Viertaktern.

Das Automobil weiter zu entwickeln und serienreif zu machen war teuer. Keiner konnte damals sagen, ob sich das in der Zukunft auszahlte. Das Konzept des 1889 von Maybach ausgeführten Stahlradwagens, der die Entwicklung der französischen Automobilindustrie nachhaltig beeinflußte, hätte aber auch den Kritikern zeigen müssen, daß Daimler sich auf dem richtigen Weg befand. In dieser Situation tat Daimler aus seiner Sicht das einzig Richtige, indem er zu einer List griff, die allerdings rein rechtlich gesehen einen Vertragsbruch darstellte. Zusammen mit Maybach baute er außerhalb des Unternehmens eine Versuchswerkstatt auf, in der die in der Daimler-Motoren-Gesellschaft nun nicht mehr möglichen Forschungs- und Erprobungsarbeiten fortgesetzt werden konnten. Unabhängig von der Daimler-Motoren-Gesellschaft sollte die Entwicklung des Automobils unter Maybachs Mitwirkung weiter vorangetrieben werden. Fast 1½ Jahre lang arbeitete Wilhelm Maybach zu Hause, bis er dann im Herbst 1892 im Auftrag Daimlers den Gartensaal des ehemaligen Hotels Hermann anmietete. Die jährlichen Mietkosten betrugen 1 800 Mark. Hier wurde intensiv und vor allem ohne Querelen und Kompetenzstreitigkeiten weiter an der automobilen Forschung und Entwicklung gearbeitet.[19] Die nun erstellten Patente liefen, aus Gründen der Tarnung, nun erstmals auf den Namen Maybach, denn Daimler durfte ja von vertraglicher Seite her keine Konkurrenzfirma betreiben. In der Zeit im Hotel Hermann sind etwa zwölf Wagen entstanden, und Wilhelm Maybach verbesserte die Motoren für den Betrieb im Auto ständig.

Finanzielle Gewinne ergaben sich zur damaligen Zeit vor allem durch das gut anlaufende Geschäft mit den Bootsmotoren. Zwischen Duttenhofer und Daimler entstand sehr bald ein Streit darüber, was die Firma produzieren sollte. Während Duttenhofer Stationär- und Schiffsmotoren produzieren wollte, was einen schnellen und risikolosen Gewinn versprach, lag Daimler die Fahrzeugproduktion am Horizon. In diesem Punkt ließ sich keine Einigkeit erzielen.

Aus dem Geschäftsbericht über das Jahr 1892/1893, der vom 27. Oktober 1893 datiert ist, wird dieser Gegensatz klar ersichtlich: *„... es werden daher,“* heißt es dort *„so lange wir keine stationären Petroleum-Motoren und namentlich keine langsam laufenden Maschinen bringen, unsere Erfolge auf diesen Gebieten, trotz aller Anstrengungen und Reklame, nur sehr mäßige sein.“*[20]

Hanf bemerkt zu Recht, daß man es versäumt hatte, sich über die vier Punkte, die zur Geschäftsführung eines Unternehmens wesentlich sind, zu einigen, als da wären:

„ 1. Produktion: was, wieviel und wie soll produziert werden?
2. Welche Investitionen sind hierfür notwendig?
3. Verkaufsziel: Preise, Absatz bzw. Umsatz verschiedener Produkte?
4. Marktanteilsstreben?
5. Gewinnziel und Zielerreichung: Finanzierung der Investitionen, Ausschüttungspolitik, Fremdfinanzierung, Kosten und deren Beeinflussung.“[21]

Trotz des Syndikatsvertrags, der als Nachtrag zu den vorangegangenen Verträgen das gute Einvernehmen der Gesellschafter garantieren sollte, lief das ständige Hin und Her der Meinungen und Standpunkte, die Ziele und Absichten der Daim-

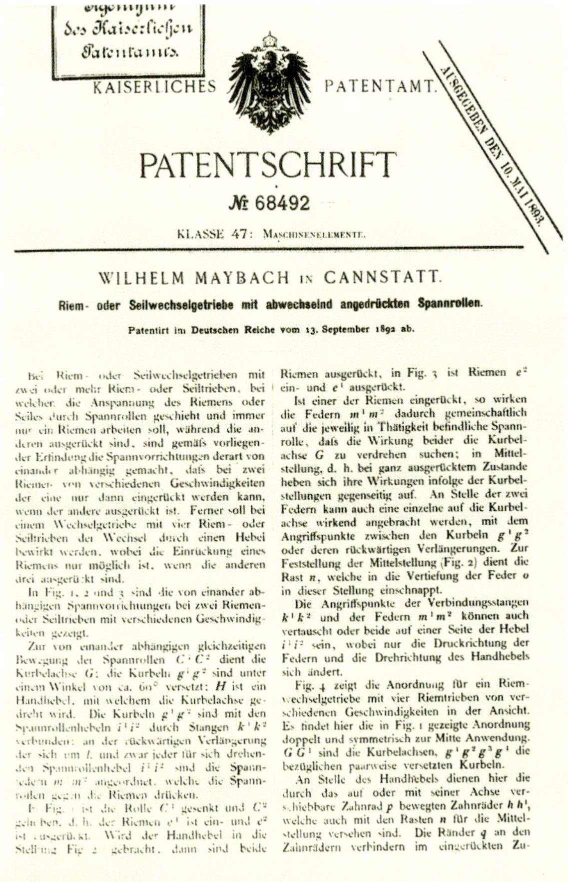

des Kaiserlichen Patentamts.

KAISERLICHES PATENTAMT.

AUSGEGEBEN DEN 10. MAI 1893.

PATENTSCHRIFT

№ 68492

KLASSE 47: MASCHINENELEMENTE.

WILHELM MAYBACH IN CANNSTATT.

Riem- oder Seilwechselgetriebe mit abwechselnd angedrückten Spannrollen.

Patentirt im Deutschen Reiche vom 13. September 1892 ab.

Bei Riem- oder Seilwechselgetrieben mit zwei oder mehr Riem- oder Seiltrieben, bei welchen die Anspannung des Riemens oder Seiles durch Spannrollen geschieht und immer nur ein Riemen arbeiten soll, während die anderen ausgerückt sind, sind gemäfs vorliegender Erfindung die Spannvorrichtungen derart von einander abhängig gemacht, dafs bei zwei Riemen von verschiedenen Geschwindigkeiten der eine nur dann eingerückt werden kann, wenn der andere ausgerückt ist. Ferner soll bei einem Wechselgetriebe mit vier Riem- oder Seiltrieben der Wechsel durch einen Hebel bewirkt werden, wobei die Einrückung eines Riemens nur möglich ist, wenn die anderen drei ausgerückt sind.

In Fig. 1, 2 und 3 sind die von einander abhängigen Spannvorrichtungen bei zwei Riemen- oder Seiltrieben mit verschiedenen Geschwindigkeiten gezeigt.

Zur von einander abhängigen gleichzeitigen Bewegung der Spannrollen $C^1 C^2$ dient die Kurbelachse G; die Kurbeln $g^1 g^2$ sind unter einem Winkel von ca. 60° versetzt; H ist ein Handhebel, mit welchem die Kurbelachse gedreht wird. Die Kurbeln $g^1 g^2$ sind mit den Spannrollenhebeln $i^1 i^2$ durch Stangen $k^1 k^2$ verbunden; an der rückwärtigen Verlängerung der sich um L und zwar jeder für sich drehenden Spannrollenhebel $i^1 i^2$ sind die Spannfedern $m^1 m^2$ angeordnet, welche die Spannrollen gegen die Riemen drücken.

In Fig. 1 ist die Rolle C^1 gesenkt und C^2 gehoben, d. h. der Riemen e^1 ist ein- und e^2 ist ausgerückt. Wird der Handhebel in die Stellung Fig. 2 gebracht, dann sind beide Riemen ausgerückt, in Fig. 3 ist Riemen e^2 ein- und e^1 ausgerückt.

Ist einer der Riemen eingerückt, so wirken die Federn $m^1 m^2$ dadurch gemeinschaftlich auf die jeweilig in Thätigkeit befindliche Spannrolle, dafs die Wirkung beider die Kurbelachse G zu verdrehen suchen; in Mittelstellung, d. h. bei ganz ausgerücktem Zustande heben sich ihre Wirkungen infolge der Kurbelstellungen gegenseitig auf. An Stelle der zwei Federn kann auch eine einzelne auf die Kurbelachse wirkend angebracht werden, mit dem Angriffspunkte zwischen den Kurbeln $g^1 g^2$ oder deren rückwärtigen Verlängerungen. Zur Feststellung der Mittelstellung (Fig. 2) dient die Rast n, welche in die Vertiefung der Feder o in dieser Stellung einschnappt.

Die Angriffspunkte der Verbindungsstangen $k^1 k^2$ und der Federn $m^1 m^2$ können auch vertauscht oder beide auf einer Seite der Hebel $i^1 i^2$ sein, wobei nur die Druckrichtung der Federn und die Drehrichtung des Handhebels sich ändert.

Fig. 4 zeigt die Anordnung für ein Riemwechselgetriebe mit vier Riemtrieben von verschiedenen Geschwindigkeiten in der Ansicht. Es findet hier die in Fig. 1 gezeigte Anordnung doppelt und symmetrisch zur Mitte Anwendung. $G G^1$ sind die Kurbelachsen, $g^1 g^2 g^3 g^1$ die bezüglichen paarweise versetzten Kurbeln.

An Stelle des Handhebels dienen hier die durch das auf oder mit seiner Achse verschiebbare Zahnrad p bewegten Zahnräder $h h^1$, welche auch mit den Rasten n für die Mittelstellung versehen sind. Die Ränder q an den Zahnrädern verhindern im eingerückten Zu-

Patentschrift von 1893, die aus Gründen der Tarnung auf den Namen Wilhelm Maybachs ausgestellt wurde.

ler-Motoren-Gesellschaft betreffend, auf eine sukzessive Entmachtung Gottlieb Daimlers hinaus.

Daimler ließ sich überreden, an den Verhandlungstisch zu kommen, um mit Duttenhofer und Lorenz am 26. Oktober 1892 als Nachtrag zum Syndikatsvertrag vom 28. November 1890 zu beraten und zu beschließen:

„1. Die Stelle eines Delegierten des Aufsichtsrates wird nicht wieder besetzt: dagegen bleibt es Herrn Daimler vorbehalten, zwei weitere Mitglieder zur Ergänzung des Aufsichtsrates vorzuschlagen.

2. Der Vorsitz im Aufsichtsrat bleibt unverändert.

3. Herr Daimler behält die Stelle als stellvertretender Vorsitzender bei; er setzt aber voraus, daß Zeit und Tagesordnung in erster Linie mit ihm vereinbart und festgesetzt werden. Die Protokolle sowie die sämtlichen Verträge und Schriftstücke des Aufsichtsrates werden doppelt ausgefertigt, und je ein Exemplar wird Herrn Daimler übergeben.

4. Herr Daimler übernimmt ferner die Stelle als sachverständiger Beirat des Aufsichtsrats und Vorstands; in dieser Eigenschaft kommt ihm gegenüber der Direktion auch bezüglich des laufenden Betriebes die technische Oberleitung zu, so daß Änderungen an den von ihm gebauten Konstruktionen, neue Experimente, Bauten, Maschinen etc. ohne seine Zustimmung künftig ausgeschlossen sind.
Dasselbe gilt für Veränderungen im Beamtenpersonal.

5. Auch in kaufmännischer Beziehung wird die Direktion angewiesen bei allen wichtigeren Fragen sich in erster Linie des Einvernehmens des Herrn Daimlers zu versichern; Herrn Daimler steht jederzeit der volle Einblick in die gesamte Korrespondenz frei.

6. Sämtliche Anträge der Direktion an den Aufsichtsrat und umgekehrt gehen von Herrn Daimler aus oder durch dessen Hand, so daß er stets in der Lage ist, seine eigene Meinung für und wider geltend zu machen.

7. Was die Repräsentation des Geschäftes nach außen betrifft, so steht solche in erster Linie Herrn Daimler zu, und zwar so, daß er nicht erst zum Schluß durch die Direktion herbeigerufen wird, sondern von Anfang an zur Einleitung größerer Geschäfte herbeigezogen wird.

8. Herr Daimler würde hiernach zwischen Direktion und Aufsichtsrat, wenn auch nicht dem Namen, so doch der Sache nach, die Stellung eines Generaldirektors einnehmen, und für seine Tätigkeit hierbei ist ihm eine

Gottlieb Daimler mit seiner zweiten Frau Lina, geb. Schwend

Tantieme von 10 % (zehn Prozent) vom Reingewinn nach Abzug der in § 17 der Statuten vorgesehenen 5 % (fünf Prozent) für den Reservefond zu gewähren und durch die Generalversammlung zu garantieren. Die Tantieme ist Herrn Daimler in einem Mindestbetrag von M 6000.- (Sechs Tausend Mark) pro Jahr zu garantieren.

9. *An dem mit der Württemberg. Vereinsbank abgeschlossenen Kreditverhältnis wird nichts geändert.*
Das Angebot von 102 Stück Aktien, welches Herrn Daimler von den Herren Duttenhofer und Lorenz gemacht wurde, akzeptiert Herr Daimler so, daß es ihm freisteht, innerhalb Jahresfrist die Aktien gegen Barzahlung zu beziehen..."[22]

Wenn alle Beteiligten sich nun ernsthaft bemüht hätten, nach Sinn und Wortlaut dieser neuen Abmachung vom 26. Oktober 1892 zu handeln, dann hätte sich die Entwicklung der Daimler-Motoren-Gesellschaft schon früher in die erfolgreichen Bahnen lenken lassen, die sie später beschritt.

Durch sein Herzleiden schon gezeichnet, machte Daimler Fehler und lehnte es ab, weitere 102 Aktien zu erwerben. Darüber hinaus hatte man Daimler angeboten, seine Position in die eines 'sachverständigen Beirates des Aufsichtsrats und Vorstandes' umzuwandeln, so daß er quasi als Generaldirektor zwischen Vorstand und Aufsichtsrat vermitteln konnte und jedwede Neuerung oder Veränderung hinsichtlich Konstruktionen, Bauten und der Anschaffung von Maschinen von seiner Zustimmung abhängig gewesen wäre. Einzige Bedingung war lediglich, daß Duttenhofer Vorsitzender des Aufsichtsrates blieb und die Württembergische Vereinsbank weiterhin der Kreditgeber der Daimler-Motoren-Gesellschaft blieb. Nach dem Sommer 1890 wäre dies eine zweite Gelegenheit gewesen, handelsrechtlich mehr Kontrolle über das Unternehmen zu erlangen. Ob ihm dazu das Geld fehlte, nach heutigem Geldwert wären dazu ca. 10,3 Millionen notwendig gewesen, oder grundsätzliche Überlegungen den Ausschlag gaben, darüber läßt sich heute nur noch spekulieren, da keine diesbezüglichen Quellen bekannt sind. Vielleicht lag es an der grundsätzlich

Gottlieb Daimlers Kinder aus zweiter Ehe: Emilie (geb. 1897) und Gottlieb (geb.1894)

im Widerspruch zu Daimler stehenden Auffassung Duttenhofers, der in der Fabrikation stationärer und langsamlaufender Motoren für Gewerbetreibende große geschäftliche Chancen sah, während Gottlieb Daimler vor allem leichte und schnellaufende Motoren für automobile Straßenfahrzeuge und natürlich Automobile herstellen wollte.[23] Aber selbst wenn dies Daimlers Bedenken gewesen wären, so hätte der Zukauf der 102 Aktien seine Position nachhaltig gestärkt, hätte er doch mit 302 zu 298 Aktien die Mehrheit gehabt, seine Ansicht durchzusetzen. Daß er durchaus gewillt war, finanzielle Risiken einzugehen, zeigt sich im Falle des später beschrittenen Wegs mit dem Hotel Hermann, daß ihn auch nicht wenig Geld gekostet hatte. Unternehmerisch war der Verzicht auf den Aktienkauf eine klare Fehlentscheidung, vielleicht die gravierendste überhaupt in dem geschäftlichen Hin und Her mit seinen Mitgesellschaftern.

Gottlieb Daimler litt seit längerem unter Herzbeschwerden. Im Winter 1892/93 erkrankte er erneut und wurde im Frühjahr nach Florenz zur Kur geschickt. Dort traf er Lina Hartmann geb. Schwend (16.5.1855–14.6.1932) wieder, die Witwe eines dortigen Hoteliers, die er schon früher bei Cannstatter Freunden kennengelernt hatte. Die 22 Jahre jüngere, weltgewandte Dame beeindruckte ihn so nachhaltig, daß er beschloß, sie zu heiraten. Die Eheschließung fand am 8. Juli 1893 in Schwäbisch Hall statt, die anschließende Hochzeitsreise führte nach Chicago, die Daimler gleichzeitig mit einem Besuch der dortigen Weltausstellung verband. Von New York aus trat er erst am 27. Oktober 1893 die Rückreise nach Deutschland an. Dieser Ehe entstammten ein Mädchen und ein Junge, Emilie (18.4.1897–30.5.1973) und Gottlieb (4.9.1894–4.6.1916). Letztgenannter fiel im ersten Weltkrieg. Lina Daimler hatte eine Tochter aus erster Ehe, Gretel Hartmann (9.2.1879–22.1.1950).

Hier zeigt sich nun auch die Absicht, nicht den steinigen Weg hin zu einer Automobilproduktion zu gehen, sondern das scheinbar schon Erreichte möglichst profitabel zu verwerten. „On long terms we are all dead“, diese von Keynes vertretene Sichtweise schlug auch hier durch. Man wollte jetzt Profite, nicht erst morgen. Dazu wäre ein Motorenmonopol die geeignetste Lösung gewesen. Duttenhofer, der bereits, gegen den ausdrücklichen Willen Daimlers, dafür gesorgt hatte, daß die Deutzer Gasmotorenfabrik die Nutzung des DRP 28022 erhielt, versuchte, nun eine Fusion beider Unternehmen zu betreiben. Sein gutes Verhältnis zu Eugen Langen mag dazu beigetragen haben, und so schrieb er am 7. November 1894 an denselben:

> *„Die Daimler-Motoren-Gesellschaft hat den Vorschlag Ihrer Fabrik betreffend den Bezug von Gasmotoren angenommen und auch ich hoffe, daß sich zwischen unseren beiden Gesellschaften hieraus ein freundschaftliches Verhältnis entwickelt, das in der Zukunft das bringen wird, was ich jetzt schon erhoffte: nämlich eine enge Verschmelzung derselben. […] Ich behalte mir vor, später wieder auf diese Sache zurückzukommen und hoffe, daß bis dort eine solche Grundlage geschaffen ist, daß auch Ihrem Herrn Schumm ein Zusammengehen mit der Daimler-Motoren-Gesellschaft mundgerechter wird.“*[24]

Eine Allianz mit der Deutzer Gasmotorenfabrik zwecks Realisierung eines großen Motorenmonopols wäre nicht nur verhängnisvoll für Daimler hinsichtlich der bis dahin dort gemachten Erfahrungen gewesen, sondern stand seinen eigenen unternehmerischen Zielen diametral entgegen.

> *„Sie D (gemeint ist wohl Duttenhofer, d. Verf.) werden nie nach m. Pfeife tanzen ich tanze niemals nach der Ihrigen Schämen Sie sich mich um m. Eigenthum gebracht zu haben.“,*[25]

notierte Daimler in seinem „Sudelbuch“.

Erster Schritt einer Destabilisierung der Konstruktions- und Produktionseinrichtungen in

Cannstatt war die am 23. März 1893 beschlossene teilweise Verlagerung nach Ettlingen in den Einflußbereich von Lorenz. In Cannstatt sollte nur noch auf kleiner Flamme weiter gearbeitet werden. Daimler schreibt erbost am 11. April 1894 an Aufsichtsrat und Vorstand der Daimler-Motoren-Gesellschaft:

> *„Nachdem mir durch den Herrn Vorsitzenden des Aufsichtsrates unter dem 6. April der Vertrag zwischen der Daimler Motoren-Gesellschaft und Herrn Kommerzienrat Lorenz zugleich mit einer Einladung zu einer Sitzung des Aufsichtsrates auf den 12. d. Mts. , in welcher über die Genehmigung dieses Vertrages Beschluß gefaßt werden soll, zugestellt worden ist, habe ich Folgendes zu erklären:*
>
> *I. In meiner Eigenschaft als Mitglied des Aufsichtsrates stimme ich gegen den Vertrag - Da aber heute bereits mit der Ausführung des Vertrages begonnen worden ist, indem die Mobilien und Materialien des Zeichnungsbüros weggeführt wurden, und da ich aus dem Briefe des Herrn Vorsitzenden an mich ersehen muß, daß unter den übrigen Mitgliedern des Aufsichtsrates der Vertrag beschlossene Sache ist, so halte ich mein persönliches Erscheinen für vollständig überflüssig.*
>
> *II. Der Aufsichtsrat ist zur Beschlußfassung über die vorliegenden Verträge unzuständig. Es handelt sich in Wirklichkeit nicht um die Errichtung eines Konstruktionsbüros in Karlsruhe und eine Zweigniederlassung in Ettlingen, sondern darum, daß Herrn Kom.-Rat. Lorenz zum Nachteil der Gesellschaft unerhörte Machtbefugnisse und Vorteile eingeräumt werden sollen. Wäre Herr Komm.-Rat Lorenz, wie es den Anschein haben soll, aber nicht einmal hat, nur der Leiter einer Zweigniederlassung, so würde es genügen, ihm einen Anstellungsvertrag in die Hand zu geben, da Haupt- und Zweigniederlassung wohl der inneren Ordnung halber besondere Bücher zu führen, rechtlich verschiedene Persönlichkeiten aber nicht sind.“*[26]

Doch Daimler kann damit die Verlagerung nicht verhindern. Ihm ging es um die Verwertung des kleinen Schnelläufers für den mobilen Einsatz. Auf gar keinen Fall wollte Daimler mit seinem neuen Unternehmen in das alte Deutzer Fahrwasser zurück. Für Duttenhofer, der nicht das Vertrauen in Daimlers Visionen hatte wie dieser selbst, war eine Fusion die logische Fortsetzung der auf dem Pulversektor gemachten Erfahrungen. Hier war ihm der Aufbau eines großen Pulvermonopols gelungen, warum sollte dies nicht auch auf dem Motorensektor möglich und vor allem profitabel sein. So galt es denn als erstes, Daimler aus der Leitung der Daimler-Motoren-Gesellschaft auszuschließen. Dazu suchte man Mittel und Wege. Als probater Weg erwies sich in der Folge Daimlers panische Angst vor einem Konkurs, dessen gesellschaftliche Konsequenzen Daimler mehr fürchtete als alles andere. Als Bankrotteur wollte dieser am Ende seines Lebens unter keinen Umständen dastehen. Wörtlich schreibt er am 10. Oktober 1894 in seinem Gegenvorschlag:

> *„Mit diesem unverschämten Schreiben hat Ihr Anwalt in brutaler, mich persönlich tief verletzender Weise jede weitere Vermittlung abgeschnitten und mich dadurch gezwungen, die mir aufoktroyierte armselige Abfindung für alle meine Ansprüche anzunehmen, wenn ich nicht meinen Namen schon in den nächsten Tagen in der Gantliste lesen wollte.“*[27]

Lorenz und Duttenhofer hatten über die Württembergische Vereinsbank Kredite in Höhe von 385000 Mark beantragt, diese Summe erhalten und auch persönlich gebürgt. Nachdem nun die Bank die Abdeckung der Kredite verlangte, wur-

Frederick R. Simms

de schnell deutlich, daß dank der investitionsfreudigen Geschäftspolitik der Daimler-Motoren-Gesellschaft bei einem eventuellen Liquidationsverfahren kaum mehr als 33,3% des Aktienwertes erzielt werden konnte.[28] Daimler wollte jetzt das tun, was er zuvor versäumt hatte. Er erklärte sich nun seinerseits bereit, die Anteile von Lorenz und Duttenhofer zum Nominalbetrag von 33,3 % sowie den Bankkredit zu übernehmen. Das wären 133333 Mark gewesen, nach heutigem Geldwert ca. 13,5 Millionen DM, plus den 385000 Mark. Daimler muß also noch genügend liquide Mittel gehabt haben, was wiederum dafür spricht, daß ihn 1892 andere Gründe bewogen haben als finanzielle, die 102 Aktien nicht zuzukaufen. Daß man auf der anderen Seite kein Geld, sondern die Anteile Daimlers um jeden Preis haben wollte, spricht dafür, daß es hierbei nicht allein um die Lösung von Liquiditätsproblemen ging. Ein Verkauf ihrer Anteile war natürlich das Gegenteil von dem, was die beiden Herren wollten, und entsprechend waren die Reaktionen. Der Rechtsanwalt Steiners, die Interessen von Lorenz und Duttenhofer vertretend, eröffnete Daimler, daß er das Konkursverfahren eröffnen würde, falls dieser nicht umgehend auf die Vorschläge einginge und seine Anteile abgäbe. Um den drohenden Bankrott abzuwenden, stimmte Daimler zu. Am 10. Oktober 1894 unterschrieb Daimler den zwei Tage zuvor von Steiner ausgefertigten Vertrag, der ihn gegen Bezahlung von 66666,66 Mark, also genau den 33,3 % von 200000 Mark, aller Rechte an der Daimler Motoren-Gesellschaft enthob. Daimler gab jedoch noch immer nicht klein bei, sondern reichte, durch seinen Rechtsvertreter Haußmann repräsentiert, vor dem Landgericht Stuttgart eine Entschädigungsklage in Höhe von 133333,34 Mark plus der seit diesem Zeitpunkt anfallenden Zinsen in Höhe von 5 % ein, die allerdings nicht verhandelt wurde. An seinen Freund Solveen schreibt er am 19. Januar 1895:

„...ich habe in den letzten Jahren soviel mit meinen Assozies im Geschäft durchgemacht, daß ich das nicht wieder erleben möchte und ich allen Glauben an die bessere Menschheit verloren habe, und ich beinahe den Verstand verloren hätte, weshalb ich geistig so abgespannt bin, daß ich nicht mehr schreiben mag; diese Kerls haben es verstanden mich um meine Sache und meinen Geschäftsanteil zu bringen, mich herauszuschmeißen auf die raffinierteste Weise und führen jetzt seit 1. November 94 meine Sache unter dem Namen Daimler Motoren Gesellschaft weiter, nachdem sie mir, das was ich seit 12 Jahren geschaffen, sozusagen meine Kinder, die Motoren, Schiffe und Wagen, vom Leib gerissen und ich jetzt zusehen muß, wie die von ihnen angestellten Direktoren etc. meine Sache verwirtschaften und nichts fertig bringen. Die beiden Kerls sind der Pulvermillionär Duttenhofer von Rottweil, ein früherer Dutzfreund von mir und Patronenfabrikant Lorenz von Karlsruhe der mit seinen

Frederick R. Simms, Gründer der „British Daimler Motor Syndicate" im Jahre 1893, auf dem ersten nach England importierten 3 PS-2-Zyl. Daimler-Riemenwagen, 1895

Lieferungen für das Militär seine 6 Millionen auf die Seite gebracht hat und jetzt mich um mein Hab und Gut und meine Erfindungen beschissen hat und in Ettlingen bei Carlsruhe fabrizieren will. Ich war beim Abschluß der Verträge zu vertrauensselig und meine großherrlichen Freunde (es sind beide Commerzienräthe die es verstanden haben, nach oben sich wichtig zu machen, in Wirklichkeit aber bei mir als die gemeinsten Ausbeuter ihrer Nebenmenschen sich erwiesen haben) haben mir alles Schöne versprochen, aber sobald der Knopf gemacht war, wollten sie herrschen und hielten ihre Verträge nicht. Das sind die richtigen Züchter der Sozialdemokraten, denn ich sehe auch ein, daß wenn die Oberen und Großen sich so benehmen und ihre Herrschsucht und Habgier so weit treiben, daß sie den ehrlichen um seine Sache Arbeitenden und Nützliches schaffenden Menschen um sein Alles bringen können, solches Raubgesindel vernichtet gehört wie die Wölfe."[29]

Es stellt sich hier die Frage, warum die Württembergische Vereinsbank auf der Rückzahlung der Kredite bestand, war es doch einer ihrer potentesten Kunden, der als Bürge zur Verfügung stand, Max Duttenhofer. Welches die Gründe auch immer gewesen sein mögen, die Angst um ihr Geld kann die Bank zu diesem Schritt nicht getrieben haben. Im Rahmen seiner anderen Aktivitäten agierte Kilian Steiner zumeist in der Rolle des aufmerksamen Aufsichtsratvorsitzenden, der nur dann eingreift, wenn er vom wirtschaftlichen Erfolg des Unternehmens nicht überzeugt war. War es dieser Umstand, der Gottlieb Daimler, aber auch der Daimler-Motoren-Gesellschaft, fast zum Verhängnis geworden wäre? Sicher kann angenommen werden, daß Steiner zu Duttenhofer das nötige Vertrauen hatte, um ihn auf dem Weg zu einer Strategie verstärkter Konzentration in diesem neuen Industriezweig zu unterstützen.

Wie dem auch sei, letztlich gab die Württembergische Vereinsbank damit Lorenz und Duttenhofer die Möglichkeit, Daimler aus seinem Unternehmen zu drängen und erneut einen Anlauf hinsichtlich des Motorenmonopols zu nehmen, was klar aus einem Brief Duttenhofers an Eugen Langen hervorgeht, dem er am 6. Oktober 1894 schreibt:

„...Auch ich bedauere, daß ich Sie nicht sprechen kann, hauptsächlich wegen der Daimlerschen Motorenfabrik. Nachdem Daimler lange genug mit uns herumgestritten hat, erkläre ich, den Konkurs herbeiführen zu wollen, wenn nicht eine Einigung stattfinde, und ich habe das Ultimatum auf letzten Donnerstag gestellt. Daimler hat das Angebot von Lorenz und mir acceptiert und tritt aus der Gesellschaft vollständig aus, so daß Lorenz und ich ja zur Hälfte die alleinigen Inhaber der Daimler Motoren Gesellschaft sind. Ich mache Ihnen hiervon Mitteilung, in der Hoffnung, daß sich vielleicht ein Modus finden ließe, durch den Ihre Gesellschaft und die Daimler Fabrik einander geschäftlich näher kommen könnte. [...] Ich möchte Ihrer freundlichen Erwägung anheim

geben, ob Sie mir nicht Vorschläge in angedeuteter Richtung machen wollen.“[30]

Doch auch diesmal sollte, wohl auch durch die Kürze der zur Verfügung stehenden Zeit bedingt, eine Einigung mit den Deutzer Gasmotorenwerken nicht zu Stande kommen. Eine Vereinigung beider Unternehmen hätte ja aller Voraussicht nach eine lediglich auf die Motorenproduktion ausgerichtete Unternehmenspolitik bedeutet. Sieht man sich Mitarbeiterzahlen und produzierte Stückzahlen dieser Jahre bei der DMG an, so bedarf es keiner Prophetie, um sagen zu können, daß da ein Riese einen Zwerg geschluckt hätte.

Als alles verloren scheint, notiert Daimler im Sudelbuch:

„Ihr Hunde, die ihr euch mit eurem Patriotismus brüstet, als ob nur ihr das Wohl des Volks u. Vaterlands wolltet, ihr seid schuld, daß meine Sache verloren geht, daß mein. Arbeit u. Sorgen alle umsonst u. mein Geld verloren ausgegeben ist.“[31]

Doch die Ausschaltung Daimlers aus dem Unternehmen sollte sich für dieses als wenig glücklich erweisen. Sowohl auf der kaufmännischen, als auch auf der technischen Seite ging es weiter bergab, und die Bilanzen wurden zusehends schlechter. Zudem bestand ein Problem hinsichtlich eines kompetenten Cheftechnikers bei der DMG, das zeigt sich auch in dem Schreiben Duttenhofers an Langen.[32] Duttenhofer, der durchaus die Qualitäten Maybachs als Techniker erkannt hatte, versuchte diesen nun 1895 wieder für die Arbeit im Unternehmen zu gewinnen. Er machte ihm den Vorschlag, als Chefkonstrukteur der Daimler-Motoren-Gesellschaft zurückzukehren. Auf das Angebot, ohne Daimler zurück in die Firma zu kommen, erwiderte Maybach:

„Ich bin ein Zögling Daimlers, wir stehen nicht isoliert da wie Sie meinen. Ich möchte diese Gelegenheit nicht noch vorüber gehen lassen, um beide Teile wieder in gutes Einvernehmen zu bringen.“[33]

Aber es war nicht Maybach, dem dieses Kunststück gelang, sondern der Engländer Frederick R. Simms. Es gehörte mit zu Daimlers herausragenden Tugenden, daß er in der Lage war, internationale, geschäftliche Beziehungen aufzubauen, die nicht nur sehr dauerhaft waren, sondern die auch durch ein starkes persönliches Verhältnis Daimlers zu den jeweiligen Vertragspartnern geprägt waren. Erstmalig begegneten sich Frederick Richard Simms und Daimler auf der Nordwestdeutschen Gewerbe- und Industrieausstellung in Bremen 1890. Simms wurde am 12. August 1863 in Hamburg geboren und starb am 22. April 1944. Seine Vorfahren stammten aus Warwickshire. Sein Großvater hatte in Hamburg ein Handelshaus gegründet, Simms selbst war teils in Deutschland, teils in England aufgewachsen und erzogen worden. Obwohl von der Ausbildung her selbst kein Techniker, arbeitete er an technischen Innovationen und hatte einen Blick für zukunftsweisende Entwicklungen.[34] Er ließ sich von Daimler die Rechte an dessen Erfindungen für das ganze Empire reservieren, mit Ausnahme von Kanada, dort hielt diese Steinway. In England hatte Simms hinsichtlich der Motorisierung mit nicht unerheblichen Problemen zu kämpfen, die aus dem 1865 verabschiedeten „locomotive act“ resultierten. Dieser war maßgeblich von den englischen Eisenbahngesellschaften initiiert worden, die in den Dampfomnibussen eine Konkurrenz zu ihrem eigenen Unternehmen sahen. Das Gesetz beschränkte nun die Höchstgeschwindigkeit jedes auf der Landstraße fahrenden Fahrzeugs auf vier englische Meilen, zudem mußte ein Mann mit einer roten Fahne vor dem Wagen herlaufen, um vor der nahenden Gefahr zu warnen. Man kann sich unschwer vorstellen, daß bei dieser Gesetzeslage eine Motorisierung nicht zu realisieren war. Erst 1896 wurde diese Regelung außer Kraft gesetzt.

Durch den von Maybach konstruierten Phönix-Motor[35] war der Begriff „Daimler-Motor" im Ausland in aller Munde. Simms wünschte als Sprecher einer Gruppe englischer Industrieller unter Führung des Fahrradindustriellen Harry Lawson die Lizenzrechte dieses Motors für England zu erwerben. Simms war bereit, den horrenden Betrag von 350000 Mark zu bezahlen. Er selbst gab die Rechte dann an das Daimler Motor Syndicate, für den doppelten Preis von 36250 Pfund, weiter. Es war allerdings die Bedingung damit verknüpft, Daimler wieder in die Gesellschaft aufzunehmen. Der Aufsichtsrat wird dem nur widerwillig zugestimmt haben, allein ein Angebot dieser Höhe konnte in der ohnehin angespannten Lage nicht ausgeschlagen werden. Am 1. November 1895 unterschrieben Daimler und Duttenhofer den Wiedervereinigungsvertrag, am 4. November folgte Lorenz nach. Teil des Vertrages war auch die Zusicherung, daß Daimler die Geschäftsbeziehungen mit Panhard & Levassor in Paris und Steinway in New York direkt pflegen

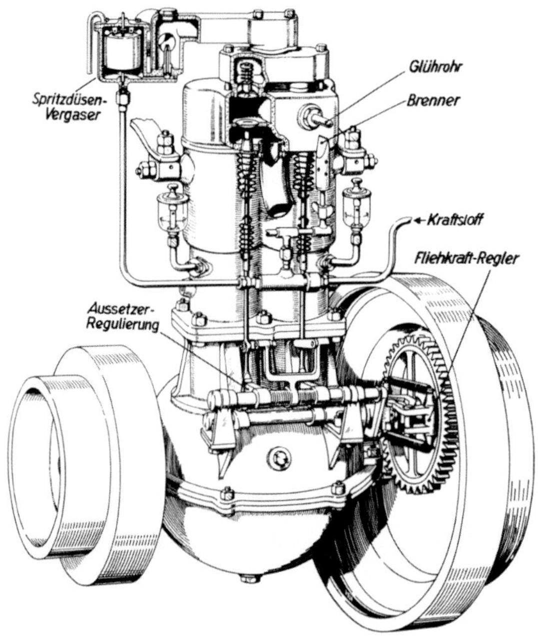

2-Zyl.-Daimler Phönix-Motor, 1893

konnte. Daß er es in diesem Zusammenhang verschwieg, seit dem 10. November 1894 eine persönliche Abmachung mit Frau Sarazin-Levassor getroffen zu haben, die ihm nicht unerhebliche Mittel aus der Verwertung seiner Patente sicherte, führte in der Folge zu einem Streit über die Rechtmäßigkeit der Bezüge.

Die Rückkehr der beiden Firmengründer brachte der Gesellschaft einen ungeahnten Aufschwung. Gegen Zahlung der 66666 Mark erhielt Daimler seinen Aktienanteil in Höhe von 200000 Mark zurück, plus einem Genußschein von 100000 Mark. Seine Stellung im Aufsichtsrat war die eines Sachverständigenbeirats und Generalinspektors. Als Entlohnung für diese Tätigkeit erhielt Daimler im Jahr 3000 Mark plus einer Tantieme vom Reingewinn von 5%. Maybach wurde mit Vertrag vom 8. November 1895 zum technischen Direktor der Daimler-Motoren-Gesellschaft ernannt, eine Position, die er bis zum April 1907 einnehmen sollte. Dazu erhielt er die Aktien in Höhe von 30000 Mark, auf die er nach dem Vertrag mit Daimler aus dem Jahr 1882 Anspruch hatte. Die von Maybach in den Jahren 1892–1895 im Hotel Hermann erarbeiteten Patente gingen für 140342,60 Mark in den Besitz der Daimler-Motoren-Gesellschaft über. Ferner wurden seitens der DMG für die vorhandenen Betriebseinrichtungen der Versuchswerkstätten 17006,95 Mark und für die vorhandenen Vorräte 42650,45 Mark bezahlt. Mit diesen Beträgen waren die 200000 Mark abgegolten, die Daimler laut § 1 des Wiedervereinigunsvertrags zustanden. Gleichzeitig wurde das Aktienkapital des Unternehmens um 300000 Mark erhöht, je 300 Aktien à 1000 Mark, die von Duttenhofer und Lorenz übernommen wurden und die diesen Betrag bar einzahlten. Die Verteilung des Grundkapitals der Daimler-Motoren-Gesellschaft ergab sich wie folgt: Gottlieb Daimler 30 Aktien von Nr. 1–30 und 148 Aktien von Nr. 53–200. Max Duttenhofer 22 Aktien von Nr. 31–52 und 200 Aktien von Nr. 201–400, sowie 150 Aktien von Nr. 601–750, Wilhelm Lorenz 200 Aktien Nr.

Hamburger Hafenbarkasse mit Daimler-Motor, 1891

Daimler Doppelschrauben-Motorboot für 150 - 200 Personen mit zwei 6-PS-Daimler-Motoren, Modell 1895/96

Motorbarkasse mit 8-PS- Daimler-Motor im Hamburger Hafen, 1904

Ausstellungsbahn mit Daimler-Motoren in Bremen, 1889; ihr Einsatz ging ebenfalls auf eine Initiative des Kaufmanns Wilhelm Deurers zurück.

401–600, sowie 150 Aktien Nr. 751–900. Durch diese Verteilung reduzierte sich das Aktienkapital von Daimler versus Duttenhofer/Lorenz von einem Drittel auf ein Fünftel.[36]

Daimler empfand diese Entwicklung als einen Sieg auf der ganzen Linie. In seinen Notizen notiert er triumphierend: *„Und die Engl. sagten auch vor dem Abschluß wir wollen den Daimler haben u. nicht den Duttenhofer oder Lorenz."*[37] Damit war ihm durch die Intervention der Engländer das gelungen, für das er seit 1890 verzweifelt gekämpft hatte. Nun, da Andere Interesse am schnellaufenden Motor für den Einbau in verschiedene Fahrzeuge zeigten, schwenkten auch seine Mitgesellschafter auf diese Linie ein. Dies zeigt, daß Duttenhofer durchaus flexibel war, wenn es um den geschäftlichen Erfolg ging. Deutelmoser bemerkt hier zu Recht:

> *„Mindestens Duttenhofer hat vermutlich schon vor dem Angebot eingesehen, daß eine Einigung sinnvoll wäre, Lorenz tat sich wohl etwas schwerer, da er sich in gewissem Sinn als Erbe der Daimler Aktivitäten sah."*[38]

Daimler war nun, seit dem 31. Oktober 1896, Vorsitzender des um F. R. Simms erweiterten Aufsichtsrats, konnte aber aufgrund seines geringen Aktienanteils jederzeit wieder von der Generalversammlung überstimmt werden.

Neben Simms war der Hamburger Kaufmann Wilhelm Deurer mitbeteiligt an der Aktion, die die Rückkehr von Daimler und Maybach in die DMG zur Folge hatte. Er war der Vertreter der Daimler-Motoren-Gesellschaft. Er hatte schon früh dafür gesorgt, daß DMG-Motoren im Hamburger Hafen, sowie bei den Fluß- und Hafenbaubehörden in Norddeutschland zum Einsatz kamen. Deurer hatte sich, nachdem die Qualität der DMG-Motoren immer stärker nachließ, für eine Rückkehr von Daimler und Maybach in die Gesellschaft eingesetzt. An Deurer schrieb Vischer nach vollzogener Vertragsunterzeichnung am 5. November 1895:

> *„Ihre freundlichen Zeilen vom 15.pto. kommen jetzt in meinen Besitz und nehmen die damals von Ihnen eingeleiteten Verhandlungen eine zeitlang ihren normalen Verlauf der mit einem Schlage dadurch in ein Schnellzugs-Tempo*

kam, daß Herr Simms von London aus vor etwa 14 Tagen in dieselben eingriff und gleich darauf hier selbst eintraf.
Die Verhandlungen überstürzten sich nunmehr und heute bin ich in der glücklichen Lage, Ihnen mitteilen zu können, daß jetzt alles in Ordnung ist.

Die Vereinigung ist vollzogen, die Verträge wurden gestern von Herrn Lorenz, als Letztem, unterschrieben. Die ganze Daimler-Maybach'sche Sache wird nun mit uns vereinigt, Daimler wird General-Inspektor, Maybach erster techn. Direktor, Moeves Bureau-Chef. Linck wird wohl in die kaufmännische Direktion eintreten, was indessen noch nicht fest bestimmt ist, und ich werde in den nächsten Tagen nach London reisen, um die Formalitäten wegen Patent-Übertragung zu erledigen und das Geld dafür in Empfang zu nehmen.

In England wird keine Gesellschaft gebildet, sondern ein Consortium übernimmt die Patente, um dann Lizenzen zu vergeben und bezahlt uns dafür bares Geld und zwar noch etwas mehr, als wir von der z.Zt. in Aussicht genommenen Gesellschaft in bar und Aktien zusammen bekommen hätten.

Das ist in kurzen Zügen das Resultat und können Sie sich denken, wie glücklich ich über diese Wendung der Dinge bin.

Der Kampf und Streit ist beendet, wir stehen finanziell 1 a und hoffentlich sind wir auch in technischer Hinsicht bald wieder an der ersten Stelle unter solchen Aussichten können nicht nur wir, sondern auch alle unsere Freunde, welche uns seither mit ihrer Mitwirkung unterstützt haben, und dazu gehören in erster Linie auch Sie und Ihre Freunde - mit neuem Vertrauen der Zukunft entgegen sehen.

Bei allen diesen Verhandlungen habe ich von neuem den großen, weiten Blick und die Geschäftskenntnis von Herrn Geheimrat Duttenhofer kennen und schätzen erlernt, ohne welchen eine Vereinbarung auf einer so gesunden Basis, wie sie nun erfolgt ist, überhaupt nicht möglich gewesen wäre.

Arrangement in Daimlers Garten anläßlich der Feier zur Ablieferung des eintausendsten Motors am 21. Dezember 1895

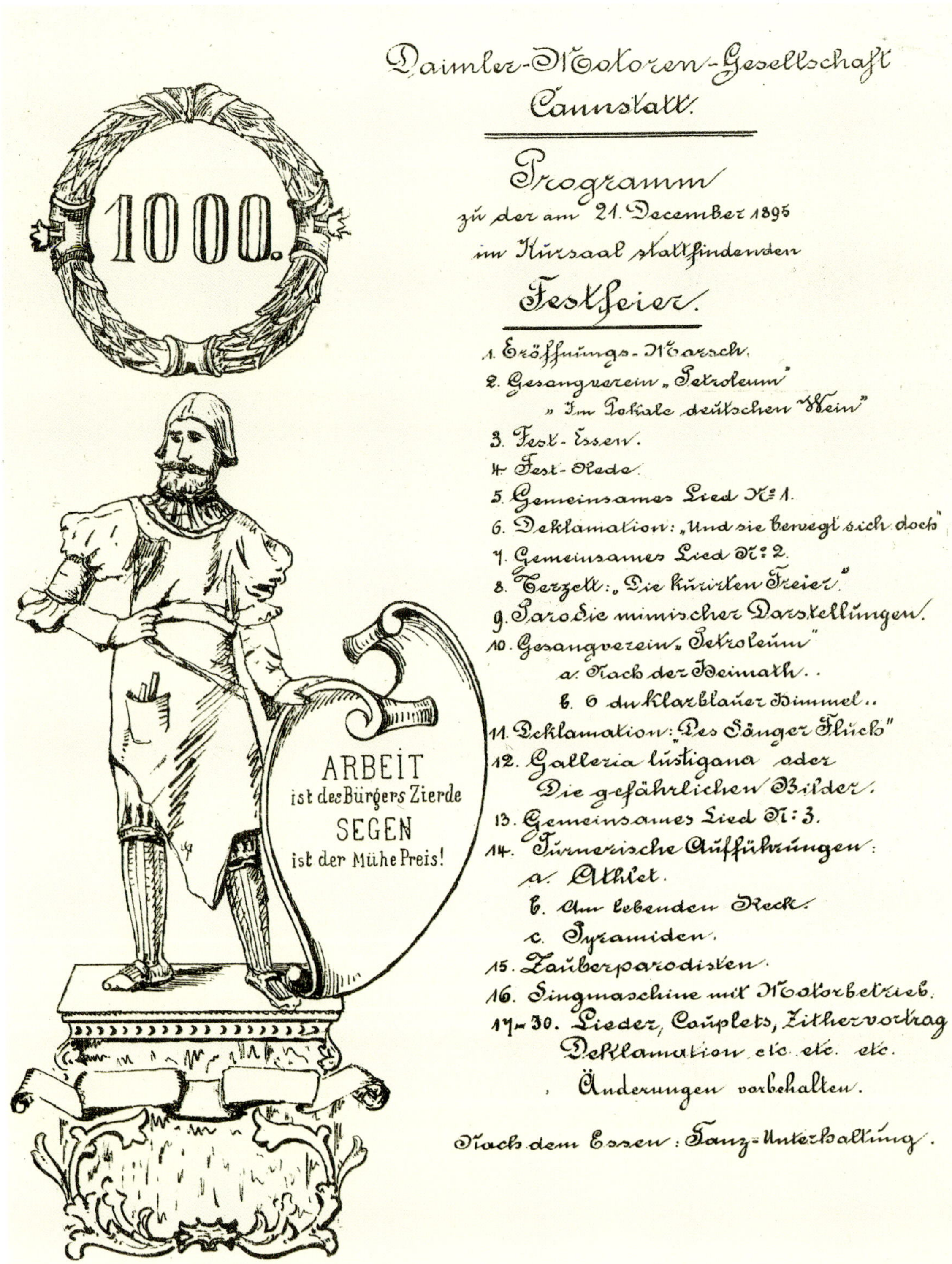

Daimler-Motoren-Gesellschaft
Cannstatt.

Programm
zu der am 21. December 1895
im Kursaal stattfindenden
Festfeier.

1. Eröffnungs-Marsch.
2. Gesangverein „Petroleum"
„Im Pokale deutschen Wein"
3. Fest-Essen.
4. Fest-Rede.
5. Gemeinsames Lied No 1.
6. Deklamation: „Und sie bewegt sich doch"
7. Gemeinsames Lied No 2.
8. Terzett: „Die kurirten Freier".
9. Parodie mimischer Darstellungen.
10. Gesangverein „Petroleum"
a. Nach der Heimath..
b. O du klarblauer Himmel..
11. Deklamation: „Des Sänger Fluch"
12. Galleria lustigana oder
Die gefährlichen Bilder.
13. Gemeinsames Lied No 3.
14. Turnerische Aufführungen:
a. Athlet.
b. Am lebenden Reck.
c. Pyramiden.
15. Zauberparodisten.
16. Singmaschine mit Motorbetrieb.
17–30. Lieder, Couplets, Zithervortrag
Deklamation etc. etc. etc.
Änderungen vorbehalten.

Nach dem Essen: Tanz-Unterhaltung.

Programm und Liedheft mit Illustrationen zur „Festfeier" im Cannstatter Kursaal anläßlich der Ablieferung des eintausendsten Motors am 21. Dezember 1895. Unter dem Punkt 17–30 „Couplets" wurde u. a. die „Falschmünzergeschichte" im Gartenhaus persifliert.

Gemeinsames Lied No. 1

Melodie: „Stimmt an mit hellem, hohen Klang."

Stimmt an mit lautem Jubelschall
Nach alter schöner Weise:
Ein Lied mit frohem Widerhall
Dem Daimler-Werk zum Preise!

Wo rastlos Geist und ThatKraft glüht,
Das Beste zu vollbringen,
Von Ost zu West, von Nord zu Süd,
Jhm Ehre zu erringen.

Jhm hilft Benzin, Petroleum
Des Gases inn're Stärke,
Das Wasser und das Oleum
Vollführen Kühne Werke.

BeKannt dem ganzen Erdenrund
Sind uns're Motorwagen,
Sie geben laut das Zeugnis Kund,
Dass wir nach Bestem jagen.

Nicht minder gut als diese sind
Auch unsre Schiffsmotoren
Sie trotzen stärKstem Sturm und Wind
Der uns pfeift um die Ohren.

Es lebe der Herr Daimler hoch
Der solches uns gelehret
Er lebe viele Jahre noch,
Berühmt, geliebt, verehret!

Auch unsre Chefs, sie leben hoch
Die uns fürsorglich leiten,
Jhr Wirken soll auch ferner noch
Nur GlücK und Heil begleiten!

Und hoch das WerK für dessen Ruhm
Wir einig wollen streben!
Jhm weih'n wir unser ganzes Thun,
„Das Daimler-WerK soll leben"!

J. Brunner.

Gemeinsames Lied N° 2.
Petroleum-Lied.
Melodie: „Grambambuli“

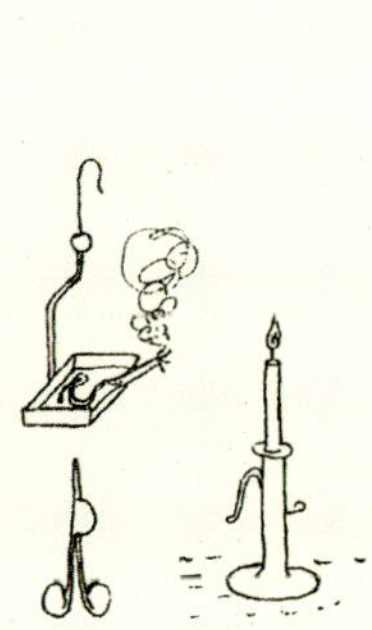

Als durch die Welt dereinst die Kunde
Von einem neuen Erdöl drang,
Schafft' man es an zurselben Stunde
Und schloss die Lichtscheer in den Schrank.
Ein neues Evangelium,
Ward Allen das Petroleum!
Petrol - Petrol - Petroleum - Pe-trol-e-um.

Wenn sonst wir um des Tisches Mitten,
Erleuchtet von der Kerze Schein
Um einen Strahl des Lichts gestritten,
Da leuchtet blendend es und rein;
Vor Staunen machte es uns stumm,
Das Lumen von Petroleum.
Petrol - Petrol - Petroleum - Pe-trol-e-um.

Petroleum war jetzt der Titel,
Des Stoffs der prächtig sich bewährt.
Es wurde auch als gutes Mittel,
Von alten Tanten sehr verehrt.
Es machte fast die Menschheit dumm
Der neue Stoff Petroleum.
Petrol - Petrol - Petroleum - Pe-trol-e-um.

Es rührten jetzt sich Kopf und Hände,
Zu nützen dieses grosse Feld.
Dass in der Küche man's verwende,
Kost' Heinrich Hock viel Zeit und Geld.
Doch kaum war erst ein Jahr herum,
Da briet man auf Petroleum.
Petrol - Petrol - Petroleum - Petrol-e-um.

Als nun gar mancherlei erfunden,
Der Chemiker es raffiniert.
Der Martens selbst es seinen Kunden,
Mit Pferd und Wagen zugeführt.
Macht neues Licht die Leute stumm,
Das neue Gas-Petroleum.
Petrol-Petrol-Petroleum-Pe-trol-e-um.

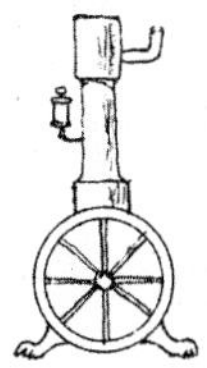

Als drauf aus Schwabens schönen Auen
Die wundersame Mähr uns klang:
Es seien Schraubenboot' zu schauen.
Und Wagen auf dem Schienenstrang,
Selbst Kutschen führen dort herum
Getrieben durch Petroleum.
Petrol-Petrol-Petroleum-Pe-trol-e-um.

Wie Koch für Kranke ist der Retter
Weil er die Schwindsucht heilen kann,
So ist wenn's schaffen gilt beim Wetter,
Der Daimler nur der rechte Mann.
Trotz aller Streiks fährt man herum
In Booten mit Petroleum.
Petrol-Petrol-Petroleum-Pe-trol-e-um.

Drum bitt ich nun die vollen Gläser
Zu nehmen in die rechte Hand,
Es gilt dem neuen Reichsverweser,
Dort an des Neckars schönem Strand.
Doch eins darf er nicht nehmen krumm:
S'ist Wein und kein Petroleum.
Petrol-Petrol-Petroleum-Pe-trol-e-um.

Herausgegeben zum Stapellauf zweier
Daimler Petrolmotor-Boote Falkenberg und Freerks.
Ihren verehrten Gönnern gewidmet von
Meyer und Renner, Hamburg 1892.
Kritik und Nachdruck verboten! Die Verfasser!
Laut §11 des Biergerichts.

Gemeinsames Lied No 3.

Die neue Petroleum-Bahn.

Melodie: „Die Musik kommt"

Im Bremer Bürgerpark
Wird der Verkehr jetzt stark,
Und Alles, Klein und Gross,
Marschieret munter los.
Doch braucht man nicht zu geh'n
Wie Jeder wohl kann seh'n,
Denn die Petroleumbahn
Befördert Mann für Mann.
Gleich von der Stau-Allee
Hin bis zum Emmasee
Und ebenfalls retour
Geht's für 10 Pfennige nur.
O herrliches Plaisir
Ruft jeder Passagier,
Fällt er auch mal in'n Dreck
Das Schlimmste ist der Schreck.
Nur für 5 Pfennige rum bum bum
Und fünfe für Petroleum
Bezahlt das liebe Publikum,
Die Sache ist auch gar nicht dumm,
Und Kippt auch mal der Wagen um,
Das darf man nicht gleich nehmen Krum.
Petroleum, Petroleum,
Hurrah! Petroleum!

Hat man erst ein Billet
Dann wird die Fahrt complet,
Doch achherjeh! der Wagen
Kann all die Leut' nicht tragen.
Zurück ihr lieben Leut',
Der Conducteur gleich schreit:
Ach sei'n Se doch blos still,
Hier sind zu viel.
Frau Sarah und Herr Cohn
Die sitzen oben schon,
Rebecka möcht noch mit,
Coulant ist da Herr Schmidt,
Nimmt Schmulchen auf'n Schooss
Ruft: Kutscher, nu man los!
Isaak läuft hinterher,
Was für Malheur.
Nur für 5 Pfennige rum bum bum
Und fünfe für Petroleum
Bezahlt das liebe Publikum
Die Sache ist auch gar nicht dumm
Und Kippt auch mal der Wagen um
Das darf man nicht gleich nehmen Krum
Petroleum, Petroleum,
Hurrah! Petroleum!

Schnell bis zum Aussichtsturm
Geht's hin in einem Sturm,
Emma verliert den Hut,
Ach er war noch ganz gut,
Sie will ihn greifen schnell,
Hurrah! schreit alles hell,
Emma, man glaubt es kaum,
Schiesst Purzelbaum.
Schnell mit der Regenspritz
Springt hinterher ihr Fritz,
O grässliches Malheur,
Auch Fritze stolpert schwer,
Es ist zu interessant,
Die Nasen in dem Sand,
So liegt Emma und Fritz,
Ist das ein Witz.
Nur für 5 Pfennige rum bum bum
Und fünfe für Petroleum
Bezahlt das liebe Publikum
Die Sache ist auch gar nicht dumm,
Und kippt auch mal der Wagen um
Das darf man nicht gleich nehmen krumm
Petroleum, Petroleum,
Hurrah! Petroleum!

Dann bei der Meierei,
Na diese Schreierei,
Jch war der erste hier
He Kellner! schnell mal Bier.
Und mir gleich ein'n Kaffee,
O Gott, mein Portemonnaie,
Verdammt, die ganze Sauce,
„Mei' neue Hos'!"
„O Arthur welche Hitz'
Grad in der Sonn' ich sitz'.
Berliner heiss und frisch!
Da fällt ein Kind vom Tisch,

Dort bricht 'ne Bank entzwei
Da giebt's ne Keilerei;
Und wer ist Schuld daran?
D' Petroleumbahn!
Nur für 5 Pfennige rum bum bum
Und fünfe für Petroleum
Bezahlt das liebe Publikum
Die Sache ist auch gar nicht dumm
Und kippt auch mal der Wagen um
Das darf man nicht gleich nehmen krumm
Petroleum, Petroleum,
Hurrah! Petroleum!

Sobald die Sonn' sich senkt,
Jeder nach Hause denkt
Und rennt nun was er kann
Schnell zur Petroleumbahn.
Die Fahrt ist zu bequem
Der Weg zu weit zu gehn,
Hurrah! den Mantel um,
Petroleum!
Kommt Jhr zur Stadt herein,
Und stellt der Durst sich ein,
Macht da nicht lange Schmus,
Geht nach Hans Bakenhus
Der wohnet Düsternstrass',
Da giebt's noch manchen Spass,
Und stimmt das Lied dort an
Von uns'rer Bahn.
Nur für 5 Pfennige rum bum bum
Und fünfe für Petroleum
Bezahlt das liebe Publikum,
Die Sache ist auch gar nicht dumm
Und kippt auch mal der Wagen um
Das darf man nicht gleich nehmen krumm
Petroleum, Petroleum,
Hurrah! Petroleum!

Hans Bakenhus, Bremen.

Ansicht des Luftschiffs „Deutschland" von Baumgarten und Dr. Wölfert, 1896

Starrluftschiff von David Schwarz mit einer Hülle aus Aluminiumblech, ausgestattet mit einem Daimler 4-Zyl.-Motor „Modell P" mit einer Leistung von 5 PS; hier auf dem Tempelhofer Feld in Berlin, 1897.

Zeppelin-Luftschiff LZ 1, ausgerüstet mit zwei Daimler 4-Zyl.-Motoren „Modell N" mit je 12 PS auf seiner ersten Fahrt am 2. Juli 1900.

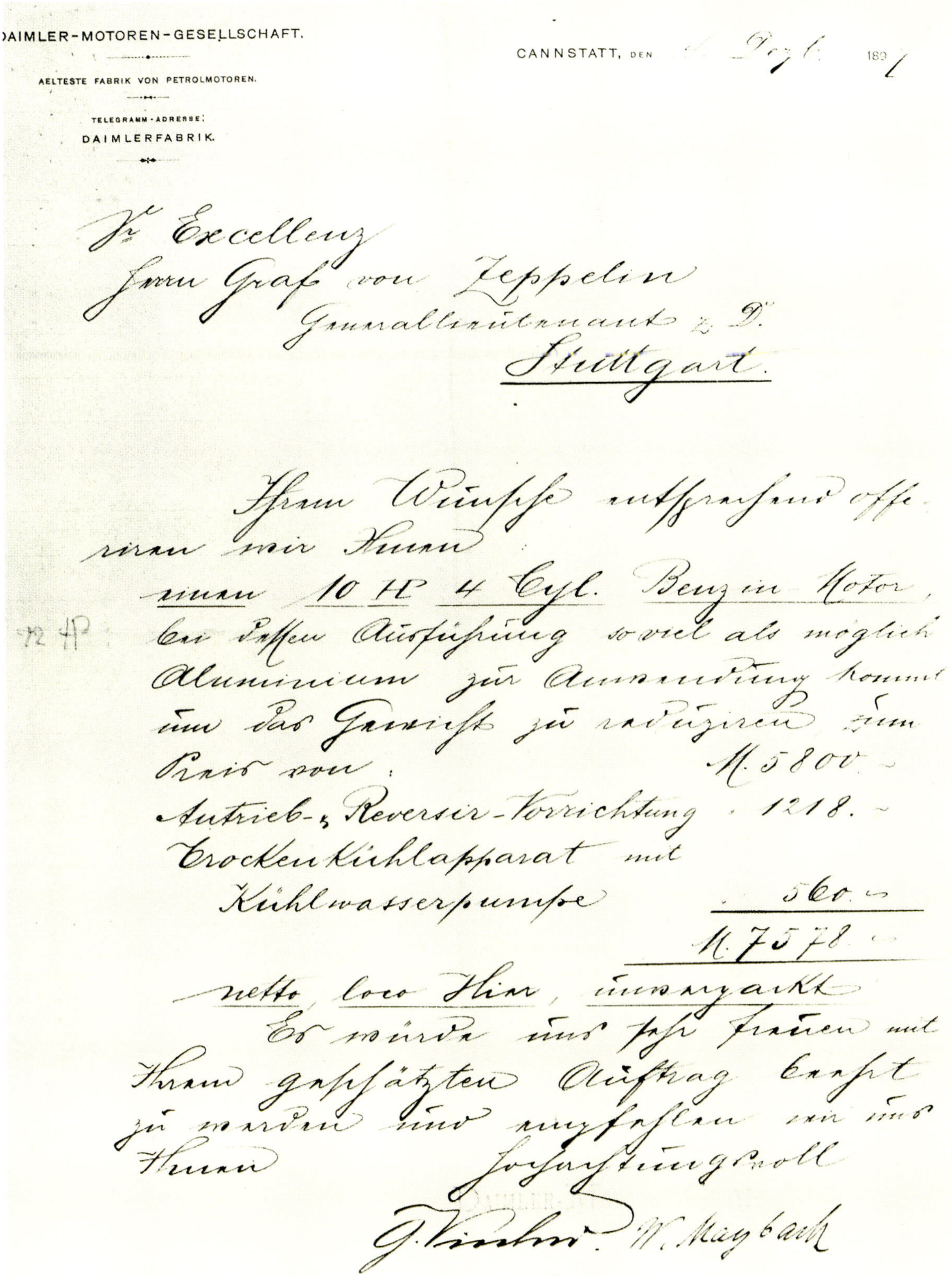

DAIMLER-MOTOREN-GESELLSCHAFT.
AELTESTE FABRIK VON PETROLMOTOREN.
TELEGRAMM-ADRESSE:
DAIMLERFABRIK.

CANNSTATT, DEN 4. Dezb. 1892

Sr. Excellenz
Herrn Graf von Zeppelin
Generalleutnant z. D.
Stuttgart.

Ihrem Wunsche entsprechend offeriren wir Ihnen
einen 10 HP 4 Cyl. Benzin Motor,
12 HP
bei dessen Ausführung so viel als möglich
Aluminium zur Anwendung kommt
um das Gewicht zu reduziren zum
Preis von: M. 5800.–
Antrieb- u. Reversir-Vorrichtung 1218.–
Trockenkühlapparat mit
Kühlwasserpumpe 560.–
M. 7578.–
netto, loco hier, unverpackt.

Es würde uns sehr freuen mit
Ihrem geschätzten Auftrag beehrt
zu werden und empfehlen wir uns
Ihnen
Hochachtungsvoll
G. Vischer. W. Maybach

Offerte an Graf Zeppelin über einen 10-PS-Daimler-Motor vom 4. Dezember 1892, unterzeichnet von Gustav Vischer und Wilhelm Maybach.

Daimler 12-PS-4-Zyl.-Luftschiffmotor aus dem Jahre 1900, der im Zeppelin LZ 1 zum Einsatz kam.

Deshalb möchte ich aber den Verdienst von Herrn Simms nicht verkleinern; derselbe hat ganz entschieden viel dazu beigetragen, und sich viele Mühe gegeben, namentlich um zu guterletzt die Unterschrift von Herrn Daimler zu erhalten, was bekanntlich keine kleine Sache ist.

Ebenso haben Sie sich, mein lieber Herr Deurer, ein Verdienst erworben, daß Sie bei Ihrem Hiersein die Sache angeregt haben und kann ich nur allen und jeden, welche mitgewirkt haben, diese Vereinigung herbeizuführen, meinen persönlichen herzlichen Dank sagen.

In den nächsten Wochen wird sich nun vieles zusammendrängen, hoffen wir, daß diese Arbeiten die Weiterentwicklung nicht hemmen und nun bald fertige Motorwagen ans Tageslicht kommen und die Geschäfte einen neuen Aufschwung nehmen.“[39]

Luftschraubenversuchsboot mit Daimler 10-PS-Motor auf dem Bodensee

Nach seiner Rückkehr in die Daimler-Motoren-Gesellschaft ging es für Maybach zuallererst darum, das, weitgehend erfolglose, technische Erbe von Schroedter[40] und den Gebrüdern Spiel[41], die auch Motoren für die Daimler-Motoren-Gesellschaft konstruiert hatten, zu veräußern, um sich neuen Aufgaben zuwenden zu können. Dazu gehörte auch die Rückführung des Konstruktionsbüros von Karlsruhe nach Cannstatt. Immerhin hatte diese Eskapade das Unternehmen 24200 Mark gekostet, ohne den geringsten Nutzen zu zeitigen, wie der Geschäftsbericht des Jahres 1895 vermeldet. Des weiteren ist dort zu lesen:

„Unsere Hauptaufgabe wird für die nächste Zeit in der Fertigstellung der verschiedenen Modelle bestehen, um zu einer rationellen Fabrikation zu kommen. Ferner ist die Fabrikation der Straßenfahrzeuge mit allen Mitteln zu fördern, da aufgrund der neuerlichen Erfolge, welche mit den Daimler Wagen in Frankreich erzielt wurden, die Nachfrage nach einer solchen immer mehr zunimmt, andererseits aber auch schon eine ganz bedeutende Konkurrenz auftritt und dieselbe sich bereits durch Herabsetzung der Preise in unangenehmer Weise geltend macht.“[42]

Für Daimler sollte es allerdings weitere zweieinhalb Jahre dauern, bis die Aktionärsversammlung die Ende 1895 gemachten Zusagen formell einlöste.

Am 21. Dezember 1895 wurde dann auch der tausendste Daimler-Motor produziert. Grund genug für alle zu feiern. Daimler lud alle Mitarbeiter in den Kursaal nach Cannstatt ein, und organisierte aus diesem Anlaß und um die Vereinigung der Versuchswerkstatt mit der DMG gebührend zu würdigen, ein rauschendes Fest. Anton Welt, ein Mitarbeiter der ersten Stunde be-

Erster Daimler-Lastwagen mit 4-PS-2-Zyl.-Motor, 1896

richtet über diese Zeit Anfang 1934, im Vorfeld des 100. Geburtstags von Daimler:

„Langsam, dafür aber um so sicherer ging es in den nachfolgenden paar Jahren aufwärts, was daraus hervorgeht, dass bereits im Jahre 1895 das erste 'Jubiläum' gefeiert werden konnte, nämlich das der Fertigstellung des 1000sten Motors. Herr Daimler liess es sich nicht nehmen, aus diesem Anlass mit allen seinen Angestellten im 'Kursaal' Cannstatt zusammenzukommen. Es war ein frohes Fest, das da gefeiert wurde und auch das 'Gemisch' war, wie es sich für Autofachleute geziemte, von bester Art und Güte. Kein Wunder, dass daher mächtig 'aufgedreht' wurde. Es fehlte auch nicht an 'Recorden', deren finanzielles Ergebnis allerdings für den Spender, Herrn Daimler, nicht ganz befriedigend gewesen sein mag. Für die Zukunft war die Abhaltung derartiger Zusammenkünfte infolge der Betriebsvergrösserung unmöglich geworden. Dass aber diese Vergrösserung in der wohlwollenden Einstellung des Herrn Daimler gegenüber seinen Angestellten keine Wandlung erfuhr, zeigte sich darin, dass er z.B. mit der 'alten Garde' ab und zu zu einem gemütlichen Schoppen zusammenkam. Nach wie vor kümmerte er sich um den ganzen Werdegang in der Fabrikation. Es kam auch vor, dass er mitunter ein Fabrikfahrzeug, das ihm auf der Strasse begegnete, anhielt und sich auf einer kurzen Strecke über die Fahrtechnik des betreffenden Führers unterrichtete. Diese Art der Kontrolle war für gar manchen eine Möglichkeit das leutselige Wesen des Herrn Daimler kennen zu lernen. Und wem dies nicht beschieden war, der fühlte sich doch durchdrungen von dem Geiste, den er seinem Werk hinterliess und der uns von neuem beseelt, wenn wir am 17. März d.J. in Ehrfurcht seines 100. Geburtstages gedenken."[43]

Daimler war zu diesem Zeitpunkt 61 Jahre, und es blieben ihm von diesem Zeitpunkt an nur noch fünf Jahre bis zu seinem Tode am 6. März 1900. Diese Zeit verlief, was seine Tätigkeit im Unternehmen betrifft, an dem er nach seiner Rückkehr 19,8 Prozent der Aktien hielt, keinesfalls immer harmonisch. Es waren wohl der angegriffene Gesundheitszustand und auch der Tod seines kleinen Lieblingssohns Gottlieb Wilhelm im Jahre 1896, der ihn manchmal unleidlich werden ließ, so daß sich auch seine Freunde zu fragen begannen, was mit ihm los sei. Dennoch kümmerte er sich konsequent um die Wahrung seiner Rechte und die des Unternehmens. So vermerkt der Geschäftsbericht von 1898, daß 97 557 Mark durch den gewonnenen Patentprozeß gegen J. M. Grob & Co. in Leipzig-Entrizech, wegen Verletzung des Patentes Nr. 28022 bezahlt wurden, nachdem die Revision am 13. Juni vom Reichsgericht abgewiesen worden war. Es ist in diesem Bericht vermerkt, daß der günstige Ausgang des Verfahrens nicht zuletzt dem persönlichen Auftreten Daimlers zu verdanken war. Aber Daimler betrieb auch PR und Marketingarbeit. Schon auf dem ersten Warenzeichenentwurf finden sich seine handschriftlichen Notizen, mit denen er Verbesserungen anmerkt.[44] Dabei hielt er es für schädlich, genauere technische Angaben zu publizieren, um nicht die Konkurrenz zur Nachahmung anzuregen. Anläßlich des Cannstatter Volksfestes im Jahr 1897 entstand sein berühmtes Lastwagengedicht. Seit 1896 vertrieb die DMG auch Lastwagen, und Daimler faßt die Vorteile dieses neuen Fahrzeugs in Schüttelverse. Aber gemäß seiner eigenen Devise „Zu Lande, zu Wasser und in der Luft" beschäftigte ihn auch die motorisierte Luftfahrt, deren Anfänge er zusammmen mit Wölfert initiiert hatte. Graf Zeppelin hatte zusammen mit Theodor Kober[45] in den Jahren 1892 bis 1894 an den Grundlagen für motorisierte Luftschiffe gearbeitet. Die Schraubenversuche wurden auf dem Wasser mit Daimler-Motorbooten gemacht, deren Schrauben sich nicht im Wasser, sondern in der Luft drehten. So hatte die Ära der sanften Riesen begonnen und sollte sich bis zum Beginn des Zweiten Weltkriegs fortsetzen. Es wa-

Erste Daimler-Taxameter-Droschke mit 4-PS-2-Zyl.-Motor, 1897

Erster Daimler Postomnibus mit 10-PS-Motor, der die Omnibuslinie Bad Mergentheim-Künzelsau im Oktober 1898 eröffnete

ren Daimler- und in der Folge dann Maybachmotoren, die diesen Giganten des Himmels die Kraft gaben, über Meere und Kontinente zu fahren (da Ballons, Luftschiffe oder Zeppeline leichter als Luft sind, spricht man von Fahren und nicht von Fliegen). Unter dem langgestreckten Rumpf der Zeppeline hingen die Motorengondeln, in die die Mechaniker in schwindelnder Höhe über filigrane Leiterchen steigen mußten, um, bei den über Wochen gehenden Fahrten, die Wartung vorzunehmen. Doch nicht nur die Luftschiffe des Grafen Zeppelin wurden von Daimler motorisiert, sondern auch das Luftschiff von David Schwarz.[46]

Aber auch an anderen Erfindungen und Neuerungen innerhalb der DMG war diese Zeit reich: der erste Vierzylinder-Motor der Welt von 1890, der Daimler-Riemenwagen 1894–1897, der erste Lastwagen von 1896, der erste Daimler-Omnibus 1898, das erste motorisierte Taxi von 1897, ab 1898 Einsatz der Bosch-Niederspannungsmagnetzündung und natürlich der Daimler Phönix-Rennwagen von 1899.

Es gab aber auch wiederum geschäftliche Gründe, ausgelöst durch Lorenz und Duttenhofer, die Daimler das Leben zusätzlich erschwerten. So wurde im Geschäftsjahr 1888/99 nicht die vorgesehene Dividende von 5% ausgezahlt, was für Daimler eine Summe von 50000 Mark bedeutet hätte. Veranlaßt durch den Aufsichtsrat, wurden einige Punkte der Bilanz buchmäßig um 25457,26 Mark herabgesetzt, wodurch sich der Reingewinn auf 24000 Mark reduzierte. Dadurch verringerte sich der Gesamtbetrag unter die Grenze von 45000 Mark, die für die Ausschüttung notwendig gewesen wäre. Für Daimler war dies um so ärgerlicher, als der Geschäftsgewinn in erster Linie dem von ihm angestrengten und gewonnenen Prozeß, betreffs der Glührohrzündung, zu verdanken war. Dazu bemerkt Hanf:

„Eine Reduktion des Reingewinns [...]die durch eine Herabsetzung einiger Aktivposten in der Bilanz erreicht worden waren, sollte Daimler laut Geschäftsbericht zugestimmt haben. Diese Behauptung klingt um so unglaubwürdiger, als er damit freiwillig auf M. 50.000,- verzichtete hätte, die ihm laut § 3 des Syndikatsvertrag vom 15. März 1897 (bzw. April 1898) im Fall einer 5%igen Dividendenverteilung zustanden. Letztere wären nach der statutenmäßig vorgeschriebenen Bedienung des Resevekontos und

Daimler Phönix-Rennwagen von 1899 mit 4-Zyl.-Motor, Nominalleistung 23 PS

einem Grundkapital von M. 900.000,- bei jedem Reingewinnausweis von M. 45.000,- oder mehr notwendig geworden.“[47]

Aber auch in dem neuen Vertrag von 1897, der ihm finanzielle Zugeständnisse machte, war wiederum eine Fußangel eingebaut. Man hatte darin klammheimlich eine Vereinbarung aus dem Syndikatsvertrag von 1890 aufgehoben, die besagte, außerhalb der DMG keine Konkurrenzgeschäfte zu errichten. Duttenhofer verfolgte immer noch den Gedanken der Expansion des Unternehmens, durch Fusionen, Neugründungen oder Zukäufe, mit dem Ziel, den Gründer aus dem Geschäft zu drängen, auch wenn sich dabei die inhaltlich strategische Ausrichtung verändert hatte. Mittlerweile war auch er davon überzeugt, daß die Automobilproduktion mehr Zukunft hatte als der Motorenbau, der beim Kleinmotorenbau immer stärker unter der Konkurrenz der Elektromotoren zu leiden hatte. Damit war er zwar auf die Linie Daimlers eingeschwenkt, aber die Umsetzung dieses Ziels sollte auf andere Weise erfolgen als sich das Daimler vorstellte. Nun, da Duttenhofer und Lorenz die Möglichkeit hatten, ein Konkurrenzgeschäft, das der Einflußnahme Daimlers entzogen war aufzubauen, setzten sie diese auch sofort um. Im Sommer 1897 gründeten sie, zusammen mit einer Reihe weiterer Finanziers, zu denen auch Frederick Simms, mittlerweile im Vorstand der DMG, gehörte, in Berlin die „Allgemeine Motorwagengesellschaft mbH“. Diese übernahm die Fahrzeugfabrik Altmann & Cie. GmbH in Berlin-Marienfelde. Da zum Zeitpunkt der Übernahme der neue Syndikatsvertrag noch nicht ratifiziert war, formulierte man den Unternehmenszweck so, daß Automobilbau nicht auftauchte. Dennoch erkannten sowohl Vischer als auch Maybach die Gefährdung, die von diesem Unternehmen für die DMG ausging, da diese nun gleichsam als Patentverwerter tätig werden konnte. Ihre Bedenken teilten sie Daimler in einer Notiz vom 20. März 1897 mit:

„Durch eine Gesellschaft, welche in Berlin errichtet wird und laut Prospekt alle Patente erwerben will, welche sich auf Motor-Cycles und ähnliche Automobile beziehen, um nach solchen zu fabrizieren und damit zu handeln, wird naturgemäß der Daimler-Motoren-Gesellschaft eine ganz bedeutende Konkurrenz ge-

Eingetragene MMB Schutzmarke

Ausgabe II 1899.

Motorfahrzeug und Motorenfabrik Berlin

Actien-Gesellschaft

Marienfelde b. Berlin.

Abtheilung: Daimler-Motor-Fahrzeuge.

Titelseite eines Verkaufsprospekts der MMB (Motorfahrzeug und Motorenfabrik, Berlin) aus dem Jahre 1899

CANNSTATT, den 1. Dezember 1902.

P. P.

Wir beehren uns Ihnen ergebenst anzuzeigen, dass wir die

Motorfahrzeug- und Motorenfabrik Berlin A.-G.

Marienfelde bei Berlin

durch Fusion übernommen haben und diese Fabrik als Zweigniederlassung unter der Firma

Daimler-Motoren-Gesellschaft

Zweigniederlassung Berlin-Marienfelde

fortbetreiben.

Unsere Stammfirma in Cannstatt bleibt in seitheriger Weise bestehen und bleibt die Geschäftsführung dem bisherigen Vorstande, bestehend aus den Herren

G. Vischer und
W. Maybach

übertragen, welche die Firma gemeinsam oder in Verbindung mit einem anderen Vorstands-Mitgliede oder einem Prokuristen rechtsgültig zeichnen.

Als weitere Vorstands-Mitglieder, welchen die Leitung der Zweigniederlassung Berlin-Marienfelde übertragen wurde, haben wir die Herren

H. Meltzer und
E. Kayser

bestellt, welche ebenfalls gemeinsam oder mit einem anderen Vorstands-Mitgliede oder einem Prokuristen zur rechtsgültigen Zeichnung der Firma berechtigt sind.

Fusionsanzeige 1902:
Die Daimler-Motoren-Gesellschaft übernimmt die MMB als „Zweigniederlassung Berlin-Marienfelde".

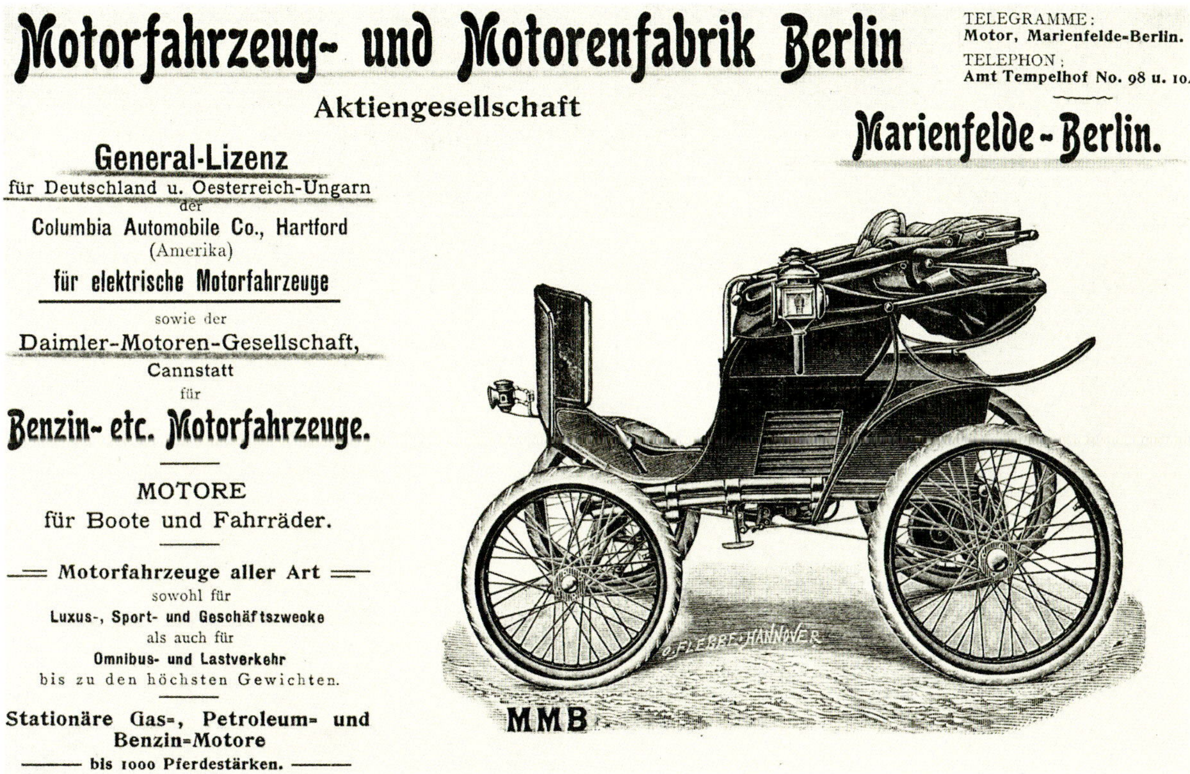

Anzeige der Motorfahrzeug- und Motorenfabrik, Berlin-Marienfelde, um 1898/99

macht und es werden Patente ausgeführt werden, gegen die wir Einspruch erheben müssen, da sie eine direkte Verletzung der Daimlerschen Patente sind.“[48]

Ihre Interventionen konnten allerdings die Entwicklung ebenso wenig aufhalten wie die Proteste Daimlers. Am 3. November des Jahres 1898 kam es zur Gründung der Motorfahrzeug- und Motorenfabrik Berlin AG (MMB) mit dem hohen Grundkapital von 2 Millionen Mark. Die Geschäftsführung oblag formal der Waffen- und Munitionsfabrik AG von Isidor Loewe, einem engen Geschäftsfreund von Duttenhofer und Lorenz, die beiden traten selbst bei der Transaktion nicht in Erscheinung. Duttenhofer war lediglich Vorsitzender des Aufsichtsrats. In der Folge nun übernahm die neue Gesellschaft im April 1899 die Fabrikation von Altmann für den Betrag von 1,27 Millionen Mark, dann die Grundstücke in Marienfelde und 1900 die Allgemeine Motorwagengesellschaft, sowie die Gesellschaft für Verkehrsunternehmen, die sich mit Elektromobilen befaßt hatte.

Doch nicht nur außerhalb des Unternehmens zielten die Aktivitäten der Mitgesellschafter weiter auf eine neuerliche Entmachtung Daimlers ab. Duttenhofer hatte es durchgesetzt, daß es seiner Sondergenehmigung bedurfte, um über eingeräumte Bankkredite verfügen zu können. Gleichzeitig verlangte man von Daimler, gemeinsam mit Duttenhofer und Lorenz eine persönliche Haftung für einen bis 31. Dezember 1899 gewährten Kredit in Höhe von 700000 Mark zu übernehmen. Dazu sah sich Daimler nicht in der Lage, zumal man ihn durch die Revision der Bilanz um die ihm zustehenden 50000 Mark gebracht hatte. Sein Gesundheitszustand verschlechterte sich zudem dramatisch. Bei einer Probefahrt mit dem neuen Modell des Phönix-Wagen fiel er, wohl als Folge eines Infarktes, vom Sitz des Wagens auf die Straße. Von da an

Gottlieb Daimler in seinem Arbeitszimmer, kurz vor seinem Tode

war er moribund, was sich den Tagebuchaufzeichnungen seiner zweiten Frau Lina entnehmen läßt. Um 3 Uhr, am Morgen des 6. März 1900, starb Gottlieb Daimler im 66. Lebensjahr im Kreis seiner Familie, und er erlebte somit die Entstehung und den Siegeszug der Mercedes-Wagen nicht mehr.

Zwei Tage später fand, unter großer Anteilnahme, die Beerdigung statt. Die ältesten Meister trugen den Sarg von seinem Haus zum Grab. Während Frau Levassor es sich nicht nehmen ließ, zur Beisetzung extra aus Paris anzureisen, kam von Duttenhofer nur ein Kranz. Er selbst blieb in Berlin.

Außer seiner Witwe gab es vier erbberechtigte Kinder. Paul, zu diesem Zeitpunkt dreißig Jahre alt, Adolf, achtundzwanzig, Emma, sechsundzwanzig, Martha einundzwanzig, sowie die Kinder aus zweiter Ehe, Gottlieb und die Tochter Emilie, fünf und zwei Jahre alt.

Der Aktienbestand Daimlers betrug, nach der Übernahme von 66 weiteren Aktien im Jahre 1897, zu diesem Zeitpunkt 214 Aktien, da er vertragsgemäß Maybach 30 Aktien hatte zukommen lassen. Damit lag der Familienanteil bei etwas unter 25 %. Nun rächte sich auch, daß Daimler die von Madame Levassor gezahlten Lizenzgebühren nicht vertragsgemäß an die Gesellschaft weitergeleitet hatte, allein im Jahr 1894 fast 60 000 Mark. Duttenhofer nutzte die Situation, um der Familie zu drohen, daß die Gesellschaft in der Lage wäre, „ ...dem Namen Daimler einen schweren Schatten aufzuerlegen", falls man nicht auf die Ansprüche, inklusive dem Genußschein, verzichtete. Die Familie verzichtete auf ihre Ansprüche, das Geld, das von Frau Levassor gezahlt wurde, durfte man behalten und als einziges Zugeständnis wurde den Kindern aus erster Ehe ein Pari-Bezugsrecht auf 50 Aktien zugestanden. Mit der 1902 durchgeführten Kapitalerhöhung wurde die Familie endgültig in die Rolle der einflußlosen Kleinaktionäre abgedrängt.

Rechts: Offizielle Mitteilung über den Tod Gottlieb Daimlers durch den Aufsichtsrat der Daimler-Motoren-Gesellschaft.

Heute früh wurde der

Vorsitzende unseres Aufsichtsrats

Herr Commerzienrat **Gottlieb Daimler**

von schwerem Leiden durch einen sanften Tod erlöst.

Wir betrauern in dem Verblichenen den Erfinder und Begründer der Automobil-Industrie, dessen Energie und unermüdlicher Schaffenskraft die Entwicklung dieses neuen Verkehrsmittels zu seiner heutigen Vollendung in erster Linie zu verdanken ist und wodurch er sich für alle Zeit ein ehrenvolles Andenken gesichert hat. —

Dem treuen Freunde werden wir stets ein dankbares Andenken bewahren.

CANNSTATT, 6. März 1900.

Der Aufsichtsrat
der
Daimler-Motoren-Gesellschaft.
Geh. Commerzienrat **M. v. Duttenhofer**
stellv. Vorsitzender.

1 Pohl, Manfred: „Baden-Württembergische Bankgeschichte“, Stuttgart, Berlin, Köln 1992, S. 97.
2 DaimlerChrysler Konzernarchiv, Bestand „DMG“, 39, Dokument 26.
3 Ebd.
4 Vgl. Siebertz, Paul: „Gottlieb Daimler. Ein Revolutionär der Technik“, München 1940, S. 216ff.
5 Daimler-Benz AG (Hrsg.): „100 Jahre Daimler-Benz. Das Unternehmen“, Mainz 1986, S. 27.
6 Deutelmoser, Otto K.: „Kilian Steiner“, unveröffentlichtes Manuskript.
7 DaimlerChrysler Konzernarchiv, Bestand „DMG“, 39, Korrespondenz G. D. mit Voith. Des weiteren findet sich in seinen Notizen die Bemerkung. „Ihr Ingenieur läßt sich nicht durch die Juden u. Kapitalisten unterdrücken wie man es bei mir versucht hat in unerhört frecher Weise!“
8 Hoffmann, W. J.: „Aktenmäßige Entwicklungsgeschichte der Daimler Motoren-Gesellschaft“, S. 20. DaimlerChrysler Konzernarchiv, Bestand „DMG“, 95.
9 Ebd., S. 3ff.
10 DaimlerChrysler Konzernarchiv, Bestand „Daimler - Biographisches“, 3. Tagebuch, 1. Teil, fol. 1r-13v (vor 17.03.1893-09.07.1893).
11 Hoffmann, W. J.: „Aktenmäßige Entwicklungsgeschichte der Daimler Motoren-Gesellschaft“ S. 13f., DaimlerChrysler Konzernarchiv, Bestand „DMG“, 95.
12 Ebd., S. 7ff.
13 Ebd., S. 80ff.
14 Ebd., S. 5.
15 Ebd., S. 6.
16 Kommerzienrat Gustav Vischer (1846-1920) war von 1891-1910 Kaufmännisches Vorstandsmitglied der DMG und 1911-1918 Aufsichtsratsmitglied der DMG.
17 Siebertz, Paul: Gottlieb Daimler. Ein Revolutionär der Technik. München, Berlin 1941, S. 227.
18 Ebd., S. 227.
19 Vgl. Niemann, Harry: „Wilhelm Maybach. König der Konstrukteure“, Stuttgart 1996, S. 84ff.
20 „Geschäftsberichte der Daimler Motoren-Gesellschaft. Zusammengestellt aus den bei dem Handels-Register liegenden Akten.“, S. 8. DaimlerChrysler Konzernarchiv, Bestand „DMG“, 6.
21 Hanf, Reinhard: „Im Spannungsfeld zwischen Technik und Markt“, Wiesbaden 1980, S. 5.
22 Hoffmann, W. J.: „Aktenmäßige Entwicklungsgeschichte der Daimler Motoren-Gesellschaft“, S. 24. DaimlerChrysler Konzernarchiv, Bestand „DMG“, 95.
23 Vgl. Hanf, Reinhardt: „Im Spannungsfeld zwischen Technik und Markt“, Wiesbaden 1980, S. 17f.
24 Siebertz, Paul: „Gottlieb Daimler. Ein Revolutionär der Technik“, München, Berlin 1941, S. 238f.
25 DaimlerChrysler Konzernarchiv, Bestand „Daimler - Biographisches“, 4. Tagebuch, fol. 7r-7v.
26 Hoffmann, W. J.: „Aktenmäßige Entwicklungsgeschichte der Daimler Motoren-Gesellschaft“, S. 27f. DaimlerChrysler Konzernarchiv, Bestand „DMG“, 95.
27 Ebd., S. 84.
28 Vgl. Siebertz, Paul: „Gottlieb Daimler. Ein Revolutionär der Technik“, München, Berlin 1941, S. 239.
29 DaimlerChrysler Konzernarchiv, Bestand „Daimler - Biographisches“, 35.
30 DaimlerChrysler Konzernarchiv, Bestand „Daimler - Biographisches“, 23.
31 DaimlerChrysler Konzernarchiv, Bestand „Daimler - Biographisches“, 3. Tagebuch, 1. Teil, fol. 1r-13v (vor 17.03.1893-09.07.1893).
32 Vgl. DaimlerChrysler Konzernarchiv, Bestand „Daimler - Biographisches“, 39.
33 Zitiert nach Schnauffer, Kurt: „Die Entwicklungsarbeiten in der Königstraße und im Hotel Hermann 1891-1895“ (Hrsg.: Arbeitsgemeinschaft für die Geschichte des Deutschen Verbrennungsmotorenbaus), Teil I: Text, unveröffentlichtes Manuskript 1954, S. 33, Archiv der mtu, Bestand „Wilhelm Maybach“.
34 Vgl. Schildberger, Friedrich: „Die Entstehung der englischen Automobilindustrie bis zur Jahrhundertwende“, Sonderdruck in: Automobil-Industrie, 14. Jahrgang (1969), Heft 4, S. 4ff.
35 Schnauffer beschreibt den Motor wie folgt: „Kennzeichnend für die neuen Phönix-Motoren, welche die Betriebsbezeichnung „N“ erhielten, war ihr außerordentlich klein gehaltenes Gehäuse. Dasselbe war - auch bei den Zweizylindermotoren - fast kugelförmig. Dieser Form zuliebe waren sogar die Gegengewichte entsprechend abgeschrägt worden, und zwar nicht nur bei den zweizylindrigen Wagenmotoren, sondern auch bei den stationären Einzylindermotoren. Das Gehäuse war in der Mitte geteilt. Die Kurbelwelle der Zweizylindermotoren, die wie früher angegeben nur eine Kurbelkröpfung hatten, mit einem Gegengewicht in der Mitte, wurden sehr bald als zweifach gekröpfte Welle ausgeführt. Der Nachteil der dadurch bedingten ungleichmäßigen Zündfolge wurde durch eine ganze Reihe von Vorteilen, wie besserer Massenausgleich, einfacherer Befestigung der Gegengewichte und vor allem die Ver-

meidung eines großen Überdrucks im Gehäuse, der eine gute Oeldichtigkeit behinderte, aufgehoben. Die Schmierung der Zylinderlaufbahn, der Pleuel und der Kurbelwellenlager erfolgte durch Schleuderöl. Nur der obere Teil der Zylinderlaufbahn hatte noch eine zusätzliche Schmierung durch einen Öltropfapparat, der seitlich am Zylinder angebracht war. Der Zylinder wurde auf der ganzen Länge des Kolbenhubs gekühlt. Das selbsttätige Einlaßventil war hängend gegenüber dem Auslaßventil in einer Tasche des Zylinderkopfes, in die auch die Glührohrzündung mündete, angeordnet. Nockenwelle, Aussetzungsregulierung und die Stößel für die Betätigung der Auslaßventile waren offen an der Seite des Motors angebracht. Der Antrieb der Aussetzungsregulierung einschließlich des Regulators war übrigens ganz ähnlich wie beim Schroedterschen Motor des Jahres 1892 aufgebaut." Schnauffer, Kurt: „Die Motorenentwicklung in der Daimler-Motoren-Gesellschaft von 1895 bis zum Tode Daimlers" (Hrsg.: Arbeitsgemeinschaft für die Geschichte des Deutschen Verbrennungsmotorenbaus), Teil I: Text, unveröffentlichtes Manuskript 1954/55, S. 7f, Archiv der mtu, Bestand „Wilhelm Maybach".

36 Vgl. Hanf, Reinhardt: „Im Spannungsfeld zwischen Technik und Markt", Wiesbaden 1980.

37 DaimlerChrysler Konzernarchiv, Bestand „Daimler - Biographisches", 6. Tagebuch, fol. 7v.

38 Deutelmoser, Otto K.: „Kilian Steiner", unveröffentlichtes Manuskript, S. 36.

39 Zitiert nach Schnauffer, Kurt: „Die Motorenentwicklung in der Daimler-Motoren-Gesellschaft von 1895 bis zum Tode Daimlers" (Hrsg.: Arbeitsgemeinschaft für die Geschichte des Deutschen Verbrennungsmotorenbaus), Teil I: Text, unveröffentlichtes Manuskript 1954/55, S. 3f, Archiv der mtu, Bestand „Wilhelm Maybach".

40 Vgl. Sass, Friedrich: „Geschichte des deutschen Verbrennungsmotorenbaus von 1860 bis 1918". Berlin, Göttingen, Heidelberg 1962, S. 204ff.

41 Vgl. ebd., S. 211ff.

42 „Geschäftsberichte der Daimler Motoren-Gesellschaft. Zusammengestellt aus den bei dem Handels-Register liegenden Akten.", S. 17. DaimlerChrysler Konzernarchiv, Bestand „DMG", 6.

43 DaimlerChrysler Konzernarchiv, Bestand „Werksangehörige", 51.

44 So finden sich folgende Bemerkungen am oberen Rand des ersten Warenzeichenentwurfs der DMG: „Der linksseitige Motorzylinder darf nicht schmäler ausfallen als der andere - beide müssen gleich dick aussehen." Rechter Rand: „Das Gras unter dem Wagen muß wegkommen. Die Stelle unter dem Wagen muß mehr einem Fuhrweg gleichsehen." Linker Rand: „Bootsfahne schwarz-rot - nicht rot-schwarz. Ballon vielleicht mehr bräunlich getönt statt grau. Das Luftschiff etwas höher hinauf, daß auch die Gondel über den Bergen schwebt." Unterer Rand: „Beide Motorzylinder gleich dunkel halten, wie das runde Gehäuse unten, sonst erscheint es als ob die Zylinder etwas zurückstehen würden." Bildmitte: „Diese Licht-Corona müßte jedenfalls sauberer ausgefüllt werden, dürfte auch nicht ockerfarben sein."

45 Theodor Kober, am 13. Februar 1865 in Stuttgart-Berg geboren, am 20. Dezember 1930 in Friedrichshafen gestorben, war in der Ballonfabrik Riedinger in Augsburg tätig und kannte auch die Versuche Wölferts genau. Er veranlaßte Graf Zeppelin, sich nicht nur mit dem Luftschiff, sondern auch mit dessen Antrieb über Verbrennungsmotoren zu befassen und machte ihn auf Daimler und seine Arbeit aufmerksam.

46 Zu David Schwarz schreibt Siebertz: „David Schwarz, geboren am 20. Dezember 1850 in Zela-Egerszeg in Ungarn, hatte zu Anfang der neunziger Jahre begonnen, ein Luftschiff mit einer Hülle aus Aluminium zu bauen, das von einem fünfpferdigen Daimler-Motor fortbewegt werden sollte. Er war mit einem solchen auch bereits im Jahre 1893 bei St. Petersburg aufgestiegen und die Lenkbarkeit seines Aluminium-Luftschiffes war erwiesen. Während der Verbesserungsarbeiten an diesem ersten starren Luftschiff der Welt verstarb David Schwarz am 13. Januar 1897; aber seine Frau führte sein Werk fort und am 3. November 1897 flog das Luftschiff auch über Berlin. Ein aufkommender starker Wind trieb es jedoch zum Stranden, und die Hülle zerbarst. Damit war die Schwarzsche Idee, das Luftschiff in Gestalt eines großen Aluminium Körpers zu bauen, endgültig abgetan." Siebertz, Paul: „Gottlieb Daimler. Ein Revolutionär der Technik", München 1940, S. 288.

47 Hanf, Reinhardt: „Im Spannungsfeld zwischen Technik und Markt", Wiesbaden 1980, S. 48f.

48 DaimlerChrysler Konzernarchiv, Bestand „DMG", 99b.

Grab der Familie Daimler auf dem Uff-Kirchhof in Stuttgart-Bad Cannstatt

Pour le Mérite

Zusammenfassung

Es ist in der Historiographie vorrangig der Apologetik Siebertz' zu verdanken, daß nachfolgende Autoren wie Sass, Schnauffer, aber auch Hanf ein so wenig gnädiges Urteil über das Werk und Leben Daimlers fällen. Im Bewußtsein der öffentlichen Meinung ist das Daimler-Bild weitaus besser. Hier wird er, zusammen mit Benz, als Begründer der modernen Automobilindustrie gesehen. Aber auch diese vordergründige Wertschätzung greift bei Leben und Werk Daimlers zu kurz. Er ist mehr als das. Daimler hat die Weichen für eine weltweite Motorisierung gestellt, die zwar in amorpher Form in der Luft lag, aber eines Initiators bedurfte, um Wirklichkeit zu werden. Diese Rolle hat Daimler eingenommen und zudem, über die Invention hinaus, deren Entwicklung stabilisiert.

Als der Bäckersohn aus der damals 4000 Seelen umfassenden Gemeinde Schorndorf seinen Weg in die Welt antritt, führt ihn dieser nach Frankreich und in das Mutterland der Industrialisierung, nach England. Deutschland, zerrissen durch sein kleinstaatliches System, hat technisch und wirtschaftlich einen großen Nachholbedarf. Deshalb ist es auch im Interesse der Förderer Daimlers, wie Ferdinand Steinbeis oder Friedrich Messmer, junge Männer zu qualifizieren, die der industriellen Misere Deutschlands abhelfen können. Obwohl Daimler das Lernen alles andere als leicht fiel und er in seinen Lehr- und Wanderjahren von Selbstzweifeln gepeinigt war, gehört er am Ende zu jenen Männern, die die technische Entwicklung und die damit verbundene Industrialisierung in Deutschland nachhaltig voran bringen.

Nach seinen Engagements bei „Straub und Sohn" in Geislingen/Steige und dem „Bruderhaus" in Reutlingen, gelingt es ihm erstmals in Karlsruhe, eine leitende Position im Maschinenbau zu erringen. Danach geht die Karriere steil nach oben. In der Welt größter Gasmotorenfabrik wird er technischer Direktor. Ein Jahr zuvor, am Ende des deutsch-französischen Krieges 1870/71 war König Wilhelm von Preußen am 18. Januar 1871 im Spiegelsaal von Versailles zum deutschen Kaiser ausgerufen worden. Im neu entstandenen Deutschen Reich, das die institutionellen Voraussetzungen für die wirtschaftlichen und sozialpolitischen Entwicklungen[1] schaffte, laufen die Anstrengungen um den Anschluß an internationale Standards hinsichtlich der Industrialisierung auf Hochtouren. Deutz bildet die Speerspitze einer neuen Technologie, die sich über den atmosphärischen Gasmotor bis hin zum Viertaktmotor entwickelt. Dabei oblag es Daimlers Verantwortung, die industrielle Fertigung der Gasmotoren voranzubringen und die produktionstechnischen Voraussetzungen für ein wirtschaftliches Wachstum des Unternehmens zu schaffen. Dies ist ihm gelungen. Daß er letztendlich in Deutz dennoch scheiterte, hatte seine Ursache in dem unglückseligen Verhältnis, das sich zwischen ihm und Otto entwickelte. Es ist der immer wiederkehrende Konflikt zwischen Kaufmann und Ingenieur, der Daimlers Leben und Arbeiten negativ bestimmte und der ihm auch während seiner Deutzer Zeit erneut begegnete. Otto war Kaufmann und dilettierte darüber hinaus sehr erfolgreich im Fach Maschinenbau. Nicht nur der atmosphärische Gasmotor war sein Werk, sondern auch der neue Viertaktmotor, der wie keine Antriebsart den Motorenbau revolutionierte. Durch Otto vor die Wahl gestellt, ihn oder Daimler weiter zu beschäftigen, entschied sich der Vorstand für Ersteren. Ob diese, menschlich zwar nachvollziehbare, Entscheidung im Unternehmensinteresse die richtige war, läßt sich schwer beantworten. Fest steht, daß Daimler den Otto-Motor besser verstanden hatte als sein Erfinder und er überdies das Entwicklungspotential dieser neuen Maschine richtig einzuschätzen verstand.

Als er in Cannstatt zusammen mit Wilhelm Maybach daran ging, diese Motorenbauart zu miniaturisieren, um sie für den mobilen Einsatz zu qualifizieren, lag noch ein langer, schwieriger Weg vor den beiden Männern. Hierbei darf auch seine Rolle als Techniker nicht unterschätzt werden. Wenn Hanf bemerkt:

> *„Daimler war sicher weder der überragende, geniale Techniker, wie ihn die biographische Literatur so gerne hinzustellen versucht, noch derjenige, der eine einzige Erfindung sein eigen nennen darf und im übrigen alle technischen Einfälle Maybach zu verdanken hat.“*[2],

so trifft dieses Urteil ausschließlich auf Daimlers Rolle nach dem Jahr 1887 zu, nicht aber auf die Zeit davor. Vor allem in den Jahren 1882 bis 1887 hat er nachhaltig, zusammen mit Maybach, der erst später die Entwicklungsarbeiten weitgehend eigenständig weiterführte, die Erfindung und Weiterentwicklung des kleinen Schnelläufers betrieben. Dabei spielte die Glührohrzündung eine nicht unerhebliche Rolle. Bei Watsons Patent, das sich vorrangig mit Steuerungen für diese Zündungsart beschäftigte, war die Idee der ungesteuerten Glührohrzündung lediglich in einem Nebensatz formuliert, der darauf verwies, daß man auf eine Steuerung verzichten könne. Die eigentliche funktionsfähige Glührohrzündung aber stammte von Daimler, der neben der Materialfrage auch die Positionierung des Glührohrs im Brennraum so löste, daß die Motoren ohne Frühzündungen funktionierten. Zu Recht verweist Daimler deshalb auch in seiner Erwiderungsschrift gegen die Nichtigkeitsklage der Deutzer Gasmotorenwerke auf den Umstand, daß, wenn alles bekannt gewesen wäre, man die Zündung getrost nach Watson hätte bauen können, was aber nicht möglich war. Trotz unterschiedlichster Versuche und Bemühungen kam die Motorisierung von Fahrzeugen nicht voran. Daimler bemerkt dazu 1896 im Rückblick in seinem Tagebuch:

> *„Wie bis heute noch trotz der vielen Versuche u. Modelle man noch nicht fliegen kann und immer noch der Erfinder fehlt, so wars im Wagenbau.“*[3]

Der Erfinder war er, zusammen mit Benz beim Automobil und darüber hinaus bei zahlreichen anderen Verkehrsmitteln bis hin zum Luftschiff. Man darf in ihm getrost den Initiator der weltweiten Mobilität sehen, deren Idee er auch in die Welt hinaus trug. In Frankreich, England und Amerika war Daimler ein Star, vergleichbar heute einem Mann wie Bill Gates, bewundert und umjubelt für seine Visionen und Erfindungen.
Wenn Ickx bemerkt:

> *„En Somme, le malheur de Daimler fut de n'avoir pas trouvé son Boulton. Mais son tort, en cette occurence, fut de s'être cru Boulton et Watt à la fois.“*[4]

so entspricht dies nur teilweise den Tatsachen. Daimler wollte die Rolle des Finanziers nicht spielen, darum ging er die Verbindung zu Lorenz und Duttenhofer ein, aber er wurde letztlich durch die Umstände gezwungen, dieses zu tun, andernfalls hätte das den Verzicht auf die Umsetzung seiner Vision bedeutet. Seine Kapitalgeber und Mitaktionäre wollten Geld mit dem Motorenbau verdienen, ja ihnen schwebte ein Motorenmonopol mit den Deutzer Gasmotorenwerken vor, in ähnlicher Konstruktion, wie dies Duttenhofer schon auf dem Sektor der Pulverfabrikation gelungen war. An Daimlers Visionen, für deren Umsetzung dieser ja Gesellschafter gesucht hatte, war ihnen nicht gelegen. Daimler mußte die kostspieligen Versuche und Entwicklungsarbeiten im Hotel Hermann aus eigener Tasche finanzieren und tat dies ohne Zögern. Wilhelm Maybach bemerkt dazu:

> *„Im felsenfesten Glauben, an die zukünftige vielseitige Verwendbarkeit des Motors für Fahrzeuge jeglicher Art ist Herr Daimler in den vielen Versuchsjahren 1882–1889 vor keinem noch so großen Opfer zurückgeschreckt. Er ist ebenso vertrauensvoll wie zielbewußt auf dem beschrittenen Weg vorwärts gedrungen, ungeachtet der mannigfachen Einwendungen und Zweifel seitens einiger seiner Freunde, die an eine praktische Durchführung seiner Ideen nicht glaubten. Vor allem hat Herr Daimler, dank seiner großen Opferwilligkeit, mir ein ungestörtes und pekuniär sorgloses Arbeiten ermöglicht und dies selbst zu jener Zeit, als er wegen der Finanzierung keine geringen Sorgen und mancherlei Unannehmlichkeiten zu bekämpfen hatte. Dies sind die unbestrittenen Verdienste und sollen Herrn Daimler für alle Zeiten unvergessen bleiben."*[5]

Erst als von dritter Seite, in der Person von Frederick R. Simms, der Glaube an das Automobil und die allgemeine Motorisierung von Fahrzeugen an die Daimler-Motoren-Gesellschaft herangetragen wurde, schwenkte man um. Daimler, zuvor aus der eigenen Gesellschaft gedrängt, wurde benötigt und kehrte zum Segen des Unternehmens mit Maybach zurück. Aber auch diesmal erfuhr Daimler keine faire Behandlung. Mit der Entfaltung der Aktivitäten in Berlin schafften seine Kompagnons Voraussetzungen, Daimler und später dann seine Familie aus dem Unternehmen zu drängen. Daimler ist das Opfer eines rüden Gründerzeit-Kapitalismus geworden, dessen Exponenten kein Vertrauen in, aber auch keinen Respekt vor seiner Arbeit hatten, obwohl ohne seine Erfindungen und Patente die Gesellschaft die Schwelle zum neuen Jahrhundert nicht überschritten hätte.[6]

Der Schlüssel zu Daimlers Wesen sind die Autographen, über die Stefan Zweig schreibt:

> *„Nur von der Seele her, nicht mittels der gröberen äußeren Sinne, kann die Schönheit und der geistige Wert der Autographen verstanden werden."*[7]

Diese zeigen, daß Daimler nicht, wie vielfach in der Literatur beschrieben, das schwäbische Urgestein gewesen zu sein scheint, der dickköpfig und stur seine Interessen vorantrieb. Wer seine Briefe aufmerksam liest, wird einen Menschen finden, der sensibel und gebildet auf sein Vis-à-vis einzugehen verstand und darüber hinaus in der Lage war, diese Briefe handschriftlich in der jeweiligen Landessprache abzufassen, wie die Briefe an Madame Levassor belegen.

Die Autographen vermitteln aber noch mehr. Sie zeigen einen jungen Mann, der zu Beginn seiner Karriere voller Zweifel an der eigenen Leistungsfähigkeit, aber mit dem festen Willen, Besonderes zu erreichen, seine Lehr- und Ausbildungsjahre durchlebt hat. So als ob in ihm schon die Ahnung angelegt gewesen wäre, daß ihm Großes gelingen sollte. Er mußte sich in der Welt des frühindustriellen Alltags, der geprägt war von harter körperlicher Arbeit, beweisen und gleichzeitig mit dem Vorantreiben seiner intellektuellen Fähigkeiten die Voraussetzungen für eine spätere Führungsposition schaffen. Daimler entwickelte sich vom zupackenden Techniker, der noch selber an der Werkbank Hand anlegte, immer mehr zu einem eloquenten Erfinder-Unternehmer, der in Salons, aber auch vor Gerichten in eigener Sache streitend Überzeugungsarbeit leistete, und das nicht nur im nationalen Rahmen. Hierauf beruhte auch in den letzten Lebensjahren sein Verdienst, nicht in der Weiterentwicklung der Technik, die ja bei Maybach in besten Händen lag. Bei der Beurteilung seiner Person und Arbeit gilt es deshalb genau auf den zeitlichen Fokus zu achten, um nicht zu einem falschen Urteil zu gelangen. Deutz muß für ihn die Erfüllung aller Wünsche gewesen sein, und trotz seines letztendlichen Scheiterns dort hatte er sich Kraft und Willen bewahrt, um die Tür zu einer neuen Zeit aufzustoßen. Daimler hat die Idee des kleinen, schnellaufenden Motors realisiert und in die Welt getragen.

Bei Gründung der Daimler-Motoren-Gesellschaft war Daimler 56 Jahre alt und in diesem Alter, da heute mancher über den Vorruhestand nachdenkt, galt es für ihn, den größten Kampf zu bestehen, um seine Vision Wirklichkeit werden zu lassen. Auch diese Aufgabe hat er gemeistert, weniger für sich und seine Nachkommen als vielmehr für die Sache selbst.

Anders als Benz oder Maybach hat er Ehrungen nicht mehr erfahren, die angesichts des Geschaffenen auf ihn zugekommen wären. Auch war es ihm nicht mehr vergönnt, den Siegeszug der Mercedes-Wagen mitzuerleben, die den Ruhm des Unternehmens in die Welt tragen sollten.

Es scheint banal, angesichts dieses Mannes so abgegriffene Etiketten wie Technikheros oder Jahrhunderterfinder zu vergeben. Im Fall Daimlers sind diese berechtigt. Sein Werk ist aufgegangen, umfassender als er dies selbst je zu ahnen vermochte, und Generationen von Menschen haben stolz „beim Daimler g`schafft“ und tun dies noch immer. An die Witwe Ottos schrieb Daimler, was auch für ihn gelten soll:

„...Ach wie nichtig, ach wie flüchtig ist des Menschen Leben! Aber sein Gedenken bleibt in Segen und seine Werke folgen ihm nach.“

---

1 Vgl. Born, Karl Erich: „Die Bedeutung Preußens für die Wirtschafts- und Sozialpolitik des deutschen Kaiserreichs“, in: Hauser, Oswald (Hrsg.): „Preußen, Europa und das Reich“, Köln, Wien, Böhlau 1987, S. 328ff.

2 Hanf, Reinhardt: „Im Spannungsfeld zwischen Technik und Markt“, Wiesbaden 1980, S. 55.

3 DaimlerChrysler Konzernarchiv, Bestand „Daimler - Biographisches“, 5. Tagebuch.

4 Sinngemäß lautet der Satz in etwa: „Das Unglück Daimlers lag darin, daß er nicht seinen Boulton (dieser war der Finanzier von Watt) gefunden hat. Sein Fehler aber war es, daß er sich gleichzeitig für Boulton und Watt gehalten hat.“ Ickx, Jacques: „Ainsi naquit l' automobile“, Lausanne o. J., S. 224.

5 Zitiert nach ebd., S. 32.

6 Vgl. Hanf, Reinhardt: „Im Spannungsfeld zwischen Technik und Markt“, Wiesbaden 1980, S. 48f.

7 Zweig, Stefan: „Das Geheimnis des künstlerischen Schaffens“, Frankfurt a. M. 1981, S. 211.

Gottlieb Daimler (1834–1900)

– Tabellarische Auflistung von Lebensweg, Erfindungen und Produkten –

1834 (17. März)	Geburt in der Back- und Weinstube des Elternhauses in Schorndorf, Höllgasse (Die Eltern und Großeltern waren Bäcker und Wirtsleute, die Vorfahren kamen ca. 1650 als Zimmerleute aus Thüringen)
1845	Besuch der Lateinschule in Schorndorf
1848	Lehre als Büchsenmacher, vermutlich bei dem Büchsenmachermeister Johann Christoph Wilke in Schorndorf
1852	Gesellenprüfung (Gesellenstück: Eine doppelläufige Taschenpistole mit gezogenem Lauf und fein ziselierten Beschlägen)
1852	Besuch der Gewerblichen Fortbildungsschule in Stuttgart
1853	Praktische Werkstatt-Tätigkeit in Graffenstaden im Elsaß bei der Fa. Rollé & Schwilgué (u.a. Lokomotivenbau) auf Empfehlung von Ferdinand Steinbeis, dem Initiator der staatlichen Gewerbeförderung in Württemberg; dadurch erste praktische Erfahrungen im allgemeinen Maschinenbau und im Bau von Schienenfahrzeugen, z. T. unter Anleitung von Jakob Friedrich Messmer, eines ehemaligen Lehrers des Polytechnikums Karlsruhe
1857	Studium an der Polytechnischen Schule in Stuttgart
1859	Rückkehr nach Graffenstaden; Abgangszeugnis am 10. 6. 1861
1860	Steinbeis-Reisestipendium für Paris
1861	Auf Vermittlung von Steinbeis verschiedene Tätigkeiten in Leeds, Manchester und Coventry, England; dort Kennenlernen eines hochentwickelten Maschinenbaus mit vielseitigem Fabrikationsprogramm; Besuch der Londoner Weltausstellung (1862)
1862	Rückkehr nach Deutschland und Tätigkeit als „Zeichner" in der Maschinenfabrik Straub, Geislingen (Wasserturbinen, Mühlentechnik; Vorläufer der Fa. WMF)
1863	Anstellung bei der zu den Wernerschen Anstalten („Bruderhaus") gehörenden Maschinenfabrik in Reutlingen auf Empfehlung von Steinbeis und Emil Kessler (Mitbegründer der Maschinenfabrik Esslingen) als Konstrukteur und Werkstätteninspektor. Lernt dort Wilhelm Maybach (geb.

9.2.1846) kennen, der als Waise im Bruderhaus seine Ausbildung erhalten hatte; Maybachs Vater war Schreinermeister in Heilbronn gewesen.

1867 (9. Nov.) Eheschließung mit Emma Kurz (geb. 1843), einer Apothekerstochter, seiner ersten Frau. Aus der Ehe gehen drei Söhne (Paul, geb. 1869, Adolf, geb. 1871 und Wilhelm, geb. 1881) sowie zwei Töchter (Emma, geb. 1873 und Martha, geb. 1878) hervor.

1868 Eintritt als „Vorstand sämtlicher Werkstätten" in die Maschinenbau-Gesellschaft Karlsruhe (Gründer: Messmer und Kessler); Beschäftigung mit Maschinen- und Lokomotivbau sowie Brückenbauen; dort Einstellung von Maybach und Beginn des gemeinsamen Lebensweges
(Die Karlsruher Zeit ist geprägt von wachsenden beruflichen Anerkennungen)

(Parallel zu Daimlers Werdegang wurden die ersten Gasmotoren durch Lenoir (1860) und Nikolaus August Otto (1863) entwickelt. Ottos atmosphärischer Gasmotor erhielt 1867 auf der Pariser Weltausstellung den 1. Preis.)

1872 (1. Aug.) Eintritt als technischer Leiter in das Direktorium der Gasmotoren-Fabrik Deutz (kurz zuvor von N. A. Otto und Eugen Langen gegründet); Anstellung von Maybach als „Chef des Konstruktionsbüros"; Entwicklung des ersten 4-Takt-Gasmotors von Otto (Patent erteilt im Jahr 1876, für ungültig erklärt 1884)

1881 Ausgedehnte Rußlandreise mit dem Deutz-Auftrag, die Möglichkeiten zur Gründung einer Niederlassung zu erkunden (30. September bis 15. Dezember).

1882 (30. Juni) Beendigung der Deutzer Tätigkeit nach ständig wachsenden Meinungsverschiedenheiten mit Otto, jedoch Beibehaltung eines stattlichen Aktienpakets mit der Folge weiterer Einkünfte.

1882 Kauf und Bezug einer Villa in Cannstatt, Taubenheimstraße; Umbau und Erweiterung des zur Villa gehörenden Gewächshauses zu Büro und Werkstätten.
Beginn der Arbeiten am schnellaufenden Motor, Hauptziel war die Entwicklung der Glührohrzündung die 1883 patentiert und erst ab 1887durch die Bosch-Magnetzündung abgelöst wurde.

1883 Eintritt von Maybach in die Cannstatter Werkstatt

1883 Die Patente DRP 28022 „Gasmotor" (Kompressionszündung, Zündhut) vom 16.12.1883 und DRP 28243 „Neuerungen an Gasmotoren" (Verbesserung 4-Takter) vom 28.12.1883 bilden die Grundlage für die Daimler-Motoren.

1884 Konstruktion eines Einzylinder-Benzinmotors („Standuhr") (klein, leicht, mit energiereichem Treibstoff („Ligroin-Gas" = Benzin) und schnellaufend mit Drehzahlen von 600–900/min (anstelle von 100–150/min wie bisher); Herstellung von drei Versuchsmotoren in der Stuttgarter Glockengießerei Kurtz

1885 Untersuchungen über Einbaumöglichkeiten von Motoren („Reitrad“, Boote, Kutschen, Schienenfahrzeuge, Luftfahrzeug, Schlitten)
(Im Vergleich zu Karl Benz bemühten sich Daimler und Maybach um eine universelle Verwendung der Motoren, Benz sah Motor und Auto eher als konstruktive Einheit (Patent DRP 37435 vom 20.01.1886). Diese Zielsetzung machte sich später auch Maybach zu eigen.)

1885 Bau eines „Reitrades“ bzw. „Velozipeds“ (Patent DRP 36423 vom 29.08.1885). Erste Ausfahrten von Adolf Daimler (ab 10.11.1885) in Cannstatt und bis nach Untertürkheim

1886 Bau eines Motorbootes (Patent DRP 39367 vom 9.10.1886) und erste Fahrten auf dem Neckar

1886 Einbau eines stehenden wassergekühlten Einzylindermotors in eine Kutsche (des Stuttgarter Hoflieferanten Wimpff & Sohn) in der Maschinenfabrik Esslingen (Direktor Groß kannte Daimler aus Graffenstaden)

1887 Kauf eines Grundstücks mit Werkstattgebäuden auf dem Cannstatter Seelberg und Einrichtung einer Motoren- und Fahrzeug-Fabrik (es entstehen vorwiegend Versuchsfahrzeuge)

1887 Bau einer Draisine, eines Triebwagens und einer Miniatur-Straßenbahn

1888 Einbau eines Motors (Modell „Standuhr“) in den lenkbaren Ballon von Wölfert, in Straßenbahnen und in Feuerspritzen

1888 (29. Sept.) Gründung der „Daimler Motor Co.“ unter Beteiligung von Gottlieb Daimler und William Steinway auf Vermittlung von Maybachs Bruder Karl, der in einer leitenden Stellung bei der Klavierfabrik Steinway & Sons in Long Island, New York beschäftigt war (Daimlers Beteiligung ging 1895 auf die Daimler-Motoren-Gesellschaft über, 1896, nach Steinways Tod, wurde die Daimler Motor Co. liquidiert)

1888 Entwicklung eines 2-Zylinder-V-Motors (Patent DRP 50839 vom 9.6.1889), der, nach Frankreich ausgeführt, als Grundstein der französischen Automobilindustrie angesehen werden kann. Lizenznehmer waren ab 1889 die Fa. „René Panhard & Emile Levassor“ (Fabrik für Holzbearbeitungsmaschinen) und ab 1890 die Fa. „Les Fils de Peugeot Frères“ (Fahrradfabrik).

1889 Einbau von Motoren in „Locomobile“ und in Lokomotiven

1889 Bau des „Stahlradwagens“ mit 2-Zyl.-V-Motor und Zahnradgetriebe, erstmals gezeigt auf der Pariser Weltausstellung, und erster Bau eines „Beleuchtungswagens“

1889 (23. Juli) Tod von Daimlers erster Frau Emma

1889/1890 Erkenntnisse des Massenausgleichs führen zum Bau eines Daimler-4-Zyl.-Reihenmotors mit 4fach gekröpfter Kurbelwelle

1890 Bau des „Riemenwagens“ (Patente DRP 68492, 70577, 75069 und 70260 vom 13.9.1892)

1890 (28. Nov.) Gründung der Daimler-Motoren-Gesellschaft in Cannstatt zusammen mit Max Duttenhofer (Leiter der Vereinigten Köln-Rottweiler Pulverfabriken) und Wilhelm Lorenz (Gründer der Deutschen Metallpatronenfabrik Lorenz in Karlsruhe) auf Initiative des Dr. Kilian Steiner (Württembergische Vereinsbank). Daimler wird stellvertretender Aufsichtsrats-Vorsitzender, Maybach Vorstandsmitglied.
(Durch die Firmengründung sollten größere finanzielle Mittel zur Verwirklichung von Daimlers Ideen bereitgestellt werden. Durch den Gesellschaftervertrag wurde jedoch Daimlers Einfluß beschnitten. Seine Partner glaubten, die Daimler-Motoren bereits in Massenproduktion fertigen zu können.)

1891 (11. Feb.) Austritt von Wilhelm Maybach aus der Daimler-Motoren-Gesellschaft

1892 Einrichtung eines von der Daimler-Motoren-Gesellschaft unabhängigen „Entwicklungszentrums" im Gartensaal des Cannstatter Hotels Hermann

1893 Entwicklung des Maybach-Spritzdüsenvergasers mit Schwimmer und Nadelventil (Grundlage der modernen Vergasertechnik)

1893 (8. Juli) Eheschließung mit Lina Hartmann (geb. Schwend, 1855), aus Schwäbisch Hall stammende Witwe eines Florenzer Hotelbesitzers, seiner zweiten Frau. Aus dieser Ehe gehen ein Sohn (Gottlieb, geb. 1894) und eine Tochter (Emilie, geb. 1897) hervor.

1893 Gründung der englischen „Daimler Motor Syndicate, Ltd." in London auf Initiative des Ingenieurs Frederick R. Simms (1896 Übergang auf das British Motor Syndicate, Ltd.)

1893/1894 Entwicklung des Phönix-Motors („N–Motor") mit 2 parallel stehenden, in einem Block zusammengegossenen Zylindern und einer Nockenwelle zur Steuerung der Auslaßventile

1893/1894 Wegen zu geringer Produktivität und ungenutzter Kapazitäten (Auslastung z. T. nur 25%) gerät die Daimler-Motoren-Gesellschaft in die Verlustzone.

1894 (22. Juli) Sieg zweier Fahrzeuge mit Daimler–Motoren beim ersten „Autorennen" der Welt, einer Vergleichsfahrt von Paris nach Rouen

1894 Unter Androhung des Konkurses wird Gottlieb Daimler in seiner Funktion als Aktionär und Mitglied des Aufsichtsrats aus der Daimler-Motoren-Gesellschaft hinausgedrängt.

1895 Erneute Zusammenarbeit zwischen Daimler, Duttenhofer und Lorenz („Wiedergutmachungs-Vertrag") durch Vermittlung des Engländers Simms, der die weitere Zusammenarbeit mit der Daimler-Motoren-Gesellschaft, insbesondere die Übernahme und Bezahlung der Daimler Patente für das gesamte Britische Empire (ohne Kanada und Indien), davon abhängig machte, daß Daimler wieder die volle Verantwortung der technischen Entwicklung eingeräumt wurde (zunächst als „Beirat und Generalinspektor", 1896 auch als Aufsichtsratsvorsitzender); Maybach wird wieder technischer Vorstand; die Gesellschaft wird mit den zugeflossenen Mitteln saniert.

1895 Fertigstellung des 1.000. Daimler-Motors

1895/1896 Bau des ersten Daimlerschen „Leichtmotors“ mit Aluminium-Kurbelgehäuse für Luftschiffe

1896 Bau des ersten Daimler-Motor-Lastwagens (Entwicklung seit 1891); erstmalig Achsfederung durch Schraubenfedern (ab 1897 mit Phönix-Motoren)

1896 Verwendung des Phönix-Motors für stationäre Motoren in Landwirtschaft und Industrie

1896/1897 Beginn des motorisierten Taxi-Verkehrs durch Errichtung der „Daimler-Motorwagen-Kutscherei“ in Stuttgart (1. Motortaxi-Unternehmen der Welt)

1897 (30. Sept.) Begegnung von Gottlieb Daimler und Karl Benz in Berlin bei der Gründungsversammlung des „Mitteleuropäischen Motorwagen-Vereins" (allerdings vermutlich ohne miteinander zu sprechen)

1897 Bau des ersten Phönix-Wagens mit stehendem 2-Zyl.-Phönix-Reihenmotor, eingebaut am vorderen Rahmenende unter einer Blechhaube, und mit Maybachschem Röhrchen-Kühler

1897/1898 Entwicklung eines Rennwagens mit Bosch-Abreißzündung auf Initiative des Automobilenthusiasten- und -händlers Emil Jellinek

1898 Bau eines ersten Daimler-Omnibusses (mit „Heizeinrichtung“) und Einsatz im Linienverkehr zwischen Künzelsau und Mergentheim (1. Motor-Omnibus-Linie der Welt)

1899 Auf dem Cannstatter Seelberg arbeiten mehr als 300 Arbeitskräfte und bauen 108 Automobile.

1899 Entwicklung von Luftschiffmotoren, die u. A. im ersten Zeppeline „LZ 1“ verwendet werden (erster Flug am 2. Juli 1900)

1899 Der bereits seit ca. 1870 herzkranke Gottlieb Daimler hat in steigendem Maße Probleme mit seiner Gesundheit; nach einer Kur bricht er bei einer Ausfahrt zusammen und stürzt vom Fahrzeug, davon erholt er sich nicht mehr.

1900 (6. März) Tod von Gottlieb Daimler (Grab auf dem Uff-Kirchhofhof in Bad Cannstatt)

Kennzahlen zur Geschäftsentwicklung der Daimler-Motoren-Gesellschaft

(aus Copierbuch Duttenhofer, S. 933 - 942, März 1901. DaimlerChrysler Konzernarchiv, Bestand „DMG", 105 b)

Beilage A.

Anzahl der beschäftigten Arbeiter

Betriebsjahr	
1890/1.	123
1891/2.	144
1892/3.	92
1893/4.	121
1894/5.	125
1895/6.	139
1896/7.	206
1897/8.	184
1898/9.	261
1899/1900.	327

Beilage B.

Bezahlte Arbeits-Löhne

Betriebsjahr		
1890/1.	M	58 590.60
1891/2.	M	120 536.42
1892/3.	M	76 057.80
1893/4.	M	88 020.11
1894/5.	M	91 350.47
1895/6.	M	95 590.–
1896/7.	M	142 524.71
1897/8.	M	116 158.07
1898/9.	M	187 448.45
1899/1900.	M	263 023.57

Beilage C.

Verbrauchte Materialien

Betriebsjahr		
1890/1.	M	81 791.50
1891/2.	M	141 631.15
1892/3.	M	101 320.93
1893/4.	M	109 873.69
1894/5.	M	126 460.53
1895/6.	M	103 315.99
1896/7.	M	235 964.04
1897/8.	M	180 696.33
1898/9.	M	345 072.11
1899/1900.	M	467 069.09

Beilage D.

Anzahl und HP der verkauften Motoren

Betriebsjahr			
1890/1.	82 Stk.	mit	170 HP
1891/2.	123 Stk.	mit	435 HP
1892/3.	70 Stk.	mit	256 HP
1893/4.	123 Stk.	mit	410 HP
1894/5.	162 Stk.	mit	590 HP
1895/6.	149 Stk.	mit	601 HP
1896/7.	160 Stk.	mit	679 HP
1897/8.	149 Stk.	mit	698 HP
1898/9.	140 Stk.	mit	806 HP
1899/1900.	219 Stk.	mit	1505 HP

Beilage E.

Betrag, welcher für die Verkäufe erlöst wurde:

Betriebsjahr		
1890/1.	M	223 928.38
1891/2.	M	418 158.82
1892/3.	M	328 179.22
1893/4.	M	370 244.85
1894/5.	M	461 246.07
1895/6.	M	527 263.53
1896/7.	M	637 740.16
1897/8.	M	666 116.72
1898/9.	M	815 668.33
1899/1900.	M	1 584 011.16

Beilage F.

General-Unkosten

Betriebsjahr		
1890/1.	M	60 669.84
1891/2.	M	164 372.94
1892/3.	M	227 671.51
1893/4.	M	253 432.07
1894/5.	M	225 678.64
1895/6.	M	244 038.85
1896/7.	M	271 938.56
1897/8.	M	270 784.60
1898/9.	M	307 599.95
1899/1900.	M	404 559.65

Beilage G.

Provisionen

Betriebsjahr		
1890/1.	M	7 846.–
1891/2.	M	17 630.64
1892/3.	M	24 788.41
1893/4.	M	44 648.03
1894/5.	M	54 978.92
1895/6.	M	74 399.79
1896/7.	M	65 881.43
1897/8.	M	56 385.27
1898/9.	M	46 911.45
1899/1900.	M	71 719.30

Beilage H.

Amortisationen

Betriebsjahr		
1890/1.	M	28 750.89
1891/2.	M	38 799.79
1892/3.	M	37 931.35
1893/4.	M	36 723.53
1894/5.	M	34 982.99
1895/6.	M	27 995.82
1896/7.	M	28 549.23
1897/8.	M	31 734.17
1898/9.	M	41 751.50
1899/1900.	M	94 708.88

Beilage I.

Die erzielten Überschüsse bzw. Fehlbeträge ergaben:

Betriebsjahr				
1890/1.	M	27 653.34	M	———.—
1891/2.	M	15 925.08	M	———.—
1892/3.	M	———.—	M	45 619.67
1893/4.	M	———.—	M	94 534.31*
1894/5.	M	———.—	M	44 656.01
1895/6.	M	———.—	M	56 999.49
1896/7.	M	38 231.40	M	———.—
1897/8.	M	26 872.28	M	———.—
1898/9.	M	37 312.48	M	———.—
1899/1900.	M	156 545.15	M	———.—

*In diesem Betrag sind eingeschlossen M 23 142.49 baare Auslagen wegen Chicagoer-Ausstellung.

Beilage K.

Die Beträge, welche dem ordentlichen und ausserordentlichen
Reservefond-Conto
gutgebracht wurden, betragen:

Betriebsjahr				
1890/1.	M	1 382.67	M	——.—
1891/2.	M	796.25	M	——.—
1892/3.	M	——.—	M	——.—
1893/4.	M	——.—	M	——.—
1894/5.	M	——.—	M	——.—
1895/6.	M	——.—	M	——.—
1896/7.	M	——.—	M	——.—
1897/8.	M	405.21		——.—
1898/9.	M	1 865.62	M	——.—
1899/1900.	M	7 827.25	M	100 000.—

Auszüge aus dem Tagebuch der Lina Daimler zur Amerikareise 1893

Dienstag den 11ten Juli dort angekommen und auf Rath im Hotel Germania abgestiegen, gefiel uns aber gar nicht. Spazierten nach dem schlechten Kaffee den Kanal entlang. Sehen wunderschönes Obst u. Gemüse von den Niederländerinnen feil bieten, die alles schon abgewogen in flachen Körbchen haben. Ihr Anzug ist zu trollig kurze weite Röcke um Taille fest eingezogen, kurzes Mieder u. weite weiße Ärmel, komische Kopfbedeckung. Gottlieb suchte Herrn Deurer auf, der uns im Hotel Moser famos unterbrachte. Nachmittags machte er mit uns eine schöne Fahrt auf der Innen und Ausen Alster mit Motorenschiff. Dann trennten wir uns u. speisten fein im Restaurant Ehmke, bummelten noch auf dem prächtigen Altjungferstieg nach dem Hotel, schliefen prächtig nur zu lange, denn Gottlieb wurde schon nach 9 Uhr bei H. Deurer erwartet.
Mittwoch den 12. Juli nach der Börse, großartiger Umtrieb, dann eine Hafenfahrt mit Herrn Deurer war unbeschreiblich schön, nachher Frühstück im Börsenkeller, auf gute Reise mit Herrn Deurer angestoßen er ging seinen Geschäften nach und wir blieben noch lange gemütlich dem Allem u. Allen in der Heimath gedenkend beisammen, machten noch eine schöne Fahrt u. nahmen dann den Tee auf dem Zimmer, noch lang Grüße an die Lieben schreibend, ehe wir den Deutschen Boden verließen. Hamburg macht einen großartigen Eindruck, den ich nie vergessen kann.
Donnerstag den 13ten Juli Vormittags 8 1/4 Uhr vom Hotel Moser in Hamburg abgefahren, recht lästig die vielen Trinkgelder, die bei den guten Preisen nicht sein sollten. Unterwegs unsere Überröcke vermißt, das war ein Schrecken, denn der Weg zum Venlover Bahnhof war weit. Gottlieb stieg dort ab besorgte Gepäck und ich fuhr nochmals zurück, natürlich nicht ohne Herzlklopfen, weiß ich doch nicht wie lang ich Zeit habe nun recht zur Abfahrt zu kommen. Ich bat den Fiacker so rasch wie möglich zu fahren, ebenso sprang ich die Treppe im Hotel Moser hinauf und fand die vermißten ganz gegen unsere Gewohnheit im Kasten hängen. Zeit blieb keine um sich darüber zu beschweren, aber eine Frechheit seine Gegenstände vor den Augen weggeräumt zu sehen. Ebenso schnell fuhr ich zurück zum Unstern fuhr auch noch ein Güterzug über die Straße in der Nähe des Bahnhofes, da wurde die Geduld aufs Höchste gespannt u. doch kann ich in dem Getriebe nicht aussteigen, wohl einstweilen dem Kutscher seinen Lohn geben.
Da stand dann nun auch ungeduldig mein armer Schatz, ob seine bessere Hälfte wohl noch mitkomme. Doch gottlob war noch Zeit und das dumme Hindernis bald vergessen. Wir fuhren mit noch einem Herrn im Coupé, der dann auffällig auf dem Dampfer unser Tischnachbar wurde, ein liebenswürdiger Professor aus Wien. Das war ein Adieu an der Bahn von Hamburg, eine Frau mit 2 Jungen weinte bittere Thränen ihrem Manne nach, der scheint als Arbeiter hinüber zu müssen. Dann ging es nach Cuxhaven wo uns ein Dampfer aufnahm und an Bord des großen Fürst Bismarck brachte. Musik empfing die vielen Passagiere, es ging nun wie beim Thurmbau zu Babel bis man endlich wußte wo man hingehört. Es

wurde mittlerweile 12 Uhr und ein reichhaltiges Frühstück erwartete uns auf Deck immer schönen Ausblick nach der Insel Weydt. Ostborn mit dem prächtigen Park u. seinen Rasenplätzen. Southhampton sieht man noch lange ganz malerisch im See liegen. Viele Dampfer und Segelboote kamen an unseren Blicken vorbei, bis auf einmal ein großer Dampfer etwa 128 Passagiere noch auf den, Fürst Bismark brachte. Wieder war Musik und alles ging zusammen zu obengenannten Frühstück. Als Tischgenossen hatten wir außer dem schon erwähnten Prof. Grills, ein Ehepaar aus Böhmen H. Glaser u. einem gemütlich Kraisser Fabrikanten H. Mally. Das Frühstück war gut. Künstler sagte bei den Capaunen das ist ein Hahn, darauf erwiederte Fr. Glaser - aber ein gewesener, doch zu nett solche Bemerkungen still mit anzuhören. Abends Diner wieder so schön und reich serviert u. später 9 Uhr noch Thee, dann in unsere Cabine No 29 zur Ruhe gegangen. Auch dort ist alles bequem u. schön eingerichtet, doch Betten für 50 einen dicken Mann, noch dazu jungen Ehemann beinahe zu schmal, aber Raum ist in der kleinsten Hütte für ein glücklich lebend Paar, u. das sind wir auch.

Ich habe gar keine Zeit Heimweh zu bekommen, Gottlieb ist so gut mit mir, wir haben nie Langeweile gehabt, immer nur den einen Wunsch, daß es unser Leben lang so bliebe. Den 14ten Juli Freitag. Wird es wieder mit einem tam-tam zum zweiten Frühstück gerufen. Da kann man sich in einem Menu die erdenklichsten Sachen zum Thee oder Kaffee etc. bestellen. Früchte sind schon da, überzuckerte Calmus, Marmelade alles was man will. Nach dem Lunch eine Flasche Champagner Marke „Schnelldampfer“ getrunken, unterhielten wir uns sehr gut. Gottlieb war auch meiner Meinung: „Die Liebe kennt nicht Vaterland, sie macht uns alle gleich, ein jedes Herz ist ihr verwandt sie macht den Bettler reich.“ Noch muß ich bemerken, daß die Krebssuppe sehr gut war u. noch die Zierde der ganzen kl. Krebse hatte, die dann gefüllt mit Fleischfülle wie die Klößchen waren, es sah sehr hübsch aus. Dann die wundervollen Trauben zum Dessert. Später fand ich in der Cabine einen Teller mit denselben und Orangen dabei. Es war eine Aufmerksamkeit von dem Zimmersteward, überhaupt zu nette Menschen für Bedienung während des Aufenthalts. Abends gutes Diner, nach jedem Gang wird Besteck gewechselt nachher die fröhlichen Volksbelustigungen an Bord des Zwischendecks zugeschaut, dadurch werden auch die traurig gestimmten erheitert, denen man die Sorge auf dem Gesicht ablesen kann, die nicht wissen was ihrer im Westen noch erwartet. Im Stillen bittete ich ein gütiges Geschick möge sie führen wie sie es verdienten. Noch die Sonne um 9 Uhr am Horizont gesehen, dann ging sie hinter Irland unter. Dann nahmen wir den Weg zur Bierstube oder 1ten Rauchsalon, ein reizend eingerichtetes in zwei Hälften abgetheiltes Zimmer. Wunderhübesche Vertäfelung in altleichen Holz, mit hellen gemalten Flächen, auch Holzvertäfelung. Ecken abgerundet mit Ledergepreßten Wappen in Ornamenten geschmackvoll ausgestaltet. Hübsche Wanduhr bequeme Ledersophas u. Lehnstühle, hübsche Tische alles wie auch in anderen Räumen. Fest gemacht elektrisches, Licht mit Verkleidung von altdeutschen Lampen, die ganze Einrichtung von Bembe in Mainz. Wir sahen dann noch die Endspitzen von Irland mit einem Leuchtthurm der sein Licht wie zwei Sterne am Horizont leuchten lies. In der Nacht sollten wir an den Seilly Inseln vorbeikommen, vor Jahren ist dort der Schiller untergegangen. Zur Ruhe gepilgert aber lange nicht schlafen können.

18. Juli Dienstag. Uns beiden besser, gleich wollen wir zum Frühstück, Gottl. hat immer noch mit dem gl. Geschwür am Arm zu thun, will es heute aufschneiden lassen. 10 1/2 Uhr Conzert auf dem Promenaden Deck, sehr kühl u. nebelig, schade daß ich kein Tuchkleid mitnahm. Gottl. läßt sich sein Uebel aufschneiden. Schiffsarzt sehr nett, Gottl. wurde es weh und ach doch froh wieder, daß es nun verbunden ist. Gingen in den Damensalon um nach der Operation auszuru-

hen. Ein Raum voll des größten Luxus wie es nur bei König Ludwig von Bayern sein kann. Mir kommt das Alles wie ein Traum vor, daß ich auf Diwans von Seide und Gold sitze überall mich spiegeln kann Gobelins an Wänden u. Malereien an den Decken sehe, doch wird man wieder durch das Schaukeln des Schiffs ernüchtert.
Gingen ins Rauchzimmer, dann spazieren, Frühstück sehr gut, Sagosuppe, Rauchfleisch und Bohnen. Eben hört man das Nebelhorn, plötzlich kam starker Nebel. Ein kleines Schläfchen holt Gottl. u. so füge ich mich ruhig. Nachdem spazierten wir bei herrlichem Sonnenschein neu gestärkt auf u. ab. Die See wurde grün, Fahrt ruhig, in der Ferne ein Schiff, welche Freude. Wieder im Rauchzimmer Gottlieb 1. Cognac genommen weil diesem trotz Sonnenschein recht kalt ist. Ganz winterlich sollte man sich einrichten, aber wer weiß so etwas in unserer kl. Stadt. 15000 Pferdestärken hat das Schiff. Gutes Dinner Ananas Compott immer gutes Eis beinahe wie Doney in Florenz. Abend noch mit Mally dem Feste II Cajüte angewohnt. Einige junge Herrn machten sich lustig, Zahlmeister wies sie zurück, blieben lange u. schlief erst spät ein wegen dem Nebelhorn (am 19ten geschrieben).
20. Juli Sonntag. Gottlob ist's heute prächtig Wetter, mein Schatz wohler und freundlicher. Vor dem Frühstück kam ein Segelboot dem Dampfer nahe; ein Nachen brachte von demselben einen Lotsen der sich gewandt an einem Seil, daß man ihm entgegenwarf, herauf schwang und nun den sogenannten Führer des Schiffs macht, weil diese kundig des Seewegs sind. Frühstück mit allen Tischgenossen. Jetzt Prof. Grell gegenüber, guten Tausch gegen alten Doctor der jünger sein will als mein Gottl. u. doch so alt wie die teure Zeit aussieht. Prächtiger Sonnenschein an Deck, Musik spielt, alles ist vergnügt. Heute letzter Tag an Bord, spazierten auf u. ab bei wunderbarem Sonnenschein, das Meer ist so schön blau wie tausend Brillianten glänzt es in der Sonne. Wir sprachen viel von zu Hause, ob sie auch an uns denken. Mir wird bei dem Gedanken an die Kinder immer noch bange weil sie gar so kalt waren und mich sogar nicht ermutigten die neuen Pflichten aufzunehmen und ich habe doch die besten Absichten, die ich mir aber durch nichts erschüttern lassen will. Ihr Vater ist um so lieber u. wenn sie sehen, daß wir uns lieb haben, dann werden sie doch auch weich werden. Immer fällt mir Berthas lieber Brief ein, und sie versteht mich doch am besten, und doch hoffe ich, daß meine Umgebung auch so kennen lernt. Trotz solcher Gedanken ging ich wieder froh zum Lunch, den Gottl. hat sich sichtlich erholt, er ist heiter. Während dem Essen kam man mit den Tischgenossen näher. Prof. Grell freute sich sehr den Motorerfinder kennen zu lernen, wir zeigten Photographien und bedauerten, daß erst am Ende Bekanntschaften geschlossen werden. Prof. Grell erzählte auch von Rom. Einmal kam ein Fremder zu als er sich verabschiedete fragte er ihn wie lange waren Sie in Rom, da sagte der Fremde ein paar Monate aha teldio. Zu einem anderen Fremden der einige Jahre da war sagte Pins bezeichneter gibt es nicht als diesen Ausspruch. Wir hielten keinen Mittagsschlaf, es war zu schön auf Oberdeck das reinste Dolce far niente führt man und doch sollte man schreiben kommt aber vor bummeln nicht dazu. Ein Dampfer fährt mit in der Nähe doch wir überholen ihn immer. Auch sieht man jetzt viele Fischerboote, es ist zu malerisch auf der schönen blauen See die heute so hell ist. Zu bald vom Tische mußte wir trinken mit Professor und Mally auch Dr. Goerlitz Champagner. Mally stieß auf unseren Stammhalter an das beruht nicht vorzukommen. Noch im Raucherzimmer viele Karten an G. Freunde geschickt, dann Musik zugehört, Abend wundervoll, lange aufgeblieben und früh um 1/2 5 Uhr 21 July wurde ich wach, rasch angezogen, Gepäck fertig gemacht gefrühstückt sich verabschiedet und nun wandte sich ganz das Auge der neuen Landschaft zu Anker gelichtet und weiter gings noch 2 Stunden dem Hafen zu. Ganz schöne Landschaft links von New-York hebt sich großartig die Freiheitsstatue auf einer kleinen In-

sel. Immer schöner wird der Anblick von New York, die riesige Brücke nach Broklyn. Links Hoboken wo wir landeten. Vier Dampfer drehten den Fürsten Bismarck, eine Menge Menschen waren an der Ausstiegshülle, die meistens die Ihrigen erwarteten u. von weitem schon zuriefen. Auch G. hoffte erwartet zu werden war aber nicht der Fall, und so mußten wir uns der Cooks Gesellschaft anschließen die das Gepäck besorgten. Nach langem Warten in der erstickenden Hitze bis nochmal Gepäck Zoll Geschichte vorbei waren, gings in einem Art Omnibus.
Oben saßen viele Tischnachbarn innen einige Russen, unser Dr. dann Geheimrat Boettcher wurden wir ihm vorgestellt, so gieng es wieder nach langem Warten endlich ab. Auf einer Fähre wurde man über den Fluß. 21. Juli sind wir 12 Uhr im Broadway Central Hotel angekommen. Bis wir Zimmer hatten sollte man speisen u. dann waren es Melonen und als Getränke Eiswaater. Unsere gemütliche Mally schwätzte und schimpfte an die schwarzen Kellner, daß man sich köstlich amüsierte. Es war überhaupt zum toll werden wie die servierten.
Auf einmal ließ auch Gottl. Geduld u. einer um den andern beklägte sich bei dem Cooksführer. Ich glaube es wurde 2 Uhr bis wir endlich fertig waren u. wir ein Zimmer zum umkleiden bekamen. Es war einfach, sogar nur ein großes Bett, welchen Spaß hatten wir. Hier gibt es keine Kerzen nur Gas. Später telegraphierte Gottl. nach Steinwey und einige Minuten war dessen Schwiegersohn H. v. Bernath bei uns. Sehr freundlich, ein hübscher Weltmann u. dabei diese Stellung wir gingen in sein Comptoir, wieder wurden wir zwei Herren vorgestellt. Später kam Herr Kübler der Hauptfreund, den man so sehnlichst an der Landung erwartete. Er führte uns in ein deutsches Bierhaus, plauderten viel, dann zurück ins Hotel u. später mit Dr. Goerlitz wieder in ein Bierlokal. Gebummelt dann spät zur Ruh aber gut u. lange geschlafen.
22. Juli Wieder bei dem schwarzen Kellner gefrühstückt. Später mit Herrn von Bernath zu Steinway. Empfing uns sehr freundliche, leider war er noch an seinen Sessel gebunden. Die Gicht oder Gliederschmerzen haben ihn sehr elend gemacht. Dann kam Frau v. Bernath/. Tochter geb. in New York. Eine hübsche Frau sehr liebenswürdig führte uns unten in einen Sabon, um nicht lange Hr. Steinway in Anspruch zu nehmen, erfrischten uns mit prächtigem Bier. Prächtige Zimmer eigentlich Hallen, alles für den Sommer pünktlich eingefüllt, aber man sah welch schöne Stücke darunter verborgen sind. Später mit Frau Kübler nach Long Island in die Fabrick. Immer heiß und viel Durst, der Weg so staubig v. h. Land, daß es ein Glück ist, daß die Wagen so ungeheuer schnell fahren um doch Luft zu haben. Doch zuvor fuhren wir nach der Boway Beach ein Vergnügungsplatz am Meeresarm. Großes Lokal ganz von Holz Tingel Tangel überall, gegessen u. dabei herrliche Aussicht aufs Wasser. Dann hinüber wieder, durch den Sand u. sumpfige Gegend nach der Fabrik, dort einigen Herren vorgestellt alles besichtigt in schöner Ordnung. Herr M. viel durchgemacht bis so weit war. Jetzt spät noch zu seinen Hausleuten eine Familie Gauch. Dort kaltes Abendbrot serviert noch gute Flaschenmost getrunken u. somit spät von H. D. heimbegleitet worden.
23. Juli Sonntag. Angenehme Sonntagsstille wenigstens nur die Pferdebahnen laufen. H. H. hatte sich Mittags entschuldigt auf H. K. vergeblich gewartet u. somit uns selbst überlassen, was wir mit Freuden begrüßten.
Machten den Gang nach der Brooklyner Brücke. Großartiges Werk.

24. Juli. Mit Frau Gauch in großen Stores sehr fein u. praktisch alles eingerichtet, man kann sich dort von Kopf bis Fuß kleiden u. essen. Gefrorenes und Limonade bei der Hitze geht es da zu wie in München im Hofbräu. Gottl. ging mit K. geschäftlich.
Dienstag den 25. Juli Gottlieb bekleidete B. dann umgezogen und mit Herrn K. nach Brooklyn. Frau Schnaufer aufgesucht die führte uns an die

See wo wir noch etwas zu uns nahmen, sah dem Tanzen zu, schließlich tanzte ich auch dreimal in dem unendlichen Saal, da war es lustig, und schließlich kam noch Regen. Spät kam man heim u. der arme Herr K. mußte seinen Weg von dem Terry Boot noch zu Fuß machen.

26. Juli Mittwoch. Geschrieben. Gottlieb mit 6 v. B. in Long Island, dann sah er noch den Central Park u. machte noch schöne Fahrten mit seinem eigenen Wagen.

Samstag 30 Juli. Morgens schön gefrühstückt. dann Zeitung gelesen, Gottlieb zum Barber Shop. Nachdem aufs Zimmer um zu schreiben. Doch Gottl. sehr ungeduldig, weil Kübler nicht kam u. weil ich ihm vorschlug die Zeit mit Schreiben auszufüllen für daheim. Am 1/2 1 Uhr kam dann H. Kübler, ich mußte auch mit obgleich ich C. Leidig erwartete, sie war bis dahin nicht da, und so gingen wir nach Gleiss-Island. Gingen sage ich, man muß ja alles fahren, denn die Entfernungen sind enorm. Großes Dampfboot vollgesteckt mit Menschen fuhren dahin, dem folgten noch viele andere. Es ist eine Insel am Nord River von einem Millionär großartig mit Cafes, Menagerien Aquarien etc. hergerichtet. Klein Deutschland mit Sauerkraut famoses Würzburger Bier, prächtige Blumenauslagen, Orchideen, prachtvolle Musik gehört. In den Seen Seehunde abscheulich geschrien. Die Ladys Room sind ganz ausgezeichnet eingerichtet, Wiegebetten für die Kleinen, sah verschiedene Frauen ihre Kinder stillen. Mit Dampfboot zurück. Hübsche Fahrt 8 Uhr zurückgekommen, Caroline Leydig verfehlt bei L. zu Nacht gespeist.

Gottl. war oft aufgeregt, später besser, er ist immer froh wenn wir allein sind.

1. August. Früh aufgewacht, dann die Sachen noch gut fertig gerichtet, auch Gottlieb schrieb noch was nur eine ganze Erleichterung ist. 5 Uhr kam Herr Schaller ein rechter Gommis, mit einem Lausbubengesicht. Wir waren doch froh, daß uns Ihn Herr B. mitgab denn in diesen ist man gar nicht. 2 Dollars für eine Carriage sehr viel. Mit einem Ferryboat nach New-Jersy über den Hudson, dann eine Treppe hoch, ein prächtiger Wartesaal. Restaurant; Tasse Kaffee, viele Windflügel sieht alles sehr nett. 9 Uhr 13 Abfahrt. Aufs beste nahm wieder Gottlieb Platze, Salonwagen herziges Seperat Coupé mit Schlafeinrichtung und Waschservise. Gegend öde und nur Holzhäuser. Manchmal eine kleine Viehherde, aber keine schönen Kühe. Dann wieder Welschkornfelder, aber noch sehen wir keine Obstbäume noch Gemüsegarten. 12 1/2 Uhr Lunch im Speisewagen, fein serviert und alles gut. Bequeme Sitze, hübsch ausgestattet. Guten feinen Eiscream u. guten Kaffee. 1 $ à Person. Gegend meist Laubwald alles durch Gebirge. Eisenbahnfahrt schnell, kein Bahnwärter kleine Stationen sind offene Schuppen, wo die ihre Billethe nehmen, weiß ich nicht. Man sieht keine Stationsmeister. Philadelphia große Stadt. Nach Altona hübsche Landschaft. Hufeisen sehr hübsch mit Blumen, ein hübsches Bahnwärterhaus an dieser Straße. Drei Lokomotiven an unserem Zug. Ein Waldstreich scheint von Käfern zerstört. Großes Tunnesl, 8 Uhr diniert sehr gut. 9 Uhr in Pittsburg. Nachher die Schlafabteilung gesehen, wie herrlich das alles eingerichtet. Wir hatten ebenfalls alles gut in unserem Schlafraum, schliefen ordentlich bis 6 Uhr.

Den 5ten Aug. ebenso wieder aufgestanden Ich schrieb früh an Rosali Sonnenwirth u. Herrn Kübel. dann angezogen. die Badeeinrichtung bei dem Zimmer ist zu famos. Gefrühstückt um 10 Uhr. Brief von Cousine Lene, H. L ouis u. eine Karte von Frau halb 1 Uhr mit Schiff abgefahren, Gottl. kleine Aufregung wegen Billet, Lustiger Tag auch in der Stadt.

Sogar auf der kurzen Fahrt gibt es oft Mandolinen Musik, ganz nett u. dann sammeln sie ein. dann Brief von St. Louis. Vam Hontens Cocca Haus ist sehr hübsch, prächtige Lage. Große Panzerplatten (?) gesehen 3 Geschosse Englische und Schwedische Ausstellung, Japanisches Theehaus sehr interessant. Schwedisch zu Mittag gegessen theuer wie immer. Viel gesehen im Vorbeigehen; bis in die Mydway Plaisance,

dem in der Wiener Bäckerei einen famosen Kaffee getrunken den ersten guten seit daheim. Visavis das deutsche Dorf. Gottl. hat eine gute Idee, wenn er sie nur ausführt, mich sollte es wirklich herzlich freuen. Wir sehen das deutsche Dorf an, doch leider sind wir nicht entzückt und es scheint auch nicht sehr besucht zu sein. Großes Militärkonzert von Jnf. Regiment. die Zeit war zu gemessen, um noch anzuwohnen. Wir wollten nur einen Überblick über alles um nachher zuwählen was wir ansehen wollen. Alle Länder vom Nord bis zum Südpol sind in einer Weise vertreten wie man sie wohl nirgens findet. Riesig ist das Terris Wheel, von außen sehen wir alt Wien, macht guten Eindruck u. sehen feinere Leute zum Konzert eingehen. Der Landsknecht als Wächter ist kostbar. Man fragt sich ob Statue oder Wirklichkeit. Er machte es so gut, daß man sich kranklachen könnte; - dann nahmen wir die elektr. Car und kamen bis zur Wabash AV eine Strecke von etwa einer Stunde, nahmen gleich Souper und so langsam ins Bett, der Abend war köstlich. Zum ersten mal fegte eine Brise den Staub von der Straße weg, u. in der Nacht wurde es so kühl daß man die Fenster schließen mußte. Wir hatten große Freude mit unseren Briefen.

Donnerstag den 10 ten. Bin wieder munter es geht nach der Ausstellung per Hochbahn. doch zuerst telefonierte man an Kepler, nach langem hin und her fand man ihn und nach 10 Minuten war er da. Er sieht seinem Vater sehr gleich, doch viel ernster, man könnte meinen er habe einen melanchonischen Zug im Gesicht, aber ich glaube, daß er schon ein echter Amerikaner geworden. Heute abend wollen wir uns treffen. wir gingen nachher zum Essen, weil wir doch nicht mehr zur Ausstellung kommen. Heute bediente uns ein Neger, der ganz nett deutsch sprach. Er meinte die Deutschen sind nettere Leute. Ich hoffe Onkel und Lene zu sehen. Ein schrecklich heißer Tag, ganz wie in einem Backofen u. wenn man von dem Trottoir vorbei kommt, die Dampfmaschienen für die Aufzüge haben, someint man es müsse der Schlag einen treffen. Mit elektrischem Boot gefahren, sehr teuer für beide ein Dollar u. dann ist es ein einschläfriges Fahren, wie das Geld aus der Tasche gestolen. dann ins elektrische Gebäude. Großartige Ausstellung, in der Mitte war Kopf v. Columbus mehr als Lebensgröße von 1000 kl. Flämchen hergestellt und ebenso sind die ganzen Inschriften der Ausstellung. Nachher schauen wir noch dem Veloceipedtfahren zu, die reizend ihre Räder verziert haben mit Lampions, eines machte sogar Ferris Rad nach u. als alles iluminiert war kam Regen. Wir fuhren heim, trafen aber nicht mehr Herr Keppler. Eine heiße Nacht und ein als brenne die ganze Stadt, wir schliefen schlecht.

24. Aug. Donnerstag. Allein gebummelt, Gottl. hatte verschiedene Bestellungen. South Dakota von da aus kann man das If. Regt. vorbeimarschieren sehen. Lower Taw of Brontothenum. Fossil Region Nebraska Indianer? Dakota. Viel Baumwolle Missouri Jasper-County Pesylvennia. Mächtige Glocke, die anno 1776 Liberty verkündete. Großes Gebäude als Festhalle geschmückt mit Prunkzimmern. Empfangsraum mit großen Gemälden ausgestattet. der Gründer Zwill Pennsylvanien 1684-1699. Alle Waffen und sonstige Gegenstände. Auch ein Gebethbuch von 1772 welche jezt in den reformierten Kirchen, der hessisch hanoverische pfälzisch pennsylvanischen Kirchen zu singen gebräuchlich ist etc. mit erbaulichen versehen.

New Yorker Staats Building großartig elegant 3 goldene Bogen mit Festsaal, prachtvolle Kronleuchter u. Pflanzen, im Aufgang allte Gegenstände u. Bilder. Massachuchetts, alte Sammlung u. Bauart Quelle?

Vermont, kleines Haus, auch Bilder. Maine. sehr schöne ? großes Rennthier oder Ellen ausgestellt. Ceylon. Reich an Thee, Kaffee, Zimmt als ? ausgestellt. Große Elefantenzähne u. Füße den 5 gr. w. Klauen haben, was ich noch nie sah, sind hübsch als Kästchen oder dafür hergestellt. Budda heißt scheints ihr Gott, abscheulich gemalte Figuren, ebenso auch die Marionetten, Theater Puppen. Hübsches Mädchen am Ausgang. Ihre ? kaufte 1 Pfund 25 cts. Neben sind 2 Hütten von Schilfhast errichtet, einst bewohnen die Inder u. eines ist Thee Haus, man muß in Reihe gehen will man eine Tasse bekommen es war sehr gut. Die Köche sind ganz in ihrer Tacht beerschwarz ? kleiner Knoten und 1 Kamm, Jacke u. Rock.

Norwegen, das 1. Schiff das in die Welt ging ist auf einer großen Karte gemalt, ausgestellt mit reichen Beschreibungen.

Indien. Sehr schöne Stoffe und Reliquien etc. Es wurde veranschaulicht wie sie dort ihre Toten begraben. In Tüchern eingewickelt werden sie getragen u. von Singenden bekleidet an den Holzstoß, wird verbrannt und unter Geheul die Asche in den Fluß geworfen. Von da gings per Hochbahn Frl. Rupp, da bekam ich Bescheid, aus Schiff zu kommen um heute Abend das Feuerwerk mit anzusehen. das Boot wurde von höheren Personen erbeten u. so fuhr man um 1/2 8 Uhr ab. Nachdem zu war man im Roß nur ein Glas Bier bekommen. Lange fuhr man hin u. her. bis entlich Gäste kamen. Man sprach einige Worte u. schenkte alle Aufmerksamkeit dem Feuerwerk. die bengalischen Sterne roth u. grün schwamen auf der See, das machte sich ganz märchenhaft, die elektrischen Lichter streiften bald die weißen Bauten bald das Ufer mit seinen abertausend Menschen. (denn es war riesig voll alle wollten den Illinois Tag halten) das sah ganz feenhaft aus. Es wurde spät bis wir landeten u. Gottl. hatte so genug von den vielen u. allenmöglichen Leuten, so daß wir allein noch Essen und ein Gläschen trinken wollten. Als wir über den Plätz mit dem Springbrunnen kamen, fühlte sich mein Schatz plötzlich schwindlig, u. hätte ich ihn nicht recht unterstützt, wer weiß was geschehen wäre. Diese Angst doch durfte ich es nicht zeigen, der arme Mann sah schon ganz weiß aus u. mußte noch so weit laufen, bis wir etwas bekamen. Zu allem Unglück war es schon 11 Uhr u. nur 1 Glas Wein hatte das deutsche Restaurant. So wanderte man in die Midway dort in der Wiener Bäckerei bekam man doch Sandwich und Thee. dann wieder eilig zum Zug den es war der lezte u. so kamen wir todmüde heim.

Freitag den 25 Aug. Es gefällt uns immer besser im Cealyle Hotel so einfach sauber, vorm Fenster das grüne Plätzchen, der Aichbaum grüßt immer so freundlich ins Zimmer, die gute Luft alles wirkt auf das erregte Gemüth des viel beschäftigten Mannes und ich bin ganz glücklich, wenn ich sehe, daß er wieder natürlicher u. gemütliche wird. Bald zur Ausstellung. Am South Park abgestiegen u. direkt zum deutschen Haus. Gottl. wartete allein, ich ging nach dem Transportations Gebäude um Neues zu höhren, unterwegs durch Gouvernement Gebäude schöne Ausstellung von Thieren, Fischen u. Fischereigegenständen, Münzprägungen etc. Begegnetete Buffalo Bill mit seiner Truppe, die mir sehr gefiel und mich freue bis wir hingehen. Fr. Rupp hatte nichts zu berichten, ich schrieb an H.K. machte Abschrift von W. unverschämten Brief als auf einmal eine Dame sich näherte u. Fr. Rupp die Base (Daimler) Kinzile vorstellte. Ich sprach lange mit ihr, aber sie kam mir nicht sehr angenehm vor, eher wie eine femme chambre sonst würde sie nicht so affektiert und ? Ich war froh sie gesehen zu haben,auch daß wir ihre Einladung nicht annähmen. Dann zum Schiff ins Cafe, schwarzen Kaffee getrunken, aber sehr schlecht gefunden nur die Waffeln waren gut. Man sieht wie dort Brötchen u. süße ? gebacken werden, alles mit Gas. Die Waffeln sind wunderschön gebacken, ich wünschte nur auch solche Einrichtungen zuhaus zu haben. Wir gingen bald 6 Uhr heim um da zu speisen. Unterwegs nach der Station fand sich ein nettes Plätzchen, verzehrten unsere Trauben, u. höhrtem dem Geplauder des alten Eichenbaumes und den wenigen Gräsern zu, die sich am Sandhügel ganz unbeachtet im Abend müde wiegen. Wie wohl thuend ist solch ein stiller Ort, nach dem Gewimmel dieser Menschenmenge.

Samstag den 9ten Sept. die Stunde naht zum Abschied. Wer weiß wann wir uns wiedersehen muß man denken, doch die Cousine u. Vetter können sicher kommen u. ich redete zu, so lange die Eltern noch lebten, damit sie noch die Freude mitmachen können, wenn ihre Kinder selbst von ihrer alten Heimat erzählen können. Beiden würde es nur gut thun denn sie haben keine besondere freudige Jugend gehabt, so viel ich hörte, denn arbeiten war eben immer Onkels Prinzip u. dann in einer so kohlschwarzen Gegend zu wohnen, ist für ein junges Gemüth nicht erheiternd. Aber es scheint sie wissen es gar nicht, wir mit unserem empfindsamen Gemüth, sind schon anspruchsvoller, u. sei es nur auf einen Berg mit seinem lieblichen Thäl, wie es unter der Sägmühle nahe bei bei Gelbirgen ist. Ich wurde noch reich bedacht, Geschenke von Max Stors und hübsche Rosen von Lina. Ich war recht ergriffen von dem alten Onkel und Tante Abschied zu sagen, küßte beide u. winkte noch als sie traurig unter der Thüre mir nachblickten. Max u. Lina brachten mich zur Bahn, auch sie umarmten mich u. fort gings so allein unter den fremden Menschen wie verloren fühlt man sich doch, wenn man der Sprache nicht mächtig. Ich kam zuvor gut durch, und auch gut in Chicago an, aber doch nicht ohne Traurigkeit. Im Hotel waren sie alle sehr freundlich, als ich kam, u. sagten gleich Mr. Daimler ist noch nicht zurück, so hatte ich Zeit mich umzukleiden u. mich zu erfrischen. Eben war ich beim Einschreiben meiner Erlebnisse als mein Schatz eintrat, sich vorher der Freude zusichern ob im Zimmer schon Licht wäre, als er sah, kam er glücklich herein u. freute sich sehr daß ich Wort gehalten. Wir blieben zum Essen im Hotel hatten viel zu erzählen u. waren sehr glücklich mit einander, denn keiner möchte mehr ohne das Andere sein. Gottlieb erzählte von dem großen Umzug der Transportationsausstellung, es war zu schade, daß ich's versäumte, doch will ichs nachsehen und das Interessanteste aufschreiben. Gottl. gab für Bekränzung 10 $ u. H. Dol. den Fuhrbauten 80 cent dem Motor Die Wagen hatten sehr hübsch ausgesehen u. viel Beachtung gehabt.

Sonntag den 10 Sep. Sonntagsruhe gehalten, dann nach Breakfeast einen Spaziergang gemacht, herrliche Luft so ganz anders als wie in den St. Louiser Tagen, sahen wir einen großen Theil der Park AV aufgerissen, um das alte Holzpflaster zu erneuern. Neben solchen großen breiten Straßen sieht man das gräßlichste Durcheinander alter Holzstücke oder aberissene Häuser, auch Unkraut steht meter hoch am Wege ungeniert, von den prächtigen Villas die darum sind. Aber so oft eben der Amerikaner sieht nur sein Angenehmes er hilft sich, was umihn geschieht ist ganz schnuppe. Dann gingen wir mit unseren Betrachtungen ins Hotel zurück, bekamen ein gutes Dinner. Nachher ruhte man sich in dem kleinen 8eckigen Zimmer 1/2 Stunde aus, ich hatte zu flicken dabei u. dann fuhren wir der Stadt zu um den Stöcker Vortrag zu hören die Zentral Musik Hall war dazu bestimmt u. dicht besezt, man sagt etwa 3000 Personen, Stöcker trug alles frei vor mit lauter aber nicht wohlklingender Stimme. u. weniger gutem Patos. In seinem Glauben wurde er sehr eifrig beinahe heißer, dann berührte er die Soziale Frage, von der er sagte, daß der Gott Mammon viel schlimmere Wirkung habe als die anderen drohenden Gestalten. Denn auf den sich selbst erhebenden Stolz sei ein großer Theil des Weltenglaubens zurück zu führen. Die oberen Klassen der Gesellschaft gebe das böse Beispiel u. die Umsturzbewegungen seien aus dem des Mammons enstanden. Um eine durchgehende Besserung zu erzielen, müsse eine Erneuerung u. Läuterung der menschlichen Gesellschaft folgen, anders sei auch der deutschen evangelischen Welt nicht zu helfen. Als Schlußstein des Menschengeschlechts müsse die soziale Gleichheit folgen. Aber streng müsse unterschieden werden zwischen dem Sozialdemokratismus, welcher sage 'Gib mir was Dein ist'. und dem göttlichen christlichen Sozialismus, dessen Losung sei 'ich gebe mit Freuden was mein ist'. Aber darin irrt sich Herr Stöcker, ich kenne auch die Sozialdemokratie die wöllen nicht mehr als was sie rechtlich anzusprechen haben, das ist meine Meinung. Nie hätte ich geglaubt den Erzhofprediger zu hören, der schon so verhaßte Reden führte und sich nun mit sozialen Frage beschäftigen will. Oh diese Pfaffen, sagte oft mein guter Vater u. auch heute bei diesem Vortrag dachte ich wieder so lebhaft an ihn, als müsse er auch dabei sein um diesem Mann eine Erwiderung zu geben. Noch fällt mir ein wie Stöcker Luther prieß, als einen von Gott zum höchsten berufenen Mann dem im deutsch Beziehung nur ein Bismarck u. Wilhelm 1. an die Seite gestellt werden könnte. Ich will mich nichtlänger damit aufhalten, es auch nicht die Sache einer Frau über Dinge zu sprechen die sie nicht versteht, aber ich habe eben den einfachen Rechtlichkeitssinn meines guten Vaters. Nachdem wir 1 1/2 Stunden in der großen unerträglichen Hitze verbrachten (großer schöner Raum) gingen wir noch auf den Masonik Tempel, Gottl. konnte aber nicht so viel sehen, wie ich zum ersten mal, es war trübe aber der Bau ist eben einzig in seiner Größe. Wir wollten gemütlich dann Abendessen sind aber in dem gepriesenen Henrici Cafe sehr schlecht angekommen, ich hatte nur Mühe meinen Schatz ruhig zu stimmen, dann war es auch so heiß u. ungemütlich, daß wir froh waren als wir an der Luft waren. Nachher wurde in einem Kellerraum, der guten Durchzug hatte mit einem Windflügel die so vielfach hier angebracht sind ein Glas Bier getrunken u. mit dem Zug in die 43 Straße nach unserem Hotel.

Donnerstag 14 September. Wollte zu Hause bleiben, doch Gottl. meinte, ich könnte schon zu den Eisen- und Stahlwerken nach South Chicago. Wir fuhren mit Zug 9 Uhr ab u. hatten Retourbillette die 10 cts kosteten. LJm 10 Uhr waren wir dort, wurden von Dr. Vitter begrüßt, der uns dann auch die anderen Herrn die etwas später mit Zug kamen vorstellten. Es waren H. Direktor H. Oberbergrat

H. Dr. v. Halle, zwei Brüder Robert u. Alfred Mannesmann, Fürstel aus Remscheid u. noch zwei jüngere Herrn und ich die einzige Dame. Alle waren sehr artig u. zuvorkommend, wunderten sich, daß ich bei der Hitze in das große heiße Werk mitgehen wollte. Wir kamen über den Platz, wo vor 30 Tagen, so viele Häuser abbrannten von Bäumen waren nur noch kurze Stupen übrig, sonst ist alles verbrannt, wie wenn es Zündhölzer gewesen wären. Was einen nicht wundern muß, da dort nur Holzhäuser sind. Es wurde schon wieder aufgebaut, auch aus 4 Balken ein Haus gezimmert, wie sie überall in Vorstädten oder am Lande ist. Das große Fabrikwerk sieht man, wenn es hell ist von der Ausstellung aus, denn es hat große u. viele Kamine u. ist in der Nähe eine ganz schwarze Stadt. Nachdem man sich im Fremdenbuch des Empfangszimmers eingetragen hatte, ging ein junger Mann zur Bekleidung mit. Vom See sind Kanäle herein geleitet, um das Erz von den Schiffen, welche es über den See bringen, wieder in kleinen Borken herzuschaffen. Großer Vorrath liegt da, doch ein Theil wird nie angepackt, im Falle einer Unterbrechung. können sie doch noch Wochen lang arbeiten. Ich nahm mir ein Stück Eisenerz mit, es soll 68-20 % Eisen enthalten. Während in den deutschländischen nur 48-54% sei, erzählte mir H. Bergrat u. das reine Eisen 75 Werth habe, also ist im amerikanischen Eisenerz weniger Sand enthalten als in andern. Dann sah ich wie sie das Erz in die Hochöfen füllen, wie die brennen u. wie Arbeiter eben einen Hochofen leerten. Das war großartig, wie die feurige Flüssigkeit durch die Kanäle schoß u. sich dann in die riesigen Kessel leerte, um dann so glühend wie das Eisen ist, wieder in einem anderen durch eine Rollbahn gebracht wird um die Gase vollends auszuscheiden dann kommt der flüssige Stahl in Formen, aus denen wird dann die glühende Masse in einen Ofen gebracht um es noch zu härten, u. dann kommt der Block unter die Walzen, die so großartig eingerichtet sind, daß sie vom dicksten Block bis zu langen schmalen Eisenbahnschienen gewalzt werden kann. Großartig sind alle Vorrichtungen dazu u. wenig Arbeiter im Verhältnis, da alles per Maschine geht US nur immer ein Mann da sizt, der den Hebel einer Maschine dirigiert. Es war sehr interessant US man vergaß beinahe die Hitze, die stets um uns war, wenn man nicht schließlich vor Durst umsinken würde. Es wurde 12 Uhr als wir hinaus gingen und da baten wir um ein Glas Wasser, denn der junge Mann wußte keine Bierbaar, u. doch war sie gleich vor dem Fabriktor, doch er war auch ein Amerikaner der nur von Wasser US Thee lebte. Die Herren brachten mir dann auch Bier u. sogar Export, dann stiegen wir in die elektrische Car anstatt in den Zug u. die führte uns wie der Blitz über die Sandwüste, nach der südl. Seite der Ausstellung Die Hitze aber aber und der warme Wind war ganz gräßlich, u. man schwitzte, daß es beinahe unauständig war, die Herren hatten ganz weiche Halskrägen bekommen, aber man steuerte nun der Aurielle zu um endlich 2 Uhr etwas zu bekommen mein Alter wird so sehr ungeduldig, daß er keinen Pardon kennt. Triacca hatte noch Hammelragout, Moselwein und Appolinaris, das hob die Stimmung wieder, und wir waren ganz lustig, dabei wurde eine Bootsfahrt als Mittagsruhe ausgemacht während Dr. Halle uns ins brasilianischen Café brachte, famoser schwarzer Kaffee wurde unentgeltlich verabreicht u. der Erzschwätzer Dr. Halle that als wollte er uns freihalten. Herr Bergrat hatte ihn oft recht deutlich zurechtgewiesen, denn er war wie so ein recht 'Fliegende Blätter' Student u. sein 'von Halle' muß auch auf eine Art verdient haben wie Herr Bergrat mir erzählte, das um lachen machte. Sein Vorfahr war ein Schmuhl u. handelte mit Vieh, er unterzeichnete stets Schmuhl von Halle, als er sein Geldchen hatte, ließ er einfach Schmuhl weg u. nun hieß er 'von Halle'. Per Hochbahn fuhren wir zum Boot, alles freute sich über dieselben. Man theilte sich, 6 Personen stiegen ins Ruderboot, wir beide mit Herrn A. Mannesmann ins Große. Da kam noch H. Dieterle u. 2 Damen, die nahmen wir auch noch mit u. so wurde es eine nette Fahrt, denn die See war schön u. unser Steuermann ein ganz gemütlicher. 6 Uhr trennte man sich, wir gingen noch an Frl. Ruppe Platz, dort fanden wir eine Karte mit einer Aufforderung in die Wohnung H. Drefenbachs zu kommen um mit Herrn u. Frau Werner zu Abend zu speisen. Es war schon 7 Uhr vorbei u. wir so verschwitzt u. schmutzig, daß als ich sagte man könne kaum so hingehen um nicht unanständig zu erscheinen, mein 1. Alter wurde ganz böse. Er wäre so hin, wenn er nicht sonst so kaput u. müde gewesen wären, so stärkten wir uns bei Hagenbeck u. kamen 1/2 10 Uhr nach hause. Große Wäsche noch vorgenommen, denn wir waren wie die Kohlenarbeiter.

Samstag 16 September. Allein zum Frühstück, mein Alter lange geschlafen. Ich schickte das Ferris Wheel an Pahl u. Maybach. An Emma die weiße Stadt u. Wilhelms Chicagos Ansichten. Herrn Keppler die weiße Stadt. Größere Aussicht. Nach der Ausstellung, dort hat Gottl. gleich wieder viele Herren getroffen, die ihn 1 1/2 Stunden in Beschlag nahmen, darunter aucb der Vorstand der elektr. Ausstellung, der den Beleuchtungswagen für heute abend haben will. Die Texaner feiern ihren Tag u. da soll das Gebäude beleuchtet werden. Am 1/2 2 Uhr gingen wir ins deutsche Restaurant, unterwegs H. v. Diefenbach + Sohn u. Herrn Werner getroffen. Herr Werner war sehr erfreut u. meinte ich solle seine Frau aufsuchen die im Manfazt Geb. allein herumgehe. Beschrieb sie in hellem grauen Kleid kl. schw. Hütchen u. hätte einen sehr aufrechten Gang. Mit Herrn Müller u. H. Mannesmann zusammengetroffen. Nacher gingen wir zu Frl. Rupp, Gottl. zu H. Haller und ich erwartete Emihe. Zusammen gingen wir ins Mineral Building. Großartige Gold u. Silberausstellung. Von Montana dann die Diamantschleiferei, ist sehr interessant. 18mal werden sie gewaschen u. geschliffen bis sie fertig sind. Prächtig blitzen die Steine in allen Farben, auch nur einen so ächten möchte man haben. Vom Sierra Nevada Gebirge waren wunderschöne helle Onix da, große Blatten, die wie eine Landschaft im Steine haben aber sehr theuer sind. Viele Erze, Kohlen, Mineralien sind prächtig ausgestellt. Auch Deutschland hat sich viel Mühe gegeben und findet Bewunderung. Wir gingen nach 5 Uhr um mit Gottl. zusammen zu treffen, aber da er zu dem Kupplschen Empfangstag ging u. dort Champagner kredenzt wurde mußten wir über eine Stunde auf ihn warten. Emihe erzählte dann von ihrer Jugend u. von dem Untergang ihres Hauses, so unterhielten wir uns gut u. wußten von gemüthlichen Dingen erzählen. Endlich kommt m. Alter, es wurde Abend und schon brannten die Lichter, da wollten wir sehen wie unser Beleuchtungswagen funktionierte. Wir fuhren mit der Hochbahn dorthin, er war eben im Gange u. so konnten wir zu Abend essen bis wir in das Texax Gebäude durften. Das Kentuky Caffé war gegenüber u. als wir so rathend da standen, redete ein älterer Herr uns deutsch an u. wir erkannten in ihm den Wirth. Wir nahmen ein fixes Dinner das 75 cts. kostete, da gab es 3 Fleischspeisen u. 3 Beilagen u. Thee. Wein wird auch da nicht verabreicht. Der Schwarze war sehr komisch u. machte alle möglichen Kratzfüße beim servieren, freute sich über uns Deutsche. Der Wagen arbeitete gut u. zog viele Zuschauer an, die oft komischten Fragen stellten wie die Monteure erzählten. Gottl. bekam eine Eintrittskarte u. so sahen wir dem Texas Ball zu, der in dem Staatsgebäude abgehalten, zu dem 8 elektrische Flammen von dem Beleuchtungswagen gespeist wurden. Eigenartiges sah man nicht bei dem Ball. den die Rassen sind gemischt wie überall, u. die einen erschienen in großer Toilette, die anderen im Hut mit Schleier u.s.w. Wir gingen dann bald fort u. Emihe fuhr mit derselben Bahn heim wie wir.

Dienstag den 10ten Oktober. Gottlieb nach der Ausstellung, ich erst Mittags, da man nach so einem Tag viel zu stauben hatte. Ich sah die Fischereiausstellung in ihrem hübschen Gebäude. Norwegen hat sehr reich ausgestellt. Viele getrocknete Fische in Büchsen zu ganzen Pyramiden. Schöne Ölgemälde von Seemanns- u. Fischereilandschaft.

Canada: Seehunde und schöne Fischerboote. San Diego Californien auch schöne ausgestellt. Kaufte eine Muschel u. Seestern für 65 cts. Nord Carolina. Verschiedene Bilder aus dem Fischereileben, die großen Fischzüge etc. New South Wales, auch viele Erzeugnisse, Vögel Seehunde, kurz überall hat es Sach genug, welches Land man auch sieht. Das Aquarium ist das interessanteste u. deßhalb immer Dicht mit Menschen besetzt. Später mit Hochbahn nach dem Transport. Gebäude zurück u. meinen Alten angetroffen, der mit Schönbein sprach. Wir fuhren dann zusammen heim, ich speiste unten u. Gottl. gieng zu H. v. Bernuth nach der Stadt. Als Ich später die Zeitung las u. mirs im Zimmer bequem machte, klopfte es u. H. Keppler kam. Er erzählte mir viel von seinem Leben u. Arbeiten, so daß er nachher sagte, er habe noch mit niemanden so über seine Verhältnisse gesprochen, aber da ich seine Mutter so gut kenne, so habe das Werth, wenn ich ihr erzählen könnte. Er gefällt mir immer besser u. begreife nun auch, warum er sich eine Amerikanerin nahm. So plauderte man lange u. er ging sehr freundlich fort. Ich schrieb noch ein wenig, bis ich müde wurde u. zu Bett ging. Als ich schon fest schlief, kam mein Schatz heim, sie waren zusammen im Rathskeller, u. sprachen übers Geschäft.

Montag 16 Oktober. Gottl. ging in die Office, Ich schrieb unten u. auf einmal kam Jemand, sich an meiner Achsel bemerkbar zu machen, ich dachte mein Alter wäre zurück u. als ich genau aufsah, war es H. Kübler. Die Beförderung der beiden Depeschen an ihn war schuld, daß er nicht kam. Wir plauderten lange, endlich kam Herr Waimann mit Gottl. es wurde noch Yanker ausgemacht, u. nach dem Frühstück mit 1-1. Kübler kam Waimann u. holte sie ab. Ich fuhr zu Fr. Chevalier u. nachher hatte ich mit Ordnen zu thun, (als auf einmal Frau Gauch vorsprach) bis die beiden wiederkehrten. Es war 6 Uhr und um 7 Uhr ging es wieder einmal zu Lüchow, wo ein famoser Kalbsbraten verzehrt wurde, mit einigen Flaschen Moselwein, man unterhielt sich gut, u. plante für morgen eine Fahrt mit Maybachs Motorwagen.

Dienstag 17 Oktober. Morgens nach L. J. Weg etc. wegen der Fahrt angesehen, dann beim Mittag, in der kl. Wirthschaft war ein Herr Beck aus und dem wollten sie den Wagen nicht zeigen, weil er Motoren macht. Später machte ich einen Besuch bei Frau Gauch, die sehr nett war, endlich kamen die Herren u. es wurde zugeredet beim Supper zu bleiben. Herr Gauch ist sehr unterhaltend, Herr Kübler freute sich auch, u. so blieb man gemüthlich beisammen, bis wir mit der Pferdebahn bis zur Fähre befördert wurden, da abends keine elektr. Bahn mehr geht. Wir kamen gut an, u. schon um 10 Uhr heim.

Beschreibung einer der ersten Fahrten mit dem Automobil in Amerika durch Lina Daimler

Mittwoch 18 Oktober 1893. Früh nach L. J. der schönste Sonnenschein. Zum erstenmal den Wagen herausgenommen, sah sehr schön aus; im Sand lief er schwer, so daß Herr K. allein nach Steinway J Park fuhr u. wir hinliefen. Bald aber fuhr man hin u. her u. immer besser u. sicherer lief das Gespann ohne Pferd; so verbrachte man den Morgen bis uns der Appetit zu Knübel führte, der einfach gutes Essen noch für uns hatte. Dann wollte mein Alter haben ich solle mit H. Kübler aus dem Park fahren, während er auf uns warte, um zu sehen wie das Gefährt herankommt. Ich war natürlich nicht wenig geschmeichelt, als auch Herr K. diese Fahrt mit mir gerne machte, u. so ging man hinüber nach dem Park. Wir faßten frisch Wasser dort u. fuhren nun zum ersten mal, die Hauptstraße entlang an der Fabrik vorbei zu Fr. Gauch, dieses Hallo, denn es war eben die Schule aus u. die ganze Jugend hinter uns her, noch durch den Lärm die Alten anziehend. Mein Schatz freute sich sehr als wir so stolz vorbei sausten u. daß ich so Theil nahm, was mir nun auch eine große Befriedigung ist. Nachher fuhr Fr. Gauch mit H. St. leider zu bald sollte sie unterbrochen werden, da eine kleine Schraube sich losmachte u. so die Betriebstange nicht schaffte. Herr K. hatte aber bald nachgeholfen, doch kam der Bescheid daß H. B. u. H. Steinway bei der Fabrik warteten u. so fuhr mein Alter u. H. Kübler dorthin. Frau Gauch u. ich machten zu Fuß den Weg, hörten wie viele Wunder u. Witze die Leute über den neuen Wagen machten. Eine Polin rief, oh das gleiche Ding, habe ich schon in Paris gesehen, dann kamen die Herren im Park zusammen. Wir machten einen Besuch bei Fr. Gauchs Schwester, die sehr nett war u. einfacher zu sein scheint. Wieder wurde es spät bis die Herren zurückkehrten u. so wurden wir die Gäste auch beim Supper. Auf dem Heimweg sah man große
13. R. v. O. am Himmel u. je näher man New-York sah man daß ein Brand ausgebrochen ist. Aber die Menschen blieben so ruhig, denn sie scheinen das Brennen schon gewöhnt zu sein.

Freitag den 27 Okt. heute ganz gut, früh fertig, Gottlieb zur Office, hat 300 Dollar geliehen bekommen. Ich richtete unsere Koffer zurecht, um mit packen bald fertig zu sein. Dann zum Essen, als ich einen Herrn sah, der mir so bekannt vorkam u. richtig es war Onkel Lousberg. Ich u. er freuten sich sehr auf ein solch zufälliges Wiedersehen, sie hätten vor 4 Wochen noch von mir in Florenz gesprochen. Schade daß Gottl. nicht da war. Er kam erst 3 Uhr, speiste rasch um um 4 Uhr wieder bei Steinway zu sein. Ich wollte Frau v. B. besucben, konnte aber nur meine Karte hinterlassen, dann auf dem Rückweg war noch immer die Volksmenge in der 18ten Str. Ein Löwe durch sein Käfig gekommen, überfiel ein Pferd, das unten im Stall war u. das sah ich eben, als man es todt hervorzog. Vom Dach aus mußten sie ein Loch durch brechen um das todte Thier heraus zu bekommen. Wie sie nun den Löwen wieder bekommen, will ich sehen, denn der ist noch immer im Gebäude das zu einer Managene gehört Ich schrieb Herrn Keppler noch u. bekam einen Brief v. Schönbein. Nachher bummelte ich bis es Nacht wurde u. es zu regnen an-

fing. Gottl. ist eben gekommen aber in nicht erfreulicher Laune. Frau Gauch wollte kommen ist aber unwohl geworden u. hat abtelefoniert. Dann kam noch H. Kübler trotz Regen, die Reise nach Philadelphia wurde beschlossen, was mir nicht ganz recht war, denn die Geschäftsfrage sollte gelöst werden, ehe ein anderes Vergnügen kam. Doch Samstag u. Sonntag kann man nicht viel machen u. so wäre eine Abwechslung auch recht.
Samstag 28 Oktober 6 auf, 7 Uhr kam H. Küblers, man nahm die Pferdecar u. mußte nur einmal in der Grand Str. umsteigen. Ein Ferryboot brachte uns dann auf dasselbe Depot wie nach Chicago, u. in einem bequemen Parlarcar fuhrn wir in 2 Stunden nach Philadelphia Sehr schönes Wetter. Großer Bahnhof, dann am neuen Rathaus vorbei, die Marcell Street Hauptstraße. 5 Stock hinauf, dann mit Hilfe der Polizei, die in Amerika die besten Auskunftbureders sind, fanden wir bald Hotel. Man nahm eine Kleinigkeit, war alles gut, besonders gutes Brod, machte seinen Plan laß im Zimmer u. als wir fort wollten trafen wir mit Herrn Zwilling zusammen. Man verabredete sich für Sonntagmorgen, dann zu Keppler. Nach langem suchen fanden wir ein Geschäftslokal. Gottl. begrüßte ihn zuerst, da viele Wagen außen standen, die Möbel einluden. H. Keppler war sehr freundlich, führte uns im ganzen Geschftslokal herum, das die billigen hellen Möbel wie sich hier überall sind zu großen Massen aufgespeichert hat. Man verabredete sich für 3 Uhr, wir wurden von H. K. auf die direkte Car gebracht, die uns vors Hotel brachte. Nach dem Dinner ein kleines Weilchen geruht, dann von H. Keppler abgeholt um in Ottos Fabrik zu gehen. Dort war alles zu, doch konnten wir durch den Portier hineinkommen, auch war noch ein junger Mann im Comptoir, der sehr artig war, und uns in die Fabrik gehen ließ. Nachher brachte uns Herr Keppler zu einem Glas Bier. Die Leute öffneten ihr bestes Zimmer, ein Neger mit viel Gewandtheit servierte. Man dachte an Kepplers in Kannstatt und verplauderte gemüthlich ein Stündchen. Der Abend war rasch gekommen, doch herrliches Sternenwetter kündigte gutes Wetter an. Da unsere Zeit gemessen war, wollte man noch Fischers aufsuchen u. H. K. gelang es auch trotz der Nacht den Weg zu finden. Diese Überraschung bei den Leuten. Die Frau zeigte uns mit der Lampe ihren Garten, der ihr Stolz war, denn sie baute ihn selbst an u. pflegte ihre Blumen mit Vorliebe. Das Haus war sehr nett u. die Söhne machten den besten Eindruck. Frau Fischer war ganz glücklich mit meinem Alten von der goldenen Jugendzeit zu reden. Sie hatte Photographien gebracht, u. manche Erinnerung knüpfte sich daran. Fischer selbst ist ein braver Mann, der mit seiner fleißigen gescheiten Frau zu dem kam, was er jezt hat, u. nun sind sie sehr glücklich. Die Frau ging noch bis zur Bahn mit u. dankte eben, daß man sie so beehrt hatte. H. Keppler ging mit ins Hotel, trafen H. Zilling, tranken 1 Flasche Wein u. verabredeten uns für Sonntag 9 Uhr.
Sonntag 29 Oktober. Herr Keppler mußte nach uns schicken, wir waren noch nicht fertig, so früh kam er u. dann fuhr man in Fairmont Park. Herrlicher Tag aber windig u. kalt u. die ganze Landschaft recht herbstlich. Der Park diente 1876 zur Ausstellung ist rießig groß u. nicht so einförmig eben, wie der Jackson Park in Chicago, dann zieht sich der Nebenfluß vom Delamar, ganz malerisch durch die Gegend, ist verschiedene Mal überspannt von großen Brücken. Von der Ausstellung sind noch 2 Gebäude stehen geblieben, die Memoirenhalle, und das Horticulturgebäude, in dem einen sind Sammlungen, Alterthümer u. Gemälde u. in dem anderen eine Pracht von Palmen u. Orchideen, daß man ich ganz entzückt war, wie schon lange nicht mehr, denn man wird von dem vielen Schauen abgestumpft u. da ist eine solche natürliche Augenweide die köstlichste Abwechslung. Man ging von da die höchste Steigung hinauf, hätte das Meer von Gebäuden in einiger Entfernung vor sich, wie auch den Park in seiner ganzen Größe. Ein gemütliches warmes Zimmer in dem Restaurant, nahm uns auf, spei-

sten gut u. unterhielten uns noch besser, Herr Zill. hatte viele Witze u. auch mein Alter kam in die richtige Stimmung. Von da aus mußten wir einen Besuch bei Kepplers machen u. hatten eine gute Strecke zu fahren. Wir kamen dort zu vieren mit Herrn Keppler fünf, an wurden sehr freundlich aufgenommen. Sie wohnen sehr hübsch u. haben ihr Haus prächtig ausgestattet. Das Gaslicht mit elektrischer Vorrichtung war allerliebst, auch sonst ist alles praktisch da H Keppler selbst sehr viel thut. Die Herren gingen am Delaware u. ich unterhielt mich mit Frau Keppler, was sehr anstrengend ist, da die arme Frau ganz schlecht hört. Auf 7 Uhr war ein Souper gerichtet, das sehr gut schmeckt, nur ist's für uns Deutsche eine eigene Sache, warme u. kalte Speisen, sogar Käse alles auf einen Teller zu bekommen, man trank Kaffee dazu u. später Bier. Eine Karte an H. K. in Canstatt wurde verfaßt und abgeschickt, der sich gewiß freut. Mit der Abreise wars vorbei, denn man trennte sich erst um 9 Uhr u. 10 Uhr sollte der Zug gehen. Alle waren sehr nett u. herzlich u. H. K. noch ein sehr arbeisamer Deutscher der sich viel Mühe gibt. Im Hotel wollten die Herren noch eine Flasche trinken, aber das strenge Gesetz erlaubt es nicht, daß der Wirth geistiges Getränke verabreicht u. so wurde ein sehr heiterer Abend gewürzt mit Witzen, Ginger Ale u. Bier. H. Kübler wollte um jeden Preis ein Bier bekommen, aber alle Versuche in der Nähe blieben erfolglos. Es war zum Todlachen die 3 Gesichter der Herren hundert Dollar wollten sie geben um eine Flasche, aber der Kellner blieb standhaft. H. Zilling erzählte von dem Hirschwirth in Kaln (?), Gottl. von dem Geschichtle des Backwerks, genannt Nonnenfürzle. Und so wurde es spät unter herzlichem Lachen das mehr werth ist las das Trinken, u. ich war den Temperenzlern ganz dankbar, daß sie diese Verordnung machten.

Montag den 30 Okt. Bei herrlichem Wetter zurückgereist. Herbstlich wo man hinblickte, ja beinahe winterlich, denn nicht überall ist noch volles Laub, nur die Wintersachen blicken so frisch grün von den Farmen herüber u. hie u. da steht eine Fichte, was das Bild lebendig macht. 11 Uhr in New-York, von da zur Haml. Amer. Paket Fahrt, A. G. Von da zum Hafen, der heute beim Sonnenschein prächtig daliegt, wir hätten gern das Schiff zur Freiheitsstatue genommen, aber die Zeit ist so knapp u. die Herren haben noch so viel Geschäftliches. Mittag erst im Belvedere, dann mit H. Kübler geluncht. Viel Aufregendes gesprochen, dann ging es heim, u. Gottl. wollte in die Office, ich aber ging nach der Gr. Allen Str. um den gekauften Hut ändern zu lassen.Gottlieb hatte bis ich heimkam, sehr viel Unangenehmes mit Herrn von B. Später wurden wir aber reichlich entschädigt, durch eine sehr heitere Gesellschaft von 7 Schwaben u. meiner Persönlichkeit. P. Lehmmann war wieder so witzig, und sprach den ganzen abend in Versen, man trennte sich spät u. der Champagner stieg manchem in Kopf.

Dienstag 31 Oktober. Schönes Wetter. Mit H. Junghans u. H. Krüger aus Milwaukee, Einkäufe gemacht, dann zum Frühstück mit Gottl. der in der Zeit wieder in der Office war u. sich ärgerte. Dann kam Frau Gauch trank mit uns Kaffee, u. wir gingen noch ein Stündchen aus. Dann gemütlich mit H. K. im Zimmer geplaudert, während wir auf meinen Alten lange warteten, der Audienz bei H. Steinway hatte. Wir haben noch zu Herrn B. um 1/2 7 Uhr zum Dinner gebeten, da war es schon sehr gut u. alles fürstlich gerichtet. Es gab Austern in prachtvollen Tellern serviert, dann Suppe ähnlich wie Minestrone, Budet a' la Grill mit blau Kraut, gelbe Rüben, Apfelmus u. Kartoffel, dann kam Salat u. Früchte u. Käse. Rheinwein u. Champagner, Café u. Liquör. 1/2 10 Uhr gingen wir heim trafen noch Herrn K. und H. Zilling unterim (?). Vergnügt ging ich voraus um noch zu ordnen u. finde zu meinem größten Schrecken, daß ich mein Portmoney zurückließ, nahm es in die Hand u. siehe mein Geld war fort, ach es war schrecklich, ich schellte u. H. K. kam mit meinem Alten, man sagte es dem Hausherrn, aber was halfs, es war fort

Samstag 4. November. Wieder herrliches Wetter, nach dem Frühstück aufs Vordeck, in der Ferne ein Schiff beobachtet. Das Morgenkonzert angehört u. dann schrieb ich. Dem Dampfer kam der unserige nach, es war die 'Amerika' vom Bremern Lloyd, mit ziemlich viel Passagieren an Bord. Unsere Columbia beanwortete den Gruß des kleinen mit einem starken Pfiff u. alles freute sich ein Schiff auf der weiten Wasserfläche gesehen zu haben. Man rief sich schwenkte die Tücher u. bald war man wieder ein gutes Stück voraus. Ein Stündchen Ruhe nach dem Lunch hatte uns völlig gestärkt, aber das Schiff wurde immer unruhiger, so daß hohe Wellen in die zweite Cajüte kamen, u. auch vorn auf erstem Vordeck war es recht schlecht zu laufen. Man unterhielt sich ab u. zu. Gottl. wollte mit mir den Sonnenuntergang sehen, aber es umhüllte sich der Himmel und plötzlich war es Nacht. Ich unterhielt mich sehr gut mit einer Schwedin, deren Mann nach dorten kommt als amerikanischer Consul. Wir gingen zusammen zum Thiel u. mein Alter hatte sich hingelegt, da ihn schon die Seekrankheit befallen wollte.

Sonntag d. 5 Nov. das Nebelhorn blies die ganze Nacht, das Schiff machte recht eckliche Bewegungen aber schließlich haben wir doch gut geschlafen gehabt. Die Musik spielte ihre Choräle u. lockte die Säumigen aus ihren Federn. Wir waren bald fertig u. Gottl. schon auf dem Vordeck, als wir zum Frühstück gemahnt wurden. Leider will es Gottl. nicht recht just sein, er wechselte auch so oft die Farbe u. mußte schließlich vom Tisch. Er blieb nun den ganzen Morgen auf dem Sopha u. ich schrieb im Damensalon, denn draußen ist es zu unfreundlich u. naß. Jezt geht es zum Lunch, dann im Sessel gemütlich geplaudert, spazierte mit H. Hirschmann dann ins Rauchzimmer, Cocktail getrunken. Zum Dinner sehr unterhaltend, dann noch in Sabon u. frühe schlafen gegangen.

Montag den 6 Nov. Heute sollten wir die Hälfte der Seereise haben, wie lange doch eine solche Fahrt ist. Gottlieb war so müde, daß er bis zum Lunch im Bette blieb, ich ging allein zum Frühstück, der Kapitän kam an den Tisch u. sagte, Sie gnädige Frau sind ein tüchtiger Matrose. Sie halten sich zum bewundern. Dann ging ich aufs Promenadendeck. Herrlicher Sonnenschein, gute Luft und tiefblaue See. Kein Schiff, keinen Vogel heute gesehen. Gottl. ging mit zum Lunch, es war ihm besser u. nachher gingen wir oben spazieren. Ich machte dann ein Spiel mit Frl. Dorle u. den Herrn, man nennt es Schoffle Board, wir unterhielten uns dabei sehr gut. 5 Uhr herrliches Meerleuchten. Immer unruhiger wurde das Meer u. es ließ auf eine unruhige Nacht schließen.

Dienstag 7ten Nov. Schlechter Morgen, wir hatten eine schlechte Nacht, die Wogen schlugen über unserem Schiff zusammen, es prasselte über unserer Cabine, daß man nicht schlafen konnte, als ich aufstand fühlte ich mich recht seekrank. Doch ging ich zum Frühstück. Mein Alter war krank bis Mittag, ging mit zum Lunch, mußte aber gleich wieder weg. Nachher sahen wir uns das Spiel der Wellen an, man konnte nicht promenieren, alles war naß, bei Tisch mußten die Flaschen u. Blatten befestigt werden, denn es war riesig wie das Schiff hin u. her geschwankt wurde. Abends war man noch ein Weilchen im Lesezimmer, dann kam H. Ehrenberg, brachte uns einen Kruppschen Katalog, und einen Bleistift in Form einer Kanone. Früh ins Bett.

Donnerstag den 9 Nov. Klarer Morgen, See noch sehr unruhig. Hübsches Bild von Segel u. Dampfbooten. Dann Land gesehen. Dann Land gesehen große Freude Mittag vergnügt beim Frühstück Dr. Schundt sehr nette Rede gehalten u. Capitän u. Mannschaft hoch leben lassen. Nachmittags Kreideninseln passiert, hübsch macht sich das Weiße, auch die See hat eine prächtige Farbe. Dann kamen wir an den Needles vorbei, dort war der Leuchtthurm schon angezündet. Die Insel Wyght, war im Abendschein noch kurz zu sehen. Dann kam der Lootse. Ein urgemütliches Gelage wurde in Herrn Junghanns Cabine gehalten. Frl. Kinzle stieß an auf ein Wiedersehen

in Botidevide u. lud alle ein, H. Junghans auf eine gemeinsame Schwarzwaldreise u. die anderen auf einen würdigen Bräutigam für Frl. Dora. 6 Uhr kam das Boot u. Southampton u. nahm die Passagiere für London, dann zum Diner, Gottl. war nicht wohl, bezwang sich aber u. nach dem Essen ging er auch gleich ins Bett. Ich schrieb noch an Emihe, Christine Frau Kepler, schickte auch Briefe an
H. Kübler u. Fr. Gauch u. 1 Karte an Rosahe ab. Trank noch Thee mit Frl. Dorle u. beinahe 11 Uhr erst in die Cabine. Mein guter Mann schlief schon ruhig, ich besorgte noch verschiedenes für morgen zur Abreise und ging dann in meine Klause. Um 12 Uhr wachte Gottl. wieder auf mit großer Bangigkeit ich richtete das Bett aufs Sopha aber es wurde nur schlimmer. Dann bürstete ich ihn lange u. mit kaltem Wasser der ganzen Körperfrische u. so immer wiederholt. dann legte er sich u. allmählich kam er in Ruhe, ich saß vor ihm u. mir war so bange, wie noch nie. 2 Uhr war vorüber, ich legte mich mit den Kleidern, konnte aber nicht schlafen.
Freitag 10 November. Bald auf Gottl. war etwas besser der Schlaf hatte ihn gestärkt, um 1/2 11 Uhr nahm er ein warmes Bad, das gute Folgen hatte. auch ich stärkte mich mit dem Seebad u. ging dann zu Tisch. Wieder wurde Champagner getrunken auf Wiedersehen, nach Tisch ruhte Gottlieb, u. nun gehts ihm wieder besser. Ich packte alles fertig, u. bin jetzt um 4 Uhr bereit zum Abfahren. Ein Fläschchen Seewasser nahm ich noch mit, u. hoffte nun, daß mein Schatz immer wohler wird, wenn wir ans Land kommen. 5 1/2 Uhr zum lezten mal diniert, Gottl. hat noch 2 Flaschen Champagner mit unserer Reisegesellschaft getrunken, dann sich von anderen Bekannten verabschiedet, und um 6 Uhr kamen wir in Cuxhafen an. Dort spielte beim Umsteigen noch einmal die Musik, u. man winkte der Columbia adie. In Cuxhafen war Handgepäckverzollung, wir mußten 1.20 für die Seiden zahlen, dann gieng es mit einem Zug der schon mehr Bummelzug war Hamburg zu. Dort verspätet an, große Zollerisierung ?. Ich kam gottlob sehr gut durch, man konnte den Anschluß nach Frankfurt nicht mehr bekommen u. so ging man zusammen ins Hotel d'Europe, das schön am Jungfernstieg liegt. Man kam erst 12 Uhr ins Hotel, doch waren wir noch recht vergnügt bis 1 1/2 Uhr beisammen.

Personen*- und Stichwortverzeichnis

* natürliche Personen sind kursiv gesetzt.

Zitierte und weiterführende Literatur

ARNS, GÜNTER: Über die Anfänge der Industrie in Baden und Württemberg. Stuttgart 1986.

BARTEL, KARLHEINZ: Gustav Werner. Eine Biographie. Stuttgart 1990.

BARTHEL, MANFRED: Lingnau, Gerold: 100 Jahre Daimler-Benz. Die Technik. Mainz 1986.

BINGMANN, HOLGER: Mensch - Politik - Kultur. Einflüsse auf die technische Entwicklung bei Daimler-Benz. Dissertation. Universität Berlin 1990.

BOELCKE, WILLI: Sozialgeschichte Baden-Würtetembergs 1800 - 1989. Stuttgart 1989.

BORST, OTTO (Hrsg.): Wege in die Welt. Die Industrie im deutschen Südwesten seit Ausgang des 18. Jahrhunderts. Stuttgart 1989.

BUBERL, ALFRED: Die Automobile des Siegfried Marcus. Wien 1994.

CLARY, MARCUS: Mercedes-Benz in Nordamerika. Unveröffentlichtes Manuskript 1993.

CRAIG, GORDON A.: Über die Deutschen. München 1983.

DAIMLER-BENZ AG (Hrsg.): Illustrierte Chronik der Daimler-Benz AG. Stuttgart 1998.

DAIMLER-BENZ AG (Hrsg.): Die Ahnengalerie. Stuttgart 1986.

DAIMLER-BENZ AG (Hrsg.): Die Renngeschichte der Daimler-Benz AG und ihrer Ursprungsfirmen 1894 -1939. 2. Aufl., Stuttgart 1940.

DAIMLER-MOTOREN-GESELLSCHAFT (Hrsg.): Zum 25jährigen Bestehen der Daimler-Motoren-Gesellschaft Untertürkheim 28. November 1915. Stuttgart 1915.

DAIMLER-MOTOREN-GESELLSCHAFT (Hrsg.): 40 Jahre Daimler-Motoren. Ein Beitrag zur Geschichte des Automobils. Stuttgart 1923.

DEUTELMOSER, OTTO K.: Ein Bankier der Gründerzeit, Kilian Steiner. Sonderdruck aus Marbacher Schriften 43.

DEUTELMOSER, OTTO K.: Kilian Steiner. Unveröffentlichtes Manuskript.

DIESEL, EUGEN; GOLDBECK, GUSTAV; SCHILDBERGER, FRIEDRICH: Vom Motor zum Auto. Fünf Männer und ihr Werk. 3. Aufl., Stuttgart 1968.

EHMER, WILLI: Gottlieb Daimler. Der Erfinder, Arbeiter und Mensch. Stuttgart 1934.

GOLDBECK, GUSTAV: Siegfried Marcus. Ein Erfinderleben. Düsseldorf 1961.

GOLDBECK, GUSTAV; SCHILDBERGER, FRIEDRICH: Siegfried Marcus und das Automobil - Ende einer Legende. In: Automobiltechnische Zeitschrift, 71. Jahrgang (1969), Nr. 6, S. 107f.

GRUBE, SYBILLE; FORSTMEIER, FRIEDRICH: Werk Untertürkheim. Stammwerk der Daimler-Benz Aktiengesellschaft. Ein historischer Überblick. (Hrsg.: Daimler-Benz AG). Stuttgart 1983.

GUSTAV WERNER STIFTUNG ZUM BRUDERHAUS (Hrsg.): Damals und Heute. Gustav Werner. Eine Bilddokumentation über Leben und Werk. Reutlingen 1986.

HANF, REINHARD: Im Spannungsfeld zwischen Technik und Markt. Zielkonflikte bei der Daimler-Motoren-Gesellschaft im ersten Dezenium ihres Bestehens. Wiesbaden 1980.

HARDENBERG, HORST: Schießpulvermotoren. Materialien zu ihrer Geschichte. Düsseldorf 1992

HARDENBERG, HORST: The Middle Ages of the Internal-Combustion Engine. 1794 - 1886. Society of Automotive Engineers, Warrendale, PA/USA 1999.

Harenbergs Personenlexikon des 20. Jahrhunderts. Dortmund 1992.

HEGELE, A.: Gottlieb Daimler, der Schöpfer des Automobils. Ein Lebensbild zur Wiederkehr seines 100. Geburtstages am 17. März 1934. Stuttgart 1934.

HEUSS, THEODOR: Gottlieb Daimler als Wegbereiter der Verkehrsmotorisierung. Rede des Bundespräsidenten anläßlich der Gottlieb-Daimler-Gedenkfeier. Stuttgart 1950.

HORRAS, GERHARD: Die Entwicklung des deutschen Automobilmarktes bis 1914. München 1982.

JELLINEK-MERCEDES, EMIL: Ein Kapitel zur Geschichte des Automobilismus. In: Allgemeine Automobil-Zeitung (Wien), 19. Jahrgang (1918), Nr. 5, S. 13ff.

JELLINEK-MERCÉDÈS, GUY: Mein Vater, der Herr Mercédès. Wien, Berlin, Stuttgart 1962.

KIMES, BEVERLY RAE: The Star and the Laurel. The centennial history of Daimler, Mercedes and Benz 1886-1986. (Hrsg.: Mercedes-Benz of North America). Montvale, N. J./USA 1986.

KIRCHBERG, PETER (Hrsg.): Automobilausstellungen und Fahrzeugtests in aller Welt. Teil 1: 1898-1914. Moers 1985.

KIRCHBERG, PETER UND WÄCHTLER, EBERHARD: Carl Benz, Gottlieb Daimler, Wilhelm Maybach. In: Biographie hervorragender Naturwissenschaftler, Techniker und Mediziner, Bd. 52. Leipzig 1981.

KLEINHEINS, PETER: Die Motorluftfahrt begann vor hundert Jahren. Doktor Wölfert und Gottlieb Daimler. Wahlwies 1988.

KRAUS, JÖRG: Für Geld, Kaiser und Vaterland. Max Duttenhofer und die Rottweiler Pulverfabrik zwischen 1860 und 1918. Stuttgart, erscheint Herbst 2000.

KREBS, RUDOLF: 5 Jahrtausende Radfahrzeuge. Über 100 Jahre Automobil. Berlin, Heidelberg, New York 1994.

KRUK, MAX; LINGNAU, GEROLD: 100 Jahre Daimler-Benz. Das Unternehmen. Mainz 1986.

LANGEN, ARNOLD: Nikolaus Otto. Der Schöpfer des Verbrennungsmotors. Stuttgart 1949.

LÖBER, ULRICH (Hrsg.): Nicolaus August Otto. Ein Kaufmann baut Motoren. Eine Ausstellung des Landesmuseums Koblenz. Koblenz 1987.

LUDVIGSEN, KARL ERIC: Mercedes-Benz Renn- und Sportwagen. Vom Blitzen-Benz zum McLaren-Mercedes: Die Geschichte der Silberpfeile. 1. Aufl., Stuttgart 1999.

MATSCHOSS, CONRAD: Gottlieb Daimler in der Geschichte des Kraftwagens.(Hrsg.: Deutsches Museum). Berlin 1934.

MAYBACH-MOTORENBAU GMBH (Hrsg.): Fünfzig Jahre Maybach zu Wasser, zu Lande, in der Luft. Friedrichshafen 1959.

MERCEDES-BENZ AG (Hrsg.): Das Mercedes-Benz Archiv. Archivführer. Stuttgart 1993.

MERCEDES-BENZ AG (Hrsg.): 100 Jahre Daimler-Motoren-Gesellschaft. Stuttgart 1990.

MERCEDES-BENZ AG (Hrsg.): 100 Jahre Motorsport mit Mercedes-Benz 1894–1994. Stuttgart 1994.

MERCEDES-BENZ AG (Hrsg.): Benz & Cie. Zum 150. Geburtstag von Carl Benz. Stuttgart 1994.

MERCEDES-BENZ SALES, INC. (Hrsg.): The American Mercedes. Reprint der Originalausgabe der Daimler Manufacturing Company, Long Island City, N. Y. von 1906. South Bend, Indiana/USA 1961.

MTU (Hrsg.): Karl Maybach. Leben und Werk 1879–1960. Katalog zur Maybach-Gedächtnis-Ausstellung. Friedrichshafen 1980.

MTU (Hrsg.): Tagebuch Wilhelm Maybach. Reise nach Amerika vom 9. September bis 3. Dezember 1879. Facsimiledruck, Friedrichshafen 1976.

NALLINGER, FRITZ: Gottlieb Daimler. Karl Benz. In: Die großen Deutschen. Bd. 5, S. 380–389. Berlin 1957.

NIEMANN, HARRY; HERMANN, ARMIN (Hrsg.): Stuttgarter Tage für Automobil- und Unternehmensgeschichte 1993. Die Motorisierung im Deutschen Reich und den Nachfolgestaaten. Stuttgart 1995.

NIEMANN, HARRY; HERMANN, ARMIN (Hrsg.): Stuttgarter Tage für Automobil- und Unternehmensgeschichte 1996. Aus der Vergangenheit lernen? 100 Jahre motorisierter Güterverkehr – Geschichte und Zukunft des Nutzfahrzeuges. Stuttgart 1997.

NIEMANN, HARRY: Wilhelm Maybach. König der Konstrukteure. Zum 150. Geburtstag. Hrsg.: Mercedes-Benz AG und Stadtarchiv Heilbronn. Stuttgart 1996. (Hrsg.: Mercedes-Benz AG).

NIEMANN, HARRY: Dem „König der Konstrukteure" verdankt die Welt das moderne Auto. Verkannt, gedemütigt, aber doch noch rechtzeitig zu verdienten Ehren gekommen. Gottlieb Daimlers treuer Weggefährte. In: Frankfurter Allgemeine Zeitung, 6.2.1996, S. T 1.

NIEMANN, HARRY: König der Konstrukteure. Wilhelm Maybach. In: Mercedes, Das Magazin für mobile Menschen, Nr. 1/96, S. 8f.

NIEMANN, HARRY: Von der Motorkutsche zum Auto. Der Konstrukteur Wilhelm Maybach wurde vor 150 Jahre geboren. In: Kultur und Technik, Zeitschrift des Deutschen Museums, Nr. 2/1996, S. 24f.

NIEMANN, HARRY: Zwischen Wahrheit und Dichtung. Die Suche nach dem Erfinder des Automobils. Siegfried Marcus bleibt im Gespräch. In: Frankfurter Allgemeine Zeitung, 11.3.1997, S. T 6.

NIEMANN, HARRY: Free as a bird – motorised aviation began with Daimler and Maybach engines. In: Leonardo, Homage to Leonardo da Vinci by IWC and Daimler-Benz, A Special Edition of Watch International, Zürich 1997, S. 46 ff.

OSWALD, WERNER: Mercedes-Benz Personenwagen 1886–1986. 3. Aufl., Stuttgart 1986.

OSWALD, WERNER: Mercedes-Benz Lastwagen und Omnibusse 1886–1986. 2. Aufl., Stuttgart 1987.

POHL MANFRED: Baden-Württembergische Bankgeschichte. Stuttgart, Berlin, Köln 1992.

RATHKE, KURT: Wilhelm Maybach. Anbruch eines neuen Zeitalters. Friedrichshafen 1953.

RATHKE, KURT: Könige der Motoren – zu Lande, zu Wasser und in der Luft. München 1962.

RAUCK, MAX J.: Wlhelm Maybach. Der große Automobilkonstrukteur. Baar 1979.

RAUCK, MAX J.: Zeittafel zur Geschichte des Kraftfahrzeugs und des Verbrennungsmotors. Teil 1: Bis 1900. Unveröffentlichtes Manuskript, Stuttgart 1955.

RINKER, REINER; SETZLER, WILFRIED (Hrsg.): Die Geschichte Baden-Württembergs. Stuttgart 1986.

SASS, FRIEDRICH: Geschichte des deutschen Verbrennungsmotorenbaus von 1860 bis 1918. Berlin, Göttingen, Heidelberg 1962.

SCHENK, GEORG: Kilian Steiner. Jurist, Finanzmann, Landwirt, Mitbegründer von Schillerverein und Schiller-Nationalmuseum 1833–1903. In: Lebensbilder aus Schwaben und Franken (Hrsg.: Miller, Max; Uhland, Robert). Bd. 1, S. 312–326. Stuttgart 1969.

SCHILDBERGER, FRIEDRICH: Chronik der Mercedes-Benz Fahrzeuge und Motoren. (Hrsg.: Daimler-Benz AG). 6. Aufl., Stuttgart 1978.

SCHILDBERGER, FRIEDRICH: 75 Jahre Motorisierung des Verkehrs. Jubiläumsbericht der Daimler-Benz Aktiengesellschaft Stuttgart-Untertürkheim. (Hrsg.: Daimler-Benz AG). Stuttgart 1961.

SCHILDBERGER, FRIEDRICH: 75 Jahre Nutzfahrzeug-Entwicklung 1896–1971. Jubiläumsbericht der Daimler-Benz Aktiengesellschaft Stuttgart-Untertürkheim (Hrsg.: Daimler-Benz AG). Stuttgart 1971.
SCHILDBERGER FRIEDRICH: Gottlieb Daimler und Karl Benz. Pioniere der Automobilindustrie. Göttingen, Zürich, Frankfurt 1976.
SCHILDBERGER, FRIEDRICH: Die Enstehung der Automobilindustrie in Frankreich. Unveröffentlichtes Manuskript. Stuttgart 1974.
SCHILDBERGER, FRIEDRICH: Anfänge der französischen Automobilindustrie und die Impulse von Daimler und Benz. In: Automobil-Industrie, 14. Jahrgang (1969), Nr. 2, S. 55ff.
SCHILDBERGER, FRIEDRICH: Die Entstehung der englischen Automobilindustrie bis zur Jahrhundertwende. In: Automobil-Industrie, 14. Jahrgang (1969), Nr. 4, S. 4ff.
SCHILDBERGER, FRIEDRICH: Die Entstehung der Automobilindustrie in Österreich-Ungarn. Unveröffentlichtes Manuskript. Stuttgart 1974.
SCHILDBERGER, FRIEDRICH: Die Entstehung der Automobilindustrie in den Vereinigten Staaten. Unveröffentlichtes Manuskript. Stuttgart 1973.
SCHILDBERGER, FRIEDRICH: Eine Wortmarke wird zum Symbol: Mercedes 1901, Mercedes-Benz 1926. Unveröffentlichtes Manuskript. Stuttgart 1975.
SCHILDBERGER, FRIEDRICH: Daimler und Benz auf der Pariser Weltausstellung 1889. In: Automobiltechnische Zeitschrift, 67. Jahrgang (1965), Nr. 6.
SCHILDBERGER, FRIEDRICH: Entwicklungsrichtungen der Daimler- und Benz-Arbeit bis um die Jahrhundertwende. In: Automobiltechnische Zeitschrift, 63. Jahrgang (1961), Nr. 6, S. 154ff.
SCHMOLKA, AGNES: Die Finanzierungsgeschichte der Daimler-Motoren-Gesellschaft Untertürkheim. Abschlußarbeit, Handelshochschule Berlin 1917.
SCHNAUFFER, KURT: Wilhelm Maybach in Deutz 1872–1882. (Hrsg.: Arbeitsgemeinschaft für die Geschichte des Deutschen Verbrennungsmotorenbaues). Teil I: Text. Teil II: Anlagen. Unveröffentlichtes Manuskript 1952.
SCHNAUFFER, KURT: Gottlieb Daimler und Wilhelm Maybach in den Jahren 1882–1895 (Hrsg.: Arbeitsgemeinschaft für die Geschichte des Deutschen Verbrennungsmotorenbaues). Teil I: Text. Teil II: Anlagen (in 2 Bd.). Unveröffentlichtes Manuskript 1957.
SCHNAUFFER KURT: Die Entwicklung raschlaufender Viertaktmotoren durch Daimler und Maybach 1882–1887. (Hrsg.: Arbeitsgemeinschaft für die Geschichte des Deutschen Verbrennungsmotorenbaues). Teil I: Text. Teil II: Anlagen. Unveröffentlichtes Manuskript 1953.
SCHNAUFFER, KURT: Die von Daimler und Maybach auf dem Seelberg entwickelten Motoren 1887–1890. (Hrsg.: Arbeitsgemeinschaft für die Geschichte des Deutschen Verbrennungsmotorenbaues). Teil I: Text. Teil II: Anlagen. Unveröffentlichtes Manuskript 1953.
SCHNAUFFER, KURT: Die Motoren-Entwicklung in der Daimler-Motoren-Gesellschaft 1890–1895. (Hrsg.: Arbeitsgemeinschaft für die Geschichte des Deutschen Verbrennungsmotorenbaues). Teil I: Text. Teil II: Anlagen. Unveröffentlichtes Manuskript 1954/55.
SCHNAUFFER, KURT: Die Entwicklungsarbeiten in der Königstraße und im Hotel Hermann 1891–1895. (Hrsg.: Arbeitsgemeinschaft für die Geschichte der Deutschen verbrennungsmotorenbaues). Teil I: Text. Teil II: Anlagen. Unveröffentlichtes Manuskript 1954.
SCHNAUFFER, KURT: Die Motorenentwicklung in der Daimler-Motoren-Gesellschaft von 1895 bis zum Tode Daimlers. (Hrsg.: Arbeitsgemeinschaft für die Geschichte des Deutschen Verbrennungsmotorenbaues). Teil I: Text. Teil II: Anlagen. Unveröffentlichtes Manuskript 1954/55.
SCHNAUFFER, KURT: Die Motorenentwicklung in der Daimler-Motoren-Gesellschaft 1900–1907. (Hrsg.: Arbeitsgemeinschaft für die Geschichte des Deutschen Verbrennungsmotorenbaues). Teil I: Text. Teil II: Anlagen. Unveröffentlichtes Manuskript 1954/55.
SCHNAUFFER, KURT: Die Motorenentwicklung in der Daimler.Motoren-Gesellschaft 1907–1918. (Hrsg.: Arbeitsgemeinschaft für die Geschichte der Deutschen Verbrennungsmotorenbaues). Teil I: Text. Teil II: Anlagen. Unveröffentlichtes Manuskript 1956.
SCHUMPETER, JOSEPH: Unternehmer. In: Handwörterbuch der Staatswissenschaften, Bd. 8, S. 476. 4. Aufl., Jena 1928.
SIEBERTZ, PAUL: Mercedes-Konstruktionen in fünf Jahrzehnten. Eine Chronik. Herausgegeben anläßlich der Erinnerung an die ersten Mercedes-Siege von 1901. (Hrsg.: Daimler-Benz AG). Stuttgart 1951.
SIEBERTZ, PAUL: Gottlieb Daimler. Ein Revolutionär der Technik. 2. Aufl., Stuttgart 1941.
SIEBERTZ, PAUL: Gottlieb Daimler. Ein Revolutionär der Technik. 4. Aufl., Stuttgart 1950.
SIEBERTZ, PAUL: Gottlieb Daimler zum Gedächtnis. Eine Dokumentensammlung. (Hrsg.: Daimler-Benz AG). Stuttgart 1950.
SIEBERTZ, PAUL: Karl Benz und sein Lebenswerk. Dokumente und Berichte. (Hrsg.: Daimler-Benz AG). Stuttgart 1953.
SIEBERTZ, PAUL: Karl Benz. Ein Pionier der Motorisierung. 2. Aufl., Stuttgart 1950.
SIMSA, PAUL; LEWANDOWSKI, JÜRGEN: Sterne, Stars und Majestäten. Prominenz auf Mercedes-Benz. 2. Aufl., Konstanz 1997.
SIMSA, PAUL: Lob der Feuerwehr. 100 Jahre Motorisierung seit der ersten Daimler-Motorspritze 1888–1988. Konstanz 1988.
STADTARCHIV HEILBRONN (Hrsg.): Wilhelm Maybach. Leben und Wirken eines großen Motoren- und Automobilkonstrukteurs. Gedächtnisausstellung anläßlich des 50. Todestages am 29. Dezember 1979 in Heilbronn. Heilbronn 1979.